# 이제 **디오르비가**
# 학원을 재발명합니다

## Orbi.kr
*smart is sexy*

**디오르비는**

모든 시스템이 수험생 중심으로 더 강화됩니다.

모든 시설이 최고의 결과가 나올 수 있도록 설계됩니다.

집중을 위해 디오르비가 수험생 옆으로 다가갑니다.

디오르비와 시작하면

원하는 대학문이 가장 빠르게 열립니다.

전화 : 02-522-0207  문자 전용 : 010-9124-0207  주소 : 강남구 삼성로 61길 15 (은마사거리 도보 3분)

출발의 습관은 수능날까지 계속됩니다.

형식적인 상담이나

관리하고 있다는 모습만 보이거나

학습에 전혀 도움이 되지 않는

보여주기식의 모든 것을 배척합니다.


쓸모없는 강좌와 할 수 없는 계획을 강요하거나

무모한 혹은 무리한 스케줄로

1년의 출발을 무의미 하게 하지 않습니다.

형식은 모방해도 내용은 모방할수 없습니다.

*smart is sexy*

# Orbi.kr

개인의 능력을 극대화 시킬 모든 계획이 디오르비에 있습니다.

# 문제

la Vida 생명과학 I

기출 문제집 (하)편

반승현

# la Vida 생명과학 I

# 책 소개

la Vida 기출문제집은 기출 문제와 자작 문제로 이루어져있습니다.

기출 문제는 2014학년도 이후 평가원 모의평가 및 수능(예비시행 포함), 교육청 학력평가 문제 중 선별한 문제입니다.
자작 문제는 기출 문제에서 학습한 논리를 적용/응용할 수 있는 문제와 기출 문제만으로는 대비가 어려울 수 있는 문제들을
심화 학습할 수 있도록 추가한 문제들로 이루어져 있습니다.

목차는 크게 6개로 이루어져 있습니다.

## 1단원 – 개념 문항

개념 공부를 제대로 했다면 틀리기 어려운 문제들을 수록했습니다.

비유전 문항에서 필요한 개념들을 모두 요약하여 정리했습니다.
또한 사용되는 개념이나 풀이 과정이 너무 중복되는 문항들은 대부분 삭제하였습니다.
(* 다만, 학생들이 어려워하는 항상성, 혈액형, 방형구 파트 문항은 대부분 수록하였습니다.)

재작년까지의 기출 문제는 교과서에 제시된 단원별로 유사한 유형들의 문제를 모아두었습니다.
재작년까지의 문제를 공부한 내용을 토대로 앞 단원의 내용을 얼마나 기억하고 계신지
간단히 복습하실 수 있도록 작년에 출제된 문항은 단원과 무관하게 마지막 번호대에 넣었습니다.

## 2~5단원 – 유전 문항, 6단원 – 전도&근수축

일반적으로 학생들이 어려워하는 유전 단원은 4개의 단원으로 세분화했습니다.

2~6단원은 단원 별로 자주 쓰이는 실전 개념들을 정리했습니다.
(* 가끔씩 활용되는 논리들은 <해설편>에서 '풀이 과정' 또는 'Comment'에 수록해두었습니다.)

해설은 결과를 나열하는 것이 아니라, 시험장에서 사용할 수 있는 풀이 과정을 담았습니다.
Comment를 통해 문제를 풀 때 떠올려야 하는 생각이나 다양한 팁을 함께 수록했습니다.

한 단원 내에서 문제들은 연도 순이 아닌, 난이도와 학습에 필요한 논리 순으로 재배치하였습니다.

또한, 연관 추론의 경우, 사실상 대부분 출제 가능함이 기출 문제를 통해 확인되었습니다.
다소 애매한 부분도 있지만, 출제 가능성을 배제하기는 어려워 연관 추론 문항들도 대부분 포함하였습니다.
동식물의 경우 학습에 도움이 되는 문항들은 포함하였습니다. 초파리 문항은 모두 배제하였습니다.

Part 1은 기출 문항이고, Part 2는 자작 문항입니다.

* 참고 : 과거 문항 중 발문의 표현 방식이 최근의 평가원 문항과 다르거나 있어야 할 조건이 누락된 경우,
표현을 수정/추가하여 현재 평가원 문항의 표현 방식을 따르도록 했습니다.
문제 풀이에 큰 영향을 주는 조건들의 경우 해설지에 수정 사항을 함께 수록했습니다.

## 3등급 이하

개념서나 인강을 통해 전반적인 개념 내용을 1~2회독 이상 하시기 바랍니다.
가급적이면 해당 교재에서 쉬운 유전 문항들도 꼭 풀어보시기 바랍니다.

이후에는 취향에 따라 학습 방법이 달라지지만, 유전부터 학습하시기를 추천합니다.
보통 생명과학 I을 포기하면 유전 때문입니다. 내용 상으로도 비유전 파트와 유전 파트는 아예 독립입니다.
비유전을 아무리 열심히 하시고, 다 맞아봤자 유전을 못 하면 의미가 없습니다.
따라서 포기할 거라면 빠른 포기를 할 수 있도록 유전부터 하시기 바랍니다.

유전 파트에서 Part 2 문항들은 대부분 난이도가 매우 높은 문항들입니다.
따라서 Part 1을 3회독 정도 하신 후, Part 2를 시도해보시기 바랍니다.
(* Part 2 문항을 아예 못 풀겠다면, 초반에는 해설지를 참고하며 논리를 익히시거나
조금 더 쉬운 난이도의 N제를 먼저 푼 후 푸시기 바랍니다.)

2~5단원 Part 1을 3회독 정도 하신 후, Part 2 문항은 하루에 5~10문항 정도씩만 푸시고
1단원/6단원을 학습하시기 바랍니다.

1단원은 la Vida 기출문제집 1단원 문제를 하루에 몰아서 도중에 끊지 않고 모두 풉니다.
(* 문제 수가 많지만, 난이도가 쉬워 오래 걸리지 않습니다.)
문제를 몰아서 풀다보면 헷갈리는 파트를 스스로 인지하실 수 있을 텐데, 해당 부분을 다시 학습하시기 바랍니다.
(* 문제를 보고, 해당 문제가 어디 단원 문제인지를 모르겠다면 개념 공부를 다시 하시기 바랍니다.)
2~3일 후 다시 250문항을 모두 풀어보시기 바랍니다.
이런 식으로 모두 풀었을 때 헷갈리는 부분이 아예 없고, 보자마자 모든 문항을 풀 수 있으면 됩니다.

6단원은 유전 파트와 마찬가지로 Part 1을 3회독 정도 하신 후, Part 2를 시도하시면 됩니다.

## 1등급 컷 ~ 2등급

본 책에 써있는 개념 요약본을 읽지 않고 250문항을 모두 풀어봅니다.

틀린 문제들에 한해서 개념 공부를 간단히 하고, 1~2주 후에 다시 풀어봅니다.

이런 식으로 세 번 정도 보신 후, 추후 N제나 실모를 통해 추가 학습하시기 바랍니다.


보통 1컷~2등급 학생일수록 해설지를 대충 읽고, 논리에 비약이 있는 경우가 많습니다.

스스로 푼 문제더라도 가급적 해설지를 확인한 후, 순서대로 따라가보시기 바랍니다.


2~6단원의 경우 Part 1을 1~2회독 정도 하신 후 Part 2를 시도하시기 바랍니다.

(* Part 2 문항을 아예 못 풀겠다면, 초반에는 해설지를 참고하며 논리를 익히시거나

조금 더 쉬운 난이도의 N제를 먼저 푼 후 푸시기 바랍니다.)

## 높은 1등급 ~ 50점

Part 2를 먼저 풀어봅니다.

절반 이상을 틀리신다면 해설지를 꼭 정독하며 Part 1 문항을 다 푸시기 바랍니다.

절반 이상을 맞추신다면 Part 2 문항들 정도만 해설지를 정독하셔도 얻어가실 게 많으실 거라 생각합니다.


## FAQ

① 이 책만 보면 50점 가능한가요?

→ 시험 난이도와 학생 분의 재능에 따라 다릅니다.

개인적인 생각으로는, 찍어서 맞는 경우를 제외했을 때, 머리가 적당히 좋은 학생이 열심히 공부했다면

22학년도 수능의 경우 불가능하고, 23/24학년도 수능의 경우 가능할 것 같습니다.


다만 상위권일수록 모든 공부는 '확률'을 높이는 공부가 되어야 합니다.

어떤 과목이든 고정적으로 만점을 받는 건 사람이라면 불가능합니다.

누구나 실수할 수 있고, 컨디션에 따라 평소에는 당연히 풀 문항도 못 풀 수도 있습니다.

따라서 저라면 이 책만 풀어도 50점이 가능하더라도 다른 N제와 실모를 가능한 많이 풀 것 같습니다.


② 비유전 문제랑 너무 쉬운 유전/전도/근수축 문제 건너뛰어도 되나요?

→ 비유전 문제는 자신이 있다면 건너뛰세요.

다만, 여기서 '자신이 있다'는 틀리지 않을 자신이 있다가 아닙니다.

정상적으로 학습했다면 비유전 문제는 맞는 게 당연한 겁니다.

'빠른 시간 안에' 다 맞을 자신이 있다면 건너뛰세요.


유전/전도/근수축 문제는 해설지 부분을 먼저 훑어 보시고, 해당 문제에서 별 내용이 없다면 건너뛰세요.

# 저자&검토진

## 저자
반승현

# la Vida 생명과학 I
## 기출 문제집 (하)편

# 목차

# IV

# 사람의
# 유전(2)

Part 1) 기출 문제
Part 2) 고난도 N제

"고마웠어. 다음 주에 고기 사줄게."
"오빠. 다음 주에도 오늘 산 옷 입고 와야 해요?"
"그래그래~ 집에 있던 옷들 다 버릴게~ 그럼 다음에 봐~"
"오빠, 잠깐만요! 지금 눈이 너무 빨간 거 아니에요? 눈병 같은데? 괜찮아요??"
"그래?? 괜찮아! 하나도 안 아파~"
"가만히 있어 봐요!"

가빈이는 눈에 바람을 불더니 "오빠 말 잘 듣네요~ 예뻐요~" 하더니
머리를 쓰다듬었다.

"가빈아, 선 넘지마. 나 이러는 거 싫어해."
"아~ 장난이잖아요! 진짜 오빠 너무 진지해요! 알았어요! 저 갈게요!"

그렇게 가빈이와 헤어지고 샛별이를 기다렸다.
시간이 돼도 샛별이가 오지 않는다. 무슨 일 생겼나? 이렇게 늦을 것 같지는 않은데..
무슨 일이 생긴 건 아닐까, 하는 불안감에 찾으러 다녀볼까도 생각했지만,
그러다 길이 엇갈리면 정말 못 만날 수도 있다는 생각에 기다리기만 했다.
그렇게 2시간 정도의 시간이 지났는데, 익숙한 목소리가 들려왔다.

"오빠 여기서 뭐해?"

가계도 해설을 볼 때 반드시 필요한 개념&순서

(아래 내용은 안다는 전제 하에 해설합니다.)

아래의 내용은 반드시 외워두셔야 합니다. 특별한 스킬이 아니라, 교과서에도 나와있는 기본적인 내용들입니다.


우열 관계가 분명할 때

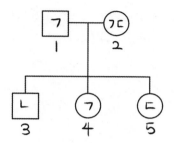

① 부모의 표현형이 서로 같은데, 부모와 다른 표현형인 자손이 태어남 → 자손의 표현형이 열성

예를 들어, 위에서 1과 2는 ㉠에 대한 표현형이 병으로 같은데 자손인 3은 ㉠이 정상이므로 ㉠은 정상이 열성입니다.

마찬가지로 1과 2는 ㉡에 대한 표현형이 정상인데 자손인 3은 ㉡이 발현되었으므로 ㉡은 병이 열성입니다.

㉢은 1과 2의 ㉢에 대한 표현형이 서로 같지 않으므로 이 가계도만으로는 우열을 알 수 없습니다.


\* 부모의 표현형이 서로 같은데, 부모가 모두 열성이라면 부모 모두 열성 유전자'만' 갖고 있다는 뜻입니다.

그러면 열성 유전자를 갖고 있는 자녀'만' 태어날 수 있으므로 부모와 다른 표현형인 자손이 태어날 수 없습니다.

상염색체 유전자든 성염색체 유전자든 마찬가지입니다.


② X 염색체에 있는 유전자라면, 열성 표현형인 여자와 그 아빠/아들의 표현형은 같음

열성 표현형인 여자이므로 유전자형을 aa로 둘 수 있습니다.

이때 a 2개 중 하나는 아빠에게 받은 유전자이고, 또 아들에게 줄 유전자이기도 합니다.

따라서 아빠나 아들의 유전자형은 aY가 될 수밖에 없으므로 표현형이 같을 수밖에 없습니다.


보통 이 내용은 '상'염색체에 있는 유전자임을 증명하기 위해 씁니다.

열성 표현형인 여자의 아빠가 열성 표현형이라고 해서 X 염색체에 있음을 증명할 수는 없습니다.

(\* 상염색체에 있는 유전자여도 가능합니다.)

그러나, 열성 표현형인 여자의 표현형과 아빠의 표현형이 다르다면 '상'염색체에 있는 유전자임은 증명할 수 있습니다.

X 염색체에 있는 유전자일 수는 없으니까요.


(\* 이를 약간 활용하면, 추가 조건이 없는 가계도의 경우 무조건 상염색체에 있는 유전자임을 알 수 있습니다. 그리고 상염색체에 있는 유전자임이 ②를 통해 나오게 됩니다. 만약 ②를 통해 상염색체에 있는 유전자임이 밝혀지지 않는다면, X 염색체에 있는 유전자로 풀어도 모순이 없고, 상염색체에 있는 유전자로 풀어도 모순이 없습니다.

정상적인 문제라면 이렇게 낼 리가 없으므로 X 염색체로 할 경우 모순이 나오도록 만들 수밖에 없고, 그래서 추가 조건이 없다면 그냥 상염색체에 있는 유전자입니다. 그래서 정말 '주는 문제'가 아니라면 항상 조건이 몇 개씩 달려있습니다.)

앞으로 가계도에서 해설하는 순서는 다음과 같습니다.

① 가계도 해석

Ⅰ) 부모와 다른 표현형인 자손이 있는가?

(* 이때 딸이라면 '상'염색체에 있는 유전자입니다. 위의 ①과 ②를 섞은 겁니다.

부모와 다른 표현형인 자손이므로 열성 표현형인 자손인데, 딸이므로 열성 표현형인 여자입니다.

그런데 부모와 표현형이 다르다 했으므로 아빠와 표현형이 달라야합니다.

열성 표현형인 딸이 아빠와 표현형이 다르므로 상염색체에 있는 유전자입니다.

풀 때마다 이럴 순 없으므로 그냥 외우시는 걸 권장합니다.)

Ⅱ) 여자와 표현형이 다른 아빠/아들이 있는가?

(* 당연히 상염색체에 있는 유전자임을 증명하기 위함입니다! )

② 추가 조건들이 주어진 순서대로 해석

풀다보면 느끼겠지만, 유전 문제 전체 중 가계도가 제일 쉽습니다.

처음에는 한 문제 푸는데 10분, 20분씩 걸리겠지만,

조금만 익숙해지면 문제가 다 거기서 거기고 오히려 보너스 문제들이라 느끼게 될 겁니다.

해설에서도 똑같은 말만 계속 반복하는 게 느껴질 거라 생각합니다.

물론 경우에 따라 나중에 주어진 조건을 먼저 보는 게 유리한 경우도 많습니다.

다만 출제 의도가 아래 조건을 먼저 보고 풀라는 것은 아닐 테고, 시험장에서 어떤 조건을 먼저 보는 게 유리할지는 알 수 없으므로 처음부터 주어진 대로 푸시는 습관을 들이시는 게 낫습니다.

(* 어느 정도 '고이면' 다른 조건을 먼저 보는 게 유리함을 알 수 있습니다. 그정도 실력이 되셨다면 그러셔도 됩니다.)

추가 조건 해석에 자주 쓰이는 논리

① 특정 유전자의 DNA 상대량이 0 또는 2일 때, 그 사람의 표현형을 통해 해당 유전자가 정상 유전자인지 병 유전자인지 알 수 있습니다.

② 아버지가 A가 없을 때, 아들이 a를 갖지 않음 → X 염색체에 있는 유전자

(* 상염색체나 Y 염색체에 있는 유전자라면 아들은 a를 가져야 합니다.

특히, 위 내용은 아버지가 열성 유전자를 갖고 있지 않다는 조건으로 제시됩니다.

그럴 경우 아버지는 우성 유전자'만' 갖고 있는데, 아들이 우성 표현형이 아닐 경우 아들은 우성 유전자가 없다는 뜻이므로

X 염색체에 있는 유전자임을 알 수 있습니다.)

③ 아버지가 A가 있을 때, 딸이 A를 갖지 않음 → 상염색체 또는 Y 염색체에 있는 유전자

(* X 염색체에 있는 유전자라면 A를 가져야 합니다.

Y 염색체에 있는 유전자도 가능은 하지만, 통계적으로 가능성이 매우 낮아 보통은 생각하지 않습니다.)

④ 부모와 자녀 사이에 DNA 상대량이 2/0 불가능

(* 아버지나 어머니의 DNA 상대량이 2면 동형 접합성이므로 자녀는 0이 불가능합니다.

아버지나 어머니의 DNA 상대량이 0이면 자녀는 동형 접합성일 수 없으므로 2가 불가능합니다.)

⑤ 부모와 자녀의 표현형이 서로 다르면 열성 유전자를 둘 다 갖고 있음

(* Y 염색체에 있는 유전자를 고려하지 않을 때, 아버지-아들 관계를 제외하면 모두 성립합니다.

아버지-딸, 어머니-아들, 어머니-딸은 X 염색체에 있는 유전자든, 상염색체에 있는 유전자든

특정 염색체를 주고 받을 수밖에 없는 관계입니다.

그런데 둘의 표현형이 서로 다르다면 우성 유전자를 주지는 않았을 테니 열성 유전자를 물려 주었음을 알 수 있습니다.)

① 손글씨 해설에서는 모든 구성원의 유전자를 다 쓰지만, 실전에서는 그렇게 하시면 안 됩니다.

평소에 연습하실 땐 모든 구성원의 유전자형을 다 찾는 연습도 하시는 걸 권장하지만,

문제를 푸는데 필요한 구성원'만' 찾는 연습도 해주세요.

② 손글씨 해설에서 병 유전자에는 동그라미를 쳤습니다.

형질이 (가), (나)인 경우도 ㉠, ㉡ 등으로 표시했습니다.

유전자는 (가) → (나) → (다) 또는 ㉠ → ㉡ → ㉢ 순으로 작성했습니다.

해설 과정에서 유전자를 알파벳으로 쓰는 대신 한글로 쓰는 경우가 있는데, 항상 위의 순서입니다.

㉠ A > A*
㉡ B > B*
㉢ D > D*

A | A*
B | B
D*| D
=
정 | 병
병 | 병
병 | 정

예를 들어, 위와 같은 경우 ㉠은 A*가 병 유전자, ㉡은 B가 병 유전자, ㉢은 D*가 병 유전자입니다.

염색체를 가계도에 나타낼 땐 위와 같이 작성했습니다.

③ 형질 = 병이 아닙니다.

다만 해설의 편의를 위해 형질이 발현된 경우도 병이 발현됐다고 표현했습니다.

④ 가계도에 형질을 표기할 때, (가), (나)로 표시하는 것보다 ㄱ, ㄴ로 간단하게 표시하는 것이 빠르고 보기 편리합니다.

해설지에도 ㄱ, ㄴ 등으로 간단하게 표시했습니다.

⑤ 해설에서는 정상은 정, 형질 발현은 병으로 표기하는데, 실제 문제 풀이 과정에서는 그렇게 표기하면 공간도 부족하고 시간이 소모되기 때문에 간단하게 정상은 ㅈ, 형질 발현은 ㅂ 등 본인만의 편한 표기법을 만드시는 것을 권장합니다.

⑥ Y 염색체에 있는 유전자의 경우, 아빠와 아들의 표현형이 항상 같아야 하며 여자는 모두 병으로 똑같거나 정상으로 똑같아야 합니다.

또한, 여자는 Y 염색체에 있는 유전자를 가질 수 없습니다.

따라서 일반적으론 Y 염색체에 있는 유전자는 고려할 필요 없으므로 해설을 쓸 때도 고려하지 않았습니다.

⑦ 혈액형 유전자의 경우 $I^A$를 A로, $I^B$를 B로, $i$를 O로 작성했습니다.

# PART 1

59문항

## 01.

다음은 영희네 가족의 유전병과 ABO식 혈액형에 대한 자료이다.

○ 유전병 유전자와 ABO식 혈액형 유전자는 같은 염색체에 있다.
○ 유전병은 정상 유전자 T와 유전병 유전자 T*에 의해 결정되며, 대립유전자 T와 T* 사이의 우열 관계는 분명하다.
○ 아버지, 어머니, 오빠는 모두 유전병을 나타내고, 영희는 정상이다.
○ 아버지는 A형, 어머니와 오빠는 B형, 영희는 O형이다.

이에 대한 설명으로 옳은 것만을 〈보기〉에서 있는 대로 고른 것은? (단, 생식세포 형성 시 돌연변이와 교차는 고려하지 않는다.)

───── 〈보 기〉 ─────
ㄱ. 대립유전자 T는 T*에 대해 우성이다.
ㄴ. 아버지의 T*는 혈액형 대립유전자 A와 같은 염색체에 있다.
ㄷ. 오빠의 T*는 어머니로부터 물려받았다.

① ㄱ    ② ㄴ    ③ ㄷ    ④ ㄱ, ㄷ    ⑤ ㄴ, ㄷ

## 02.

다음은 영희네 가족 구성원의 유전병 P와 적록 색맹에 대한 자료이다.

○ 유전병 P는 대립유전자 A와 a에 의해 결정되며, A는 a에 대해 완전 우성이다.
○ 영희네 가족 구성원은 아버지, 어머니, 오빠, 영희, 남동생이다.
○ 아버지는 a를 가지고 있지 않다.
○ 어머니와 오빠에게서는 유전병 P가 나타나고, 남동생에게서는 유전병 P가 나타나지 않는다.
○ 가족 구성원 중 오빠에게서만 적록 색맹이 나타난다.

영희와 유전병 P, 적록 색맹이 모두 나타나지 않는 남자 사이에서 여자 아이가 태어날 때, 이 아이에게서 유전병 P가 나타나고 적록 색맹이 나타나지 않을 확률은? (단, 돌연변이와 교차는 고려하지 않는다.)

## 03.
다음은 형질 (가)와 (나)에 대한 자료와 이 형질을 나타내는 어떤 집안의 가계도이다.

---

○ (가)와 (나)를 결정하는 유전자는 서로 다른 염색체에 있다.

○ (가)는 대립유전자 A와 a에 의해, (나)는 대립유전자 B와 b에 의해 결정된다. A는 a에 대해, B는 b에 대해 각각 완전 우성이다.

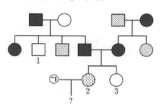 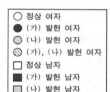

○ 정상 여자
● (가) 발현 여자
◐ (나) 발현 여자
⊗ (가), (나) 발현 여자
□ 정상 남자
■ (가) 발현 남자
▨ (나) 발현 남자

○ 2에서 (가)의 유전자형은 이형 접합성이다.

○ ㉠은 (가)와 (나)의 유전자형이 모두 열성 동형 접합성이다.

---

이에 대한 설명으로 옳은 것만을 〈보기〉에서 있는 대로 고르시오. (단, 돌연변이와 교차는 고려하지 않는다.)

---
〈보 기〉

ㄱ. 1에서 (가)의 유전자형은 이형 접합성이다.

ㄴ. 3의 동생이 태어날 때, 이 아이에게서 (가)와 (나)가 모두 발현될 확률은 $\frac{3}{16}$이다.

ㄷ. ㉠과 2 사이에서 아이가 태어날 때, 이 아이가 (가), (나)에 대해 ㉠과 같은 유전자형을 가질 확률은 $\frac{1}{4}$이다.

---

① ㄱ    ② ㄴ    ③ ㄷ    ④ ㄴ, ㄷ    ⑤ ㄱ, ㄴ, ㄷ

---

## 04.
다음은 어떤 가족의 유전병 ㉠과 ABO식 혈액형에 대한 자료이다.

---

○ 표는 유전병 ㉠ 여부와 ABO식 혈액형 판정에서 응집 반응 결과를 나타낸 것이다.

| 구분 | | 아버지 | 어머니 | 딸 | 아들 |
|---|---|---|---|---|---|
| 유전병 ㉠ 여부 | | 정상 | 유전병 | 정상 | 유전병 |
| 응집 반응 결과 | 항 A 혈청 | ? | + | − | + |
| | 항 B 혈청 | ? | − | − | + |

(+ : 응집됨, − : 응집 안 됨)

○ 유전병 ㉠은 정상 대립유전자 T와 유전병 ㉠의 대립유전자 T*에 의해 결정되며, T와 T*의 우열 관계는 분명하다.

○ 아버지와 어머니는 각각 T와 T* 중 한 가지만 가지고 있다.

---

이에 대한 설명으로 옳은 것만을 〈보기〉에서 있는 대로 고른 것은? (단, 돌연변이와 교차는 고려하지 않는다.)

---
〈보 기〉

ㄱ. 딸은 T*를 가지고 있다.

ㄴ. 아버지의 혈액은 항 A 혈청에 응집된다.

ㄷ. 셋째 아이가 태어날 때, 이 아이가 A형이면서 유전병 ㉠이 발현된 아들일 확률은 $\frac{1}{16}$이다.

---

① ㄱ    ② ㄷ    ③ ㄱ, ㄴ    ④ ㄱ, ㄷ    ⑤ ㄴ, ㄷ

## 05. 그림은 어떤 형질 (가)의 유전에 대한 자료이다.

○ (가)는 세 쌍의 대립유전자 A와 A*, B와 B*, D와 D*에 의해 결정된다.

○ (가)를 결정하는 유전자는 모두 같은 염색체에 있다.

○ 그림은 어떤 집안의 가계도를, 표는 이 가계도 구성원에서 대립유전자 A, B, D의 존재 여부를 조사한 것이다.

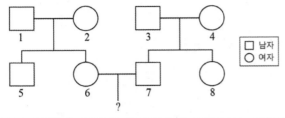

□ 남자
○ 여자

| 대립 유전자 | 가계도 구성원 | | | | | | | |
|---|---|---|---|---|---|---|---|---|
| | 1 | 2 | 3 | 4 | 5 | 6 | 7 | 8 |
| A | ○ | ○ | ○ | − | − | ○ | ○ | − |
| B | − | ○ | ○ | − | ○ | − | ○ | ○ |
| D | ○ | − | − | ○ | − | ○ | ○ | − |

(○ : 있음. − : 없음)

이에 대한 설명으로 옳은 것만을 〈보기〉에서 있는 대로 고른 것은? (단, 돌연변이와 교차는 고려하지 않는다.)

〈보 기〉

ㄱ. (가)는 다인자 유전이다.

ㄴ. 가계도 구성원 중 A*와 B*가 같은 염색체에 있는 사람은 총 6명이다.

ㄷ. 6과 7 사이에서 아이가 태어날 때, 이 아이가 대립유전자 A, B, D를 모두 가질 확률은 $\frac{1}{2}$이다.

① ㄱ   ② ㄴ   ③ ㄱ, ㄷ   ④ ㄴ, ㄷ   ⑤ ㄱ, ㄴ, ㄷ

---

## 06. 다음은 같은 종의 동물(2n=6) A~D에 대한 자료이다.

○ A와 B가 교배하여 C와 D가 태어났다.

○ 대립유전자 H가 있으면 형질 ㉠이 발현되고, 대립유전자 R이 있으면 형질 ㉡이 발현된다. H와 R은 각각 대립유전자 h와 r에 대해 완전 우성이다.

○ 표는 A~D의 성과 형질 ㉠, ㉡의 발현 여부를 나타낸 것이다.

| 개체 | A | B | C | D |
|---|---|---|---|---|
| 성 | 수컷 | 암컷 | 암컷 | ? |
| 형질 ㉠ | × | ? | × | ? |
| 형질 ㉡ | ○ | × | ? | × |

(○ : 발현됨, × : 발현 안 됨)

○ (가)~(라)는 각각 A~D의 세포 중 하나이며, 암컷의 성염색체는 XX, 수컷의 성염색체는 XY이다.

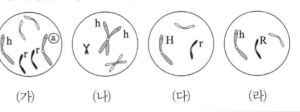

(가)       (나)       (다)       (라)

이에 대한 설명으로 옳은 것만을 〈보기〉에서 있는 대로 고른 것은? (단, 돌연변이와 교차는 고려하지 않는다.)

〈보 기〉

ㄱ. ⓐ는 H이다.

ㄴ. D는 수컷이다.

ㄷ. (라)는 A의 세포이다.

① ㄱ   ② ㄷ   ③ ㄱ, ㄴ   ④ ㄴ, ㄷ   ⑤ ㄱ, ㄴ, ㄷ

## 07.
다음은 어떤 집안의 ABO식 혈액형과 유전병 ㉠에 대한 자료이다.

○ 그림은 이 집안의 ABO식 혈액형과 유전병 ㉠에 대한 가계도이고 표는 이 가계도의 구성원 1, 3, 4 사이의 ABO식 혈액형에 대한 혈액 응집 반응 결과이다.

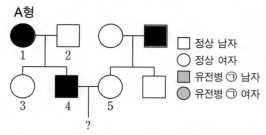

| 구분 | 1의 적혈구 | 3의 적혈구 | 4의 적혈구 |
|------|-----------|-----------|-----------|
| 1의 혈장 | − | − | + |
| 3의 혈장 | + | − | + |
| 4의 혈장 | − | ⓐ | − |

(+ : 응집됨. − : 응집 안 됨)

○ 유전병 ㉠은 대립유전자 T와 T*에 의해 결정되며, T와 T*의 우열 관계는 분명하다. T는 정상 유전자이고, T*는 유전병 유전자이다.
○ 구성원 1과 2는 각각 대립유전자 T와 T* 중 한 가지만 갖고 있다.
○ 구성원 2와 5의 ABO식 혈액형의 유전자형은 같다.

이에 대한 설명으로 옳은 것만을 〈보기〉에서 있는 대로 고르시오. (단, 돌연변이와 교차는 고려하지 않는다.)

─────── 〈보 기〉 ───────
ㄱ. ⓐ는 '+'이다.
ㄴ. 3과 5는 모두 T*를 갖고 있다.
ㄷ. 4와 5 사이에서 아이가 태어날 때, 이 아이가 A형이고 유전병 ㉠인 아들일 확률은 $\frac{1}{8}$이다.

① ㄱ    ② ㄴ    ③ ㄷ    ④ ㄱ, ㄴ    ⑤ ㄴ, ㄷ

## 08.
다음은 어떤 집안의 유전병 ㉠, ㉡에 대한 가계도와 ABO식 혈액형에 대한 자료이다.

○ ㉠은 대립유전자 T와 T*에 의해, ㉡은 대립유전자 R와 R*에 의해 결정된다. T는 T*에 대해, R은 R*에 대해 각각 완전 우성이다.
○ ㉠의 유전자와 ABO식 혈액형의 유전자는 같은 염색체에 있다.

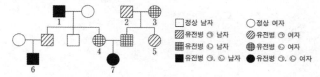

○ 2와 3 각각은 R와 R* 중 한 가지만 가지고 있다.
○ 표는 이 가계도의 1, 2, 4 사이의 ABO식 혈액형에 대한 혈액 응집 반응 결과이며, 3의 ABO식 혈액형은 A형이다.

| 구분 | 1의 적혈구 | 2의 적혈구 | 4의 적혈구 |
|------|-----------|-----------|-----------|
| 1의 혈청 | − | − | − |
| 2의 혈청 | + | − | + |
| 4의 혈청 | + | + | − |

(+ : 응집됨. − : 응집 안 됨)

○ 1과 5의 ABO식 혈액형의 유전자형은 같으며, 2의 ABO식 혈액형의 유전자형은 동형 접합성이다.

이에 대한 설명으로 옳은 것만을 〈보기〉에서 있는 대로 고르시오. (단, 돌연변이와 교차는 고려하지 않는다.)

─────── 〈보 기〉 ───────
ㄱ. 이 가계도의 구성원은 모두 T*를 가진다.
ㄴ. 7의 ABO식 혈액형은 AB형이다.
ㄷ. 6의 동생이 태어날 때, 이 동생에게서 ㉠과 ㉡이 모두 나타날 확률은 $\frac{1}{8}$이다.

① ㄴ    ② ㄷ    ③ ㄱ, ㄴ    ④ ㄱ, ㄷ    ⑤ ㄱ, ㄴ, ㄷ

## 09.

유전병 ㉠과 ㉡은 각각 대립유전자 A와 A*, B와 B*에 의해 결정된다. 그림 (가)는 ㉠과 ㉡에 대한 가계도를, (나)는 (가)의 1~4에서 체세포 1개당 A*와 B*의 DNA 상대량을 나타낸 것이다.

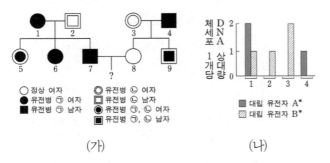

○ 정상 여자
● 유전병 ㉠ 여자
■ 유전병 ㉠ 남자
◎ 유전병 ㉡ 여자
□ 유전병 ㉡ 남자
◉ 유전병 ㉠, ㉡ 여자
▣ 유전병 ㉠, ㉡ 남자

■ 대립 유전자 A*
▨ 대립 유전자 B*

(가)                    (나)

7과 8 사이에서 남자 아이가 태어날 때, 이 아이에게서 ㉠과 ㉡이 모두 발현될 확률은? (단, 돌연변이와 교차는 고려하지 않으며, A, A*, B, B* 각각의 1개당 DNA 상대량은 1이다.)

---

## 10.

다음은 어떤 집안의 유전병 ㉠과 ㉡에 대한 자료이다.

○ ㉠과 ㉡을 결정하는 유전자는 서로 다른 염색체에 존재한다.

○ ㉠과 ㉡은 각각 대립유전자 A와 A*, B와 B*에 의해 결정되며, 각 대립유전자 사이의 우열 관계는 분명하다.

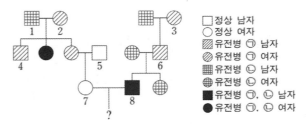

□ 정상 남자
○ 정상 여자
▨ 유전병 ㉠ 남자
◈ 유전병 ㉠ 여자
▦ 유전병 ㉡ 남자
◉ 유전병 ㉡ 여자
■ 유전병 ㉠, ㉡ 남자
● 유전병 ㉠, ㉡ 여자

○ (가)는 구성원 1, 2, 6에서 체세포 1개당 A의 DNA 상대량을, (나)는 구성원 3, 4, 5에서 체세포 1개당 B의 DNA 상대량을 나타낸 것이다.

| 구성원 | A의 DNA 상대량 |
|---|---|
| 1 | 0 |
| 2 | 2 |
| 6 | 1 |

| 구성원 | B의 DNA 상대량 |
|---|---|
| 3 | 2 |
| 4 | 1 |
| 5 | 1 |

(가)                    (나)

이에 대한 설명으로 옳은 것만을 〈보기〉에서 있는 대로 고르시오. (단, 돌연변이와 교차는 고려하지 않으며, A, A*, B, B* 각각의 1개당 DNA 상대량은 1이다.)

〈보 기〉

ㄱ. ㉠은 우성 형질이다.

ㄴ. B와 B*는 상염색체에 존재한다.

ㄷ. 7과 8 사이에서 아이가 태어날 때, 이 아이에게서 ㉠과 ㉡이 모두 나타날 확률은 $\frac{1}{6}$이다.

① ㄱ    ② ㄷ    ③ ㄱ, ㄴ    ④ ㄴ, ㄷ    ⑤ ㄱ, ㄴ, ㄷ

**11.** 다음은 어떤 집안의 유전 형질 ㉠~㉢에 대한 자료이다.

○ ㉠은 대립유전자 A와 A*에 의해, ㉡은 대립유전자 B와 B*에 의해, ㉢은 대립유전자 C와 C*에 의해 결정된다. 각 대립유전자 사이의 우열 관계는 분명하고, A는 A*에 대해 완전 우성이다.
○ ㉠~㉢을 결정하는 유전자는 모두 하나의 염색체에 있다.
○ 가계도는 ㉠~㉢ 중 ㉠과 ㉡의 발현 여부만을 나타낸 것이다.

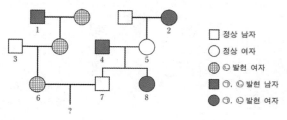

□ 정상 남자
○ 정상 여자
▨ ㉡ 발현 여자
■ ㉠, ㉢ 발현 남자
● ㉠, ㉡ 발현 여자

○ 구성원 1, 3, 4, 8에서 ㉢이 발현되었고, 2, 5, 6, 7에서는 ㉢이 발현되지 않았다.
○ 표 (가)는 2, 4, 5, 7에서 체세포 1개당 B의 DNA 상대량을, (나)는 2, 4, 5, 8에서 체세포 1개당 C의 DNA 상대량을 나타낸 것이다.

| 구성원 | B의 DNA 상대량 |
|---|---|
| 2 | 1 |
| 4 | 0 |
| 5 | 2 |
| 7 | 1 |

(가)

| 구성원 | C의 DNA 상대량 |
|---|---|
| 2 | 1 |
| 4 | 1 |
| 5 | 1 |
| 8 | 2 |

(나)

이에 대한 설명으로 옳은 것만을 〈보기〉에서 있는 대로 고르시오. (단, 돌연변이와 교차는 고려하지 않으며, B, B*, C, C* 각각의 1개당 DNA 상대량은 같다.)

─────── 〈보 기〉 ───────
ㄱ. ㉢은 열성 형질이다.
ㄴ. 5는 A와 C가 함께 있는 염색체를 가지고 있다.
ㄷ. 6과 7 사이에서 아이가 태어날 때, 이 아이에게서 ㉠과 ㉡이 모두 발현될 확률은 $\frac{1}{4}$이다.

① ㄱ    ② ㄴ    ③ ㄷ    ④ ㄱ, ㄴ    ⑤ ㄱ, ㄷ

**12.** 다음은 어떤 집안의 유전 형질 ㉠과 ㉡에 대한 자료이다.

○ ㉠은 대립유전자 H와 h에 의해, ㉡은 대립유전자 T와 t에 의해 결정된다. H는 h에 대해, T는 t에 대해 각각 완전 우성이다.
○ ㉠의 유전자와 ㉡의 유전자는 같은 염색체에 있다.
○ 가계도는 구성원 1~9에게서 ㉠과 ㉡의 발현 여부를 나타낸 것이다.

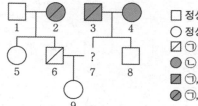

□ 정상 남자
○ 정상 여자
▨ ㉠ 발현 남자
● ㉡ 발현 여자
▨ ㉠, ㉡ 발현 남자
◑ ㉠, ㉡ 발현 여자

○ 4와 8의 체세포 1개당 t의 DNA 상대량은 같다.

이에 대한 설명으로 옳은 것만을 〈보기〉에서 있는 대로 고른 것은? (단, 돌연변이와 교차는 고려하지 않는다.)

─────── 〈보 기〉 ───────
ㄱ. ㉠은 열성 형질이다.
ㄴ. 1~9 중 h와 t가 같이 있는 염색체를 가진 사람은 모두 4명이다.
ㄷ. 9의 동생이 태어날 때, 이 아이에게서 ㉠과 ㉡이 모두 발현될 확률은 $\frac{1}{4}$이다.

① ㄱ    ② ㄷ    ③ ㄱ, ㄴ    ④ ㄴ, ㄷ    ⑤ ㄱ, ㄴ, ㄷ

**13.** 다음은 유전병 ㉠과 ㉡에 대한 자료이다.

○ ㉠과 ㉡은 각각 대립유전자 H와 H*, T와 T*에 의해 결정된다.
○ H와 T는 H*와 T*에 대해 각각 완전 우성이다.
○ 그림은 ㉠과 ㉡에 대한 가계도이다.

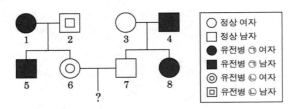

| | |
|---|---|
| ○ 정상 여자 | |
| □ 정상 남자 | |
| ● 유전병 ㉠ 여자 | |
| ■ 유전병 ㉠ 남자 | |
| ◎ 유전병 ㉡ 여자 | |
| ▣ 유전병 ㉡ 남자 | |

○ 2는 H*를 갖고 있지 않으며, 5와 6에서 체세포 1개당 T*의 수는 같다.

이에 대한 설명으로 옳은 것만을 〈보기〉에서 있는 대로 고른 것은? (단, 돌연변이와 교차는 고려하지 않는다.)

〈보 기〉
ㄱ. 6은 1에게서 H*와 T를 모두 물려받았다.
ㄴ. 3, 4, 8은 모두 H*와 T*를 둘 다 갖고 있다.
ㄷ. 6과 7 사이에서 아이가 태어날 때, 이 아이가 ㉠과 ㉡이 모두 발현되지 않은 여자일 확률은 $\frac{1}{4}$이다.

① ㄱ  ② ㄴ  ③ ㄷ  ④ ㄴ, ㄷ  ⑤ ㄱ, ㄴ, ㄷ

**14.** 다음은 어떤 집안의 유전병 ㉠, ㉡과 적록 색맹 유전에 대한 자료이다.

○ 유전병 ㉠은 대립유전자 A와 A*에 의해, 유전병 ㉡은 대립유전자 B와 B*에 의해서 결정되며 대립유전자 사이의 우열 관계는 분명하다.
○ 적록 색맹은 정상 대립유전자 D와 적록 색맹 대립유전자 D*에 의해 결정되며 D는 D*에 대해 완전 우성이다.
○ 그림은 이 집안의 유전병 ㉠, ㉡에 대한 가계도이다.

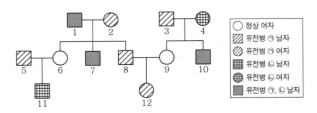

| | |
|---|---|
| ○ 정상 여자 | |
| ▨ 유전병 ㉠ 남자 | |
| ▧ 유전병 ㉠ 여자 | |
| ▦ 유전병 ㉡ 남자 | |
| ⊕ 유전병 ㉡ 여자 | |
| ■ 유전병 ㉠, ㉡ 남자 | |

○ 6에는 A*가 없고, 3에는 B*가 없으며, 4에는 B가 없다.
○ 표는 5~10의 적록 색맹 유무를 나타낸 것이다.

| 구분 | 5 | 6 | 7 | 8 | 9 | 10 |
|---|---|---|---|---|---|---|
| 적록 색맹 유무 | × | ○ | × | ? | ○ | × |

(○ : 있음, × : 없음)

이에 대한 설명으로 옳은 것만을 〈보기〉에서 있는 대로 고른 것은? (단, 돌연변이와 교차는 고려하지 않는다.)

〈보 기〉
ㄱ. 8은 적록 색맹을 나타낸다.
ㄴ. 체세포 1개당 D* 수는 1~4가 모두 같다.
ㄷ. 12의 동생이 태어날 때, 이 아이가 ㉠과 ㉡에 대해서 정상이면서 적록 색맹일 확률은 $\frac{1}{4}$이다.

① ㄱ  ② ㄷ  ③ ㄱ, ㄴ  ④ ㄴ, ㄷ  ⑤ ㄱ, ㄴ, ㄷ

**15.** 다음은 어떤 집안의 유전 형질 (가)와 (나)에 대한 자료이다.

○ (가)는 대립유전자 A와 A*에 의해, (나)는 대립유전자 B와 B*에 의해서 결정된다. A는 A*에 대해, B는 B*에 대해 각각 완전 우성이다.

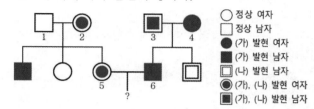

○ 정상 여자
□ 정상 남자
● (가) 발현 여자
■ (가) 발현 남자
▣ (나) 발현 남자
◉ (가), (나) 발현 여자
◼ (가), (나) 발현 남자

○ 표는 구성원 1~4의 체세포 1개당 ㉠과 ㉡의 DNA 상대량을 나타낸 것이다. ㉠은 A와 A* 중 하나이고, ㉡은 B와 B* 중 하나이다.

| 구분 | | 1 | 2 | 3 | 4 |
|------|------|---|---|---|---|
| DNA 상대량 | ㉠ | ⓐ | ⓑ | 0 | 1 |
| | ㉡ | 1 | 0 | ⓒ | ⓓ |

이에 대한 설명으로 옳은 것만을 〈보기〉에서 있는 대로 고른 것은? (단, 돌연변이와 교차는 고려하지 않으며, A, A*, B, B* 각각의 1개당 DNA 상대량은 1이다.)

〈보 기〉

ㄱ. ㉡은 B이다.

ㄴ. ⓐ+ⓑ+ⓒ+ⓓ = 2이다.

ㄷ. 5와 6 사이에서 여자 아이가 태어날 때, 이 아이에게서 (가)와 (나)가 모두 발현될 확률은 $\frac{1}{4}$이다.

① ㄱ　② ㄴ　③ ㄱ, ㄷ　④ ㄴ, ㄷ　⑤ ㄱ, ㄴ, ㄷ

**16.** 다음은 어떤 집안의 유전 형질 (가)와 (나)에 대한 자료이다.

○ (가)는 대립유전자 H와 H*에 의해, (나)는 대립유전자 R와 R*에 의해 결정된다. H는 H*에 대해, R는 R*에 대해 각각 완전 우성이다.

○ (나)를 결정하는 유전자는 X 염색체에 존재한다.

○ 가계도는 구성원 ⓐ를 제외한 나머지 구성원에게서 (가)와 (나)의 발현 여부를 나타낸 것이다.

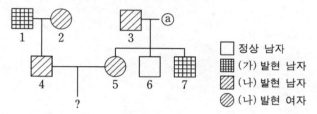

□ 정상 남자
▦ (가) 발현 남자
▨ (나) 발현 남자
◪ (나) 발현 여자

○ 표는 구성원 ㉠~㉢에서 체세포 1개당 H와 H*의 DNA 상대량을 나타낸 것이다. ㉠~㉢은 각각 1, 2, 4 중 하나이다.

| 구성원 | ㉠ | ㉡ | ㉢ |
|------|---|---|---|
| DNA 상대량 H | 1 | ? | 2 |
| H* | ? | 1 | ? |

이에 대한 설명으로 옳은 것만을 〈보기〉에서 있는 대로 고르시오. (단, 돌연변이와 교차는 고려하지 않으며, H와 H* 각각의 1개당 DNA 상대량은 같다.)

〈보 기〉

ㄱ. 구성원 ㉢은 구성원 2이다.

ㄴ. ⓐ에게서 (가)와 (나)가 모두 발현되지 않았다.

ㄷ. 4와 5 사이에서 아이가 태어날 때, 이 아이에게서 (가)와 (나)가 모두 발현될 확률은 $\frac{1}{8}$이다.

① ㄱ　② ㄷ　③ ㄱ, ㄴ　④ ㄴ, ㄷ　⑤ ㄱ, ㄴ, ㄷ

**17.** 다음은 어떤 집안의 유전 형질 (가)~(다)에 대한 자료이다.

- (가)는 대립유전자 A와 A*에 의해, (나)는 대립유전자 B와 B*에 의해, (다)는 대립유전자 D와 D*에 의해 결정된다. A는 A*에 대해, B는 B*에 대해, D는 D*에 대해 각각 완전 우성이다.
- (가)의 유전자와 (나)의 유전자는 서로 다른 염색체에 있고, (가)의 유전자와 (다)의 유전자는 같은 염색체에 있다.
- 가계도는 (가)~(다) 중 (가)와 (나)의 발현 여부를 나타낸 것이다.

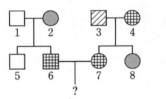

□ 정상 남자
▨ (가) 발현 남자
▦ (나) 발현 남자
◍ (나) 발현 여자
● (가), (나) 발현 여자

- 구성원 1, 4, 7, 8에게서 (다)가 발현되었고, 구성원 2, 3, 5, 6에게서는 (다)가 발현되지 않았다. 1은 D와 D* 중 한 종류만 가지고 있다.
- 표는 구성원 ㈀~㈂에서 체세포 1개당 A와 A*의 DNA 상대량과 구성원 ㈃~㈅에서 체세포 1개당 B와 B*의 DNA 상대량을 나타낸 것이다. ㈀~㈂은 1, 2, 5를 순서 없이, ㈃~㈅는 3, 4, 8을 순서 없이 나타낸 것이다.

| 구성원 | DNA 상대량 | | 구성원 | DNA 상대량 | |
|---|---|---|---|---|---|
| | A | A* | | B | B* |
| ㈀ | ⓐ | 1 | ㈃ | ? | 0 |
| ㈁ | ? | 0 | ㈄ | ⓑ | 1 |
| ㈂ | 0 | 2 | ㈅ | 1 | ? |

이에 대한 설명으로 옳은 것만을 〈보기〉에서 있는 대로 고르시오. (단, 돌연변이와 교차는 고려하지 않으며, A, A*, B, B* 각각의 1개당 DNA 상대량은 1이다.)

─── 〈보 기〉 ───

ㄱ. ⓐ+ⓑ=1이다.
ㄴ. 구성원 1~8 중 A, B, D를 모두 가진 사람은 2명이다.
ㄷ. 6과 7 사이에서 남자 아이가 태어날 때, 이 아이에게서 (가)~(다) 중 (나)와 (다)만 발현될 확률은 $\frac{1}{8}$이다.

① ㄱ  ② ㄴ  ③ ㄱ, ㄷ  ④ ㄴ, ㄷ  ⑤ ㄱ, ㄴ, ㄷ

---

**18.** 다음은 어떤 집안의 유전 형질 (가)~(다)에 대한 자료이다.

- ㉠은 대립유전자 A와 A*에 의해, ㉡은 대립유전자 B와 B*에 의해, ㉢은 대립유전자 D와 D*에 의해 결정된다. 각 대립유전자 사이의 우열 관계는 분명하다.
- ㉠~㉢을 결정하는 3개의 유전자는 서로 다른 2개의 염색체에 있다.
- 그림은 이 집안의 ㉠과 ㉡에 대한 가계도를 나타낸 것이다.

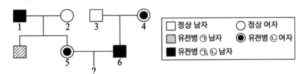

□ 정상 남자  ○ 정상 여자
▨ 유전병 ㉠ 남자  ● 유전병 ㉡ 여자
■ 유전병 ㉠, ㉡ 남자

- ㉢은 3과 5만 가지고 있고, 5에서 생식세포가 생성되었을 때, 이 생식세포가 유전자 A, B, D를 모두 가질 확률은 $\frac{1}{2}$이다.
- 표는 1, 2, 4, 5에서 $G_1$기의 체세포 1개당 A와 B의 DNA 상대량을 나타낸 것이다.

| 구성원 | DNA 상대량 | |
|---|---|---|
| | A | B |
| 1 | 1 | ? |
| 2 | 1 | 0 |
| 4 | ? | 2 |
| 5 | ? | 1 |

이에 대한 설명으로 옳은 것만을 〈보기〉에서 있는 대로 고른 것은? (단, 돌연변이와 교차는 고려하지 않으며, A, A*, B, B*, D, D* 각각의 1개당 DNA 상대량은 같다.)

─── 〈보 기〉 ───

ㄱ. 대립유전자 A는 A*에 대해 우성이다.
ㄴ. 1은 대립유전자 B를 가지고 있다.
ㄷ. 5와 6 사이에서 아이가 태어날 때, 이 아이에게서 ㉠~㉢이 모두 발현될 확률은 $\frac{1}{4}$이다.

① ㄱ  ② ㄴ  ③ ㄷ  ④ ㄱ, ㄴ  ⑤ ㄴ, ㄷ

## 19.

다음은 어떤 집안의 유전 형질 ㉠과 ㉡에 대한 자료이다.

- ㉠은 대립유전자 A와 A*에 의해, ㉡은 대립유전자 B와 B*에 의해 결정된다. A는 A*에 대해, B는 B*에 대해 각각 완전 우성이다.
- 가계도는 구성원 @를 제외한 구성원 1~8에게서 ㉠과 ㉡의 발현 여부를 나타낸 것이다.

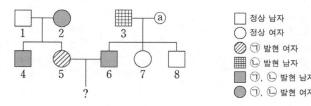

| | |
|---|---|
| □ | 정상 남자 |
| ○ | 정상 여자 |
| ▨ | ㉠ 발현 여자 |
| ▦ | ㉡ 발현 남자 |
| ■ | ㉠, ㉡ 발현 남자 |
| ● | ㉠, ㉡ 발현 여자 |

- $\dfrac{1, 2, 5 \text{ 각각의 체세포 1개당 A*의 DNA 상대량을 더한 값}}{3, 6, 7 \text{ 각각의 체세포 1개당 A*의 DNA 상대량을 더한 값}} = 1$ 이다.

- 체세포 1개당 B*의 DNA 상대량은 2에서가 5에서보다 크다.

- 5에서 생식세포가 형성될 때, 이 생식세포가 A와 B*를 모두 가질 확률은 $\dfrac{1}{2}$이다.

이에 대한 설명으로 옳은 것만을 〈보기〉에서 있는 대로 고르시오. (단, 돌연변이와 교차는 고려하지 않으며, A, A*, B, B* 각각의 1개당 DNA 상대량은 1이다.)

―― 〈보 기〉――

ㄱ. ㉠은 열성 형질이다.

ㄴ. 2와 @는 ㉡에 대한 유전자형이 서로 다르다.

ㄷ. 5와 6 사이에서 아이가 태어날 때, 이 아이에게서 ㉠과 ㉡이 모두 발현될 확률은 $\dfrac{1}{4}$이다.

① ㄱ　　② ㄴ　　③ ㄷ　　④ ㄱ, ㄴ　　⑤ ㄴ, ㄷ

## 20.

다음은 어떤 집안의 유전 형질 (가)~(다)에 대한 자료이다.

- (가)는 대립유전자 H와 H*에 의해, (나)는 대립유전자 R과 R*에 의해, (다)는 대립유전자 T와 T*에 의해 결정된다. H는 H*에 대해, R는 R*에 대해, T는 T*에 대해 각각 완전 우성이다.
- (가)의 유전자와 (나)의 유전자는 서로 다른 염색체에 있고, (가)의 유전자와 (다)의 유전자는 같은 염색체에 있다.
- 가계도는 (가)~(다) 중 (가)와 (나)의 발현 여부를 나타낸 것이다.

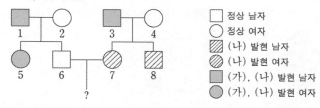

| | |
|---|---|
| □ | 정상 남자 |
| ○ | 정상 여자 |
| ▨ | (나) 발현 남자 |
| ▧ | (나) 발현 여자 |
| ■ | (가), (나) 발현 남자 |
| ● | (가), (나) 발현 여자 |

- 구성원 1~8 중 1, 4, 8에서만 (다)가 발현되었다.
- 표는 구성원 ㉠~㉢에서 체세포 1개당 H와 H*의 DNA 상대량을 나타낸 것이다. ㉠~㉢은 1, 2, 6을 순서 없이 나타낸 것이다.

| 구성원 | | ㉠ | ㉡ | ㉢ |
|---|---|---|---|---|
| DNA 상대량 | H | ? | ? | 1 |
| | H* | 1 | 0 | ? |

- $\dfrac{7, 8 \text{ 각각의 체세포 1개당 R의 DNA 상대량을 더한 값}}{3, 4 \text{ 각각의 체세포 1개당 R의 DNA 상대량을 더한 값}} = 2$이다.

이에 대한 설명으로 옳은 것만을 〈보기〉에서 있는 대로 고르시오. (단, 돌연변이와 교차는 고려하지 않으며, H, H*, R, R*, T, T* 각각의 1개당 DNA 상대량은 1이다.)

―― 〈보 기〉――

ㄱ. ㉡은 6이다.

ㄴ. 5에서 (다)의 유전자형은 동형 접합성이다.

ㄷ. 6과 7 사이에서 아이가 태어날 때, 이 아이에게서 (가)~(다) 중 (가)만 발현될 확률은 $\dfrac{1}{4}$이다.

① ㄱ　　② ㄴ　　③ ㄷ　　④ ㄱ, ㄴ　　⑤ ㄱ, ㄷ

**21.** 다음은 어떤 집안의 유전 형질 (가)~(다)에 대한 자료이다.

○ (가)는 대립유전자 H와 H*에 의해, (나)는 대립유전자 R와 R*에 의해, (다)는 대립유전자 T와 T*에 의해 결정된다. H는 H*에 대해, R는 R*에 대해, T는 T*에 대해 각각 완전 우성이다.

○ (가)의 유전자와 (나)의 유전자 중 하나만 X 염색체에 있다.

○ (다)의 유전자는 X 염색체에 있고, (다)는 열성 형질이다.

○ 가계도는 구성원 ⓐ를 제외한 나머지 구성원 1~9에게서 (가)와 (나)의 발현 여부를 나타낸 것이다.

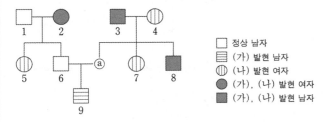

정상 남자
(가) 발현 남자
(나) 발현 여자
(가), (나) 발현 여자
(가), (나) 발현 남자

○ ⓐ를 제외한 나머지 1~9 중 3, 6, 9에서만 (다)가 발현되었다.

○ 체세포 1개당 H의 DNA 상대량은 1과 ⓐ가 서로 같다.

이에 대한 설명으로 옳은 것만을 〈보기〉에서 있는 대로 고르시오. (단, 돌연변이와 교차는 고려하지 않으며, H와 H* 각각의 1개당 DNA 상대량은 1이다.)

─── 〈보 기〉 ───
ㄱ. (가)는 우성 형질이다.
ㄴ. ⓐ에서 (다)가 발현되었다.
ㄷ. 9의 동생이 태어날 때, 이 아이에게서 (가)~(다)가 모두 발현될 확률은 $\frac{1}{4}$이다.

① ㄱ    ② ㄴ    ③ ㄷ    ④ ㄱ, ㄴ    ⑤ ㄴ, ㄷ

**22.** 다음은 어떤 집안의 유전 형질 (가)와 ABO식 혈액형에 대한 자료이다.

○ (가)는 대립유전자 T와 t에 의해 결정되며, T는 t에 대해 완전 우성이다.

○ 가계도는 구성원 1~10에게서 (가)의 발현 여부를 나타낸 것이다.

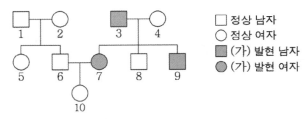

□ 정상 남자
○ 정상 여자
■ (가) 발현 남자
● (가) 발현 여자

○ 7, 8, 9 각각의 체세포 1개당 t의 DNA 상대량을 더한 값은 4의 체세포 1개당 t의 DNA 상대량의 3배이다.

○ 1, 2, 5, 6의 혈액형은 서로 다르며, 1의 혈액과 항 A 혈청을 섞으면 응집 반응이 일어난다.

○ 1과 10의 혈액형은 같으며, 6과 7의 혈액형은 같다.

이에 대한 설명으로 옳은 것만을 〈보기〉에서 있는 대로 고른 것은? (단, 돌연변이와 교차는 고려하지 않는다.)

─── 〈보 기〉 ───
ㄱ. (가)는 우성 형질이다.
ㄴ. 2의 ABO식 혈액형에 대한 유전자형은 이형 접합성이다.
ㄷ. 10의 동생이 태어날 때, 이 아이에게서 (가)가 발현되고 이 아이의 ABO식 혈액형이 10과 같을 확률은 $\frac{1}{4}$이다.

① ㄱ    ② ㄴ    ③ ㄷ    ④ ㄱ, ㄴ    ⑤ ㄴ, ㄷ

## 23.
다음은 어떤 집안의 유전 형질 (가)와 (나)에 대한 자료이다.

○ (가)는 대립유전자 A와 a에 의해, (나)는 대립유전자 B와 b에 의해 결정된다. A는 a에 대해, B는 b에 대해 각각 완전 우성이다.

○ 가계도는 구성원 1~10에게서 (가)와 (나)의 발현 여부를 나타낸 것이다.

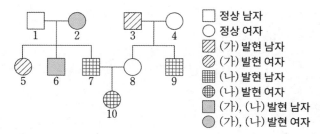

□ 정상 남자
○ 정상 여자
▨ (가) 발현 남자
◪ (가) 발현 여자
▥ (나) 발현 남자
⊕ (나) 발현 여자
■ (가), (나) 발현 남자
● (가), (나) 발현 여자

○ 1, 2, 3, 4 각각의 체세포 1개당 a의 DNA 상대량을 더한 값은 1, 2, 3, 4 각각의 체세포 1개당 b의 DNA 상대량을 더한 값과 같다.

이에 대한 옳은 설명만을 〈보기〉에서 있는 대로 고른 것은? (단, 돌연변이는 고려하지 않으며, a와 b 각각의 1개당 DNA 상대량은 1이다.)

──〈보 기〉──
ㄱ. (가)는 열성 형질이다.
ㄴ. 4는 (가)와 (나)의 유전자형이 모두 이형 접합성이다.
ㄷ. 10의 동생이 태어날 때, 이 아이가 (가)와 (나)에 대해 모두 정상일 확률은 $\frac{1}{4}$ 이다.

① ㄱ    ② ㄴ    ③ ㄱ, ㄷ    ④ ㄴ, ㄷ    ⑤ ㄱ, ㄴ, ㄷ

## 24.
다음은 어떤 집안의 유전 형질 (가)~(다)에 대한 자료이다.

○ (가)는 대립유전자 H와 h에 의해, (나)는 대립유전자 R과 r에 의해, (다)는 대립유전자 T와 t에 의해 결정된다. H는 h에 대해, R은 r에 대해, T는 t에 대해 각각 완전 우성이다.

○ (가)~(다) 중 1가지 형질을 결정하는 유전자는 상염색체에, 나머지 2가지 형질을 결정하는 유전자는 성염색체에 존재한다.

○ 가계도는 구성원 1~9에게서 (가)와 (나)의 발현 여부를 나타낸 것이다.

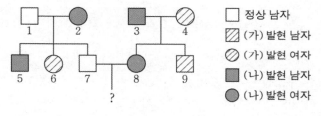

□ 정상 남자
▨ (가) 발현 남자
◎ (가) 발현 여자
■ (나) 발현 남자
● (나) 발현 여자

○ 5~9 중 7, 9에서만 (다)가 발현되었고, 5~9 중 4명만 t를 가진다.

○ $\dfrac{3, 4 \text{ 각각의 체세포 1개당 T의 상대량을 더한 값}}{5, 7 \text{ 각각의 체세포 1개당 H의 상대량을 더한 값}}$ = 1이다.

이에 대한 설명으로 옳은 것만을 〈보기〉에서 있는 대로 고른 것은? (단, 돌연변이와 교차는 고려하지 않으며, H, h, R, r, T, t 각각의 1개당 DNA 상대량은 1이다.)

──〈보 기〉──
ㄱ. (나)와 (다)는 모두 열성 형질이다.
ㄴ. 1과 5에서 (가)의 유전자형은 같다.
ㄷ. 7과 8 사이에서 아이가 태어날 때, 이 아이에게서 (가)~(다) 중 (가)와 (나)만 발현될 확률은 $\frac{1}{8}$ 이다.

① ㄱ    ② ㄴ    ③ ㄷ    ④ ㄱ, ㄴ    ⑤ ㄴ, ㄷ

## 25.
다음은 어떤 집안의 유전 형질 (가)~(다)에 대한 자료이다.

○ (가)는 대립유전자 H와 h에 의해, (나)는 대립유전자 R와 r에 의해, (다)는 대립유전자 T와 t에 의해 결정된다. H는 h에 대해, R은 r에 대해, T는 t에 대해 각각 완전 우성이다.

○ (가)~(다)를 결정하는 유전자 중 2가지는 같은 염색체에 있다.

○ 가계도는 구성원 1~10에서 (가)~(다) 중 (가)와 (나)의 발현 여부를 나타낸 것이다.

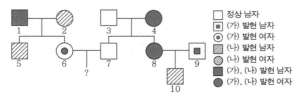

| 정상 남자 | □ |
| (가) 발현 남자 | ▨ |
| (가) 발현 여자 | ◉ |
| (나) 발현 남자 | ▨ |
| (나) 발현 여자 | ◧ |
| (가), (나) 발현 남자 | ■ |
| (가), (나) 발현 여자 | ● |

○ 구성원 1~10 중 2, 3, 5, 10에서만 (다)가 발현되었다.

○ 표는 구성원 1~10에서 체세포 1개당 H, R, t 개수의 합을 나타낸 것이다.

| 대립유전자 | H | R | t |
|---|---|---|---|
| 대립유전자 개수의 합 | ⓐ | ⓑ | ⓑ |

이에 대한 설명으로 옳은 것만을 〈보기〉에서 있는 대로 고른 것은? (단, 돌연변이와 교차는 고려하지 않는다.)

─── 〈보 기〉 ───
ㄱ. (가)를 결정하는 유전자는 성염색체에 있다.
ㄴ. 4의 (다)에 대한 유전자형은 이형 접합성이다.
ㄷ. 6과 7 사이에서 아이가 태어날 때, 이 아이에게서 (가)~(다) 중 1가지 형질만 발현될 확률은 $\frac{3}{4}$이다.

① ㄱ  ② ㄴ  ③ ㄷ  ④ ㄱ, ㄴ  ⑤ ㄱ, ㄷ

## 26.
다음은 어떤 집안의 유전 형질 (가)와 (나)에 대한 자료이다.

○ (가)는 대립유전자 H와 h에 의해, (나)는 대립유전자 R와 r에 의해 결정된다. H는 h에 대해, R은 r에 대해 각각 완전 우성이다.

○ (가)와 (나)의 유전자는 모두 X 염색체에 있다.

○ 가계도는 구성원 ⓐ와 ⓑ를 제외한 구성원 1~9에게서 (가)와 (나)의 발현 여부를 나타낸 것이다.

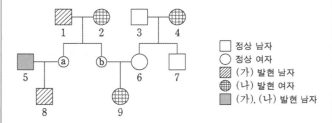

| 정상 남자 | □ |
| 정상 여자 | ○ |
| (가) 발현 남자 | ▨ |
| (나) 발현 여자 | ⊕ |
| (가), (나) 발현 남자 | ▨ |

○ ⓐ와 ⓑ 중 한 사람은 (가)와 (나)가 모두 발현되었고, 나머지 한 사람은 (가)와 (나)가 모두 발현되지 않았다.

이에 대한 설명으로 옳은 것만을 〈보기〉에서 있는 대로 고른 것은? (단, 돌연변이와 교차는 고려하지 않는다.)

─── 〈보 기〉 ───
ㄱ. ⓐ에게서 (가)와 (나)가 모두 발현되었다.
ㄴ. 2의 (가)에 대한 유전자형은 이형 접합성이다.
ㄷ. 8의 동생이 태어날 때, 이 아이에게서 나타날 수 있는 표현형은 최대 4가지이다.

① ㄱ  ② ㄴ  ③ ㄱ, ㄷ  ④ ㄴ, ㄷ  ⑤ ㄱ, ㄴ, ㄷ

**27.** 다음은 어떤 집안의 유전 형질 (가)와 (나)에 대한 자료이다.

○ (가)는 대립유전자 R와 r에 의해, (나)는 대립유전자 T와 t에 의해 결정된다. R은 r에 대해, T는 t에 대해 각각 완전 우성이다.

○ (가)의 유전자와 (나)의 유전자는 모두 X 염색체에 있다.

○ 가계도는 구성원 ⓐ와 ⓑ를 제외한 구성원 1~7에게서 (가)와 (나)의 발현 여부를 나타낸 것이다.

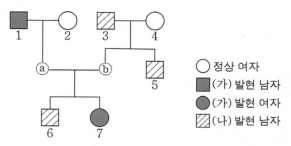

○ 정상 여자
● (가) 발현 남자
● (가) 발현 여자
▨ (나) 발현 남자

○ 2와 7의 (가)의 유전자형은 모두 동형 접합성이다.

이에 대한 설명으로 옳은 것만을 〈보기〉에서 있는 대로 고른 것은? (단, 돌연변이와 교차는 고려하지 않는다.)

───── 〈보 기〉 ─────

ㄱ. (가)는 우성 형질이다.
ㄴ. ⓐ는 여자이다.
ㄷ. ⓑ에게서 (가)와 (나) 중 (가)만 발현되었다.

① ㄱ    ② ㄴ    ③ ㄷ    ④ ㄱ, ㄴ    ⑤ ㄴ, ㄷ

**28.** 다음은 어떤 집안의 유전병 ㉠과 ㉡에 대한 자료이다.

○ ㉠은 대립유전자 A와 A*에 의해, ㉡은 대립유전자 B와 B*에 의해 결정된다. A는 A*에 대해, B는 B*에 대해 각각 완전 우성이다.

○ ㉠의 유전자와 ㉡의 유전자는 같은 염색체에 있다.

○ 가계도는 구성원 6과 7을 제외한 나머지 구성원에게서 ㉠과 ㉡의 유무를 나타낸 것이고, 6과 7의 성별은 나타내지 않았다.

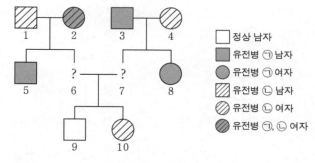

□ 정상 남자
■ 유전병 ㉠ 남자
● 유전병 ㉠ 여자
▨ 유전병 ㉡ 남자
◪ 유전병 ㉡ 여자
◕ 유전병 ㉠, ㉡ 여자

○ 구성원 1은 B와 B* 중 한 가지만 가진다.

이에 대한 설명으로 옳은 것만을 〈보기〉에서 있는 대로 고른 것은? (단, 돌연변이와 교차는 고려하지 않는다.)

───── 〈보 기〉 ─────

ㄱ. A는 정상 대립유전자이다.
ㄴ. 2는 A*와 B가 같이 있는 염색체를 가진다.
ㄷ. 10의 동생이 태어날 때, 이 아이에게서 ㉠과 ㉡이 모두 나타날 확률은 $\frac{1}{4}$ 이다.

① ㄱ    ② ㄷ    ③ ㄱ, ㄴ    ④ ㄴ, ㄷ    ⑤ ㄱ, ㄴ, ㄷ

**29.** 다음은 어떤 집안의 유전 형질 (가)와 (나)에 대한 자료이다.

○ (가)는 대립유전자 H와 H*에 의해, (나)는 대립유전자 T와 T*에 의해 결정된다. H는 H*에 대해, T는 T*에 대해 각각 완전 우성이다.

○ (가)의 유전자와 (나)의 유전자는 모두 X 염색체에 있다.

○ 가계도는 구성원 ⓐ와 ⓑ를 제외한 구성원 1~8에게서 (가)와 (나)의 발현 여부를 나타낸 것이다.

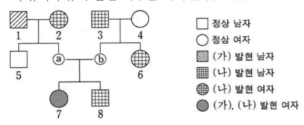

□ 정상 남자
○ 정상 여자
▨ (가) 발현 남자
▦ (나) 발현 남자
⊕ (나) 발현 여자
● (가), (나) 발현 여자

○ 표는 구성원 1, 2, 6에서 체세포 1개당 H의 DNA 상대량과 구성원 3, 4, 5에서 체세포 1개당 T*의 DNA 상대량을 나타낸 것이다. ㉠~㉢은 0, 1, 2를 순서 없이 나타낸 것이다.

| 구성원 | H의 DNA 상대량 | 구성원 | T*의 DNA 상대량 |
|---|---|---|---|
| 1 | ㉠ | 3 | ㉠ |
| 2 | ㉡ | 4 | ㉢ |
| 6 | ㉢ | 5 | ㉡ |

이에 대한 설명으로 옳은 것만을 〈보기〉에서 있는 대로 고르시오. (단, 돌연변이와 교차는 고려하지 않으며, H, H*, T, T* 각각의 1개당 DNA 상대량은 1이다.)

〈보 기〉

ㄱ. (가)는 열성 형질이다.

ㄴ. $\dfrac{7,\ ⓐ\ 각각의\ 체세포\ 1개당\ T의\ DNA\ 상대량을\ 더한\ 값}{4,\ ⓑ\ 각각의\ 체세포\ 1개당\ H^*의\ DNA\ 상대량을\ 더한\ 값}$ =1 이다.

ㄷ. 8의 동생이 태어날 때, 이 아이에게서 (가)와 (나) 중 (나)만 발현될 확률은 $\dfrac{1}{2}$이다.

① ㄴ　　② ㄷ　　③ ㄱ, ㄴ　　④ ㄱ, ㄷ　　⑤ ㄱ, ㄴ, ㄷ

**30.** 다음은 어떤 집안의 유전 형질 (가)~(다)에 대한 자료이다.

○ (가)는 대립유전자 A와 a에 의해, (나)는 대립유전자 B와 b에 의해, (다)는 대립유전자 D와 d에 의해 결정된다. A는 a에 대해, B는 b에 대해, D는 d에 대해 각각 완전 우성이다.

○ (가)~(다)의 유전자 중 2개는 X 염색체에, 나머지 1개는 상염색체에 있다.

○ 가계도는 구성원 ⓐ를 제외한 구성원 1~7에게서 (가)~(다) 중 (가)와 (나)의 발현 여부를 나타낸 것이다.

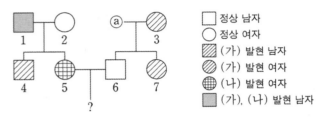

□ 정상 남자
○ 정상 여자
▨ (가) 발현 남자
◪ (가) 발현 여자
⊕ (나) 발현 여자
■ (가), (나) 발현 남자

○ 표는 ⓐ와 1~3에서 체세포 1개당 대립유전자 ㉠~㉢의 DNA 상대량을 나타낸 것이다. ㉠~㉢은 A, B, d를 순서 없이 나타낸 것이다.

| 구성원 | | 1 | 2 | ⓐ | 3 |
|---|---|---|---|---|---|
| DNA 상대량 | ㉠ | 0 | 1 | 0 | 1 |
| | ㉡ | 0 | 1 | 1 | 0 |
| | ㉢ | 1 | 1 | 0 | 2 |

○ 3, 6, 7 중 (다)가 발현된 사람은 1명이고, 4와 7의 (다)의 표현형은 서로 같다.

이에 대한 설명으로 옳은 것만을 〈보기〉에서 있는 대로 고른 것은? (단, 돌연변이와 교차는 고려하지 않으며, A, a, B, b, D, d 각각의 1개당 DNA 상대량은 1이다.)

〈보 기〉

ㄱ. ㉠은 B이다.

ㄴ. 7의 (가)~(다)의 유전자형은 모두 이형 접합성이다.

ㄷ. 5와 6 사이에서 아이가 태어날 때, 이 아이에게서 (가)~(다) 중 한 가지 형질만 발현될 확률은 $\dfrac{1}{2}$이다.

① ㄱ　　② ㄴ　　③ ㄷ　　④ ㄱ, ㄷ　　⑤ ㄴ, ㄷ

## 31.
다음은 어떤 집안의 유전 형질 (가)~(다)에 대한 자료이다.

○ (가)는 대립유전자 A와 a에 의해, (나)는 대립유전자 B와 b에 의해, (다)는 대립유전자 D와 d에 의해 결정된다. A는 a에 대해, B는 b에 대해, D는 d에 대해 각각 완전 우성이다.
○ (가)~(다)의 유전자 중 2개는 X 염색체에, 나머지 1개는 상염색체에 있다.
○ 가계도는 구성원 ⓐ와 ⓑ를 제외한 구성원 1~6에게서 (가)~(다)의 발현 여부를 나타낸 것이다.

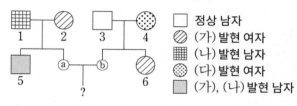

□ 정상 남자
▨ (가) 발현 여자
▦ (나) 발현 남자
▩ (다) 발현 여자
▨ (가), (나) 발현 남자

○ 표는 5, ⓐ, ⓑ, 6에서 체세포 1개당 대립유전자 ㉠~㉢의 DNA 상대량을 나타낸 것이다. ㉠~㉢은 각각 A, B, d 중 하나이다.

| 구성원 | | 5 | ⓐ | ⓑ | 6 |
|---|---|---|---|---|---|
| DNA 상대량 | ㉠ | 1 | 2 | 0 | 2 |
| | ㉡ | 0 | 1 | 1 | 0 |
| | ㉢ | 0 | 1 | 1 | 1 |

이에 대한 옳은 설명만을 〈보기〉에서 있는 대로 고른 것은? (단, 돌연변이와 교차는 고려하지 않으며, A, a, B, b, D, d 각각의 1개당 DNA 상대량은 1이다.)

―――――〈보 기〉―――――
ㄱ. (다)는 우성 형질이다.
ㄴ. 3은 ㉡과 ㉢을 모두 갖는다.
ㄷ. ⓐ와 ⓑ 사이에서 아이가 태어날 때, 이 아이에게서 (가)~(다) 중 (가)만 발현될 확률은 $\frac{1}{16}$이다.

① ㄱ  ② ㄷ  ③ ㄱ, ㄷ  ④ ㄴ, ㄷ  ⑤ ㄱ, ㄴ, ㄷ

## 32.
다음은 어떤 집안의 유전 형질 (가)와 (나)에 대한 자료이다.

○ (가)의 유전자와 (나)의 유전자 중 하나만 X 염색체에 있다.
○ (가)는 대립유전자 H와 h에 의해, (나)는 대립유전자 T와 t에 의해 결정된다. H는 h에 대해, T는 t에 대해 각각 완전 우성이다.
○ 가계도는 구성원 1 ~ 6에게서 (가)와 (나)의 발현 여부를 나타낸 것이다.

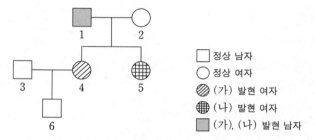

□ 정상 남자
○ 정상 여자
▨ (가) 발현 여자
⊕ (나) 발현 여자
▨ (가), (나) 발현 남자

○ 표는 구성원 Ⅰ~Ⅲ에서 체세포 1개당 H와 ㉠의 DNA 상대량을 나타낸 것이다. Ⅰ~Ⅲ은 각각 구성원 1, 2, 5 중 하나이고, ㉠은 T와 t 중 하나이며, ⓐ~ⓒ는 0, 1, 2를 순서 없이 나타낸 것이다.

| 구성원 | | Ⅰ | Ⅱ | Ⅲ |
|---|---|---|---|---|
| DNA 상대량 | H | ⓑ | ⓒ | ⓑ |
| | ㉠ | ⓒ | ⓒ | ⓐ |

이에 대한 설명으로 옳은 것만을 〈보기〉에서 있는 대로 고른 것은? (단, 돌연변이와 교차는 고려하지 않으며, H, h, T, t 각각의 1개당 DNA 상대량은 1이다.)

―――――〈보 기〉―――――
ㄱ. (가)는 열성 형질이다.
ㄴ. Ⅲ의 (가)와 (나)의 유전자형은 모두 동형 접합성이다.
ㄷ. 6의 동생이 태어날 때, 이 아이에게서 (가)와 (나)가 모두 발현될 확률은 $\frac{1}{4}$이다.

① ㄱ  ② ㄴ  ③ ㄱ, ㄴ  ④ ㄱ, ㄷ  ⑤ ㄴ, ㄷ

**33.** 다음은 어떤 집안의 유전 형질 (가)와 (나)에 대한 자료이다.

○ (가)는 대립유전자 A와 a에 의해, (나)는 대립유전자 B와 b에 의해 결정된다. A는 a에 대해, B는 b에 대해 각각 완전 우성이다.

○ (가)와 (나)는 모두 우성 형질이고, (가)의 유전자와 (나)의 유전자는 서로 다른 염색체에 있다.

○ 가계도는 구성원 1~8에게서 (가)와 (나)의 발현 여부를 나타낸 것이다.

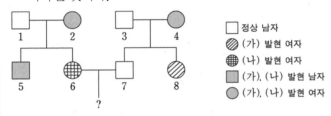

□ 정상 남자
▨ (가) 발현 여자
▦ (나) 발현 여자
■ (가), (나) 발현 남자
● (가), (나) 발현 여자

○ 표는 구성원 1, 2, 5, 8에서 체세포 1개당 a와 B의 DNA 상대량을 나타낸 것이다. ㉠~㉢은 0, 1, 2를 순서 없이 나타낸 것이다.

| 구성원 | | 1 | 2 | 5 | 8 |
|---|---|---|---|---|---|
| DNA 상대량 | a | 1 | ㉠ | ㉡ | ? |
| | B | ? | ㉢ | ㉠ | ㉡ |

이에 대한 설명으로 옳은 것만을 〈보기〉에서 있는 대로 고른 것은? (단, 돌연변이와 교차는 고려하지 않으며, A, a, B, b 각각의 1개당 DNA 상대량은 1이다.)

─── 〈보 기〉 ───

ㄱ. (가)의 유전자는 X 염색체에 있다.

ㄴ. ㉢은 2이다.

ㄷ. 6과 7 사이에서 아이가 태어날 때, 이 아이에게서 (가)와 (나) 중 (나)만 발현될 확률은 $\frac{1}{2}$이다.

① ㄱ    ② ㄷ    ③ ㄱ, ㄴ    ④ ㄴ, ㄷ    ⑤ ㄱ, ㄴ, ㄷ

**34.** 다음은 어떤 집안의 유전 형질 (가)와 (나)에 대한 자료이다.

○ (가)의 유전자와 (나)의 유전자는 같은 염색체에 있다.

○ (가)는 대립유전자 H와 h에 의해, (나)는 대립유전자 T와 t에 의해 결정된다. H는 h에 대해, T는 t에 대해 각각 완전 우성이다.

○ 가계도는 구성원 ⓐ~ⓒ를 제외한 구성원 1~6에게서 (가)와 (나)의 발현 여부를 나타낸 것이다. ⓑ는 남자이다.

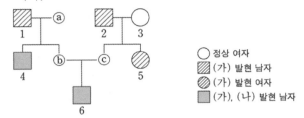

○ 정상 여자
▨ (가) 발현 남자
◎ (가) 발현 여자
■ (가), (나) 발현 남자

○ ⓐ~ⓒ 중 (가)가 발현된 사람은 1명이다.

○ 표는 ⓐ~ⓒ에서 체세포 1개당 h의 DNA 상대량을 나타낸 것이다. ㉠~㉢은 0, 1, 2를 순서 없이 나타낸 것이다.

| 구성원 | ⓐ | ⓑ | ⓒ |
|---|---|---|---|
| h의 DNA 상대량 | ㉠ | ㉡ | ㉢ |

○ ⓐ와 ⓒ의 (나)의 유전자형은 서로 같다.

이에 대한 설명으로 옳은 것만을 〈보기〉에서 있는 대로 고른 것은? (단, 돌연변이와 교차는 고려하지 않으며, H, h, T, t 각각의 1개당 DNA 상대량은 1이다.)

─── 〈보 기〉 ───

ㄱ. (가)는 열성 형질이다.

ㄴ. ⓐ~ⓒ 중 (나)가 발현된 사람은 2명이다.

ㄷ. 6의 동생이 태어날 때, 이 아이에게서 (가)와 (나)가 모두 발현될 확률은 $\frac{1}{4}$이다.

① ㄱ    ② ㄴ    ③ ㄱ, ㄷ    ④ ㄴ, ㄷ    ⑤ ㄱ, ㄴ, ㄷ

**35.** 다음은 어떤 집안의 유전 형질 (가)와 (나)에 대한 자료이다.

○ (가)는 대립유전자 A와 a에 의해, (나)는 대립유전자 B와 b에 의해 결정된다. A는 a에 대해, B는 b에 대해 각각 완전 우성이다.

○ (가)의 유전자와 (나)의 유전자는 서로 다른 염색체에 있다.

○ 가계도는 구성원 1~7에게서 (가)와 (나)의 발현 여부를, 표는 구성원 1, 3, 6에서 체세포 1개당 ㉠과 B의 DNA 상대량을 더한 값(㉠+B)을 나타낸 것이다. ㉠은 A와 a 중 하나이다.

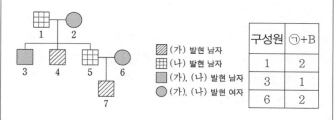

| | | (가) 발현 남자 |  | 구성원 | ㉠+B |
|---|---|---|---|---|---|
| | | (나) 발현 남자 |  | 1 | 2 |
| | | (가), (나) 발현 남자 |  | 3 | 1 |
| | | (가), (나) 발현 여자 |  | 6 | 2 |

이에 대한 설명으로 옳은 것만을 〈보기〉에서 있는 대로 고른 것은? (단, 돌연변이와 교차는 고려하지 않으며, A, a, B, b 각각의 1개당 DNA 상대량은 1이다.)

─〈보 기〉─
ㄱ. ㉠은 A이다.
ㄴ. (나)의 유전자는 상염색체에 있다.
ㄷ. 7의 동생이 태어날 때, 이 아이에게서 (가)와 (나)가 모두 발현될 확률은 $\frac{3}{8}$이다.

① ㄱ  ② ㄴ  ③ ㄱ, ㄷ  ④ ㄴ, ㄷ  ⑤ ㄱ, ㄴ, ㄷ

**36.** 다음은 어떤 집안의 유전 형질 (가)와 (나)에 대한 자료이다.

○ (가)는 대립유전자 A와 a에 의해, (나)는 대립유전자 B와 b에 의해 결정된다. A는 a에 대해, B는 b에 대해 각각 완전 우성이다.

○ 가계도는 구성원 1~8에게서 (가)와 (나)의 발현 여부를 나타낸 것이다.

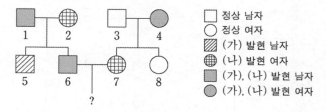

□ 정상 남자
○ 정상 여자
▨ (가) 발현 남자
⊞ (나) 발현 여자
■ (가), (나) 발현 남자
● (가), (나) 발현 여자

○ 표는 구성원 ㉠~㉡에서 체세포 1개당 A와 b의 DNA 상대량을 더한 값을 나타낸 것이다. ㉠~㉢은 1, 2, 5를 순서 없이 나타낸 것이고, ㉣~㉥은 3, 4, 8을 순서 없이 나타낸 것이다.

| 구성원 | ㉠ | ㉡ | ㉢ | ㉣ | ㉤ | ㉥ |
|---|---|---|---|---|---|---|
| A와 b의 DNA 상대량을 더한 값 | 0 | 1 | 2 | 1 | 2 | 3 |

이에 대한 설명으로 옳은 것만을 〈보기〉에서 있는 대로 고른 것은? (단, 돌연변이와 교차는 고려하지 않으며, A, a, B, b 각각의 1개당 DNA 상대량은 1이다.)

─〈보 기〉─
ㄱ. (가)의 유전자는 상염색체에 있다.
ㄴ. 8은 ㉤이다.
ㄷ. 6과 7 사이에서 아이가 태어날 때, 이 아이의 (가)와 (나)의 표현형이 모두 ㉡과 같을 확률은 $\frac{1}{8}$이다.

① ㄱ  ② ㄴ  ③ ㄱ, ㄷ  ④ ㄴ, ㄷ  ⑤ ㄱ, ㄴ, ㄷ

**37.** 다음은 어떤 집안의 유전 형질 (가)와 (나)에 대한 자료이다.

○ (가)는 대립유전자 H와 h에 의해, (나)는 대립유전자 T와 t에 의해 결정된다. H는 h에 대해, T는 t에 대해 각각 완전 우성이다.

○ (가)와 (나)의 유전자는 서로 다른 상염색체에 있다.

○ 가계도는 구성원 1~6에게서 (가)와 (나)의 발현 여부를 나타낸 것이다.

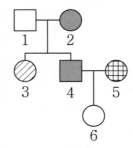

□ 정상 남자
○ 정상 여자
◩ (가) 발현 여자
▦ (나) 발현 여자
■ (가), (나) 발현 남자
● (가), (나) 발현 여자

○ 표는 구성원 3, 4, 5에서 체세포 1개당 H와 T의 DNA 상대량을 더한 값을 나타낸 것이다. ㉠~㉢은 0, 1, 2를 순서 없이 나타낸 것이다.

| 구성원 | 3 | 4 | 5 |
|--------|---|---|---|
| H와 T의 DNA 상대량을 더한 값 | ㉠ | ㉡ | ㉢ |

이에 대한 설명으로 옳은 것만을 〈보기〉에서 있는 대로 고른 것은? (단, 돌연변이와 교차는 고려하지 않으며, H, h, T, t 각각의 1개당 DNA 상대량은 1이다.)

─── 〈보 기〉 ───

ㄱ. (가)는 우성 형질이다.

ㄴ. 1에서 체세포 1개당 h의 DNA 상대량은 ㉡이다.

ㄷ. 6의 동생이 태어날 때, 이 아이에게서 (가)와 (나)가 모두 발현될 확률은 $\frac{1}{8}$이다.

① ㄱ　　② ㄴ　　③ ㄷ　　④ ㄱ, ㄴ　　⑤ ㄴ, ㄷ

**38.** 다음은 어떤 집안의 유전 형질 (가)와 (나)에 대한 자료이다.

○ (가)는 대립유전자 A와 a에 의해, (나)는 대립유전자 B와 b에 의해 결정된다. A는 a에 대해, B는 b에 대해 각각 완전 우성이다.

○ (가)와 (나)의 유전자 중 1개는 상염색체에 있고, 나머지 1개는 X 염색체에 있다.

○ 가계도는 구성원 1~7에게서 (가)와 (나)의 발현 여부를 나타낸 것이다.

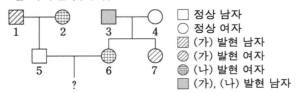

□ 정상 남자
○ 정상 여자
▨ (가) 발현 남자
◩ (가) 발현 여자
▦ (나) 발현 여자
■ (가), (나) 발현 남자

○ 표는 구성원 2, 3, 5, 7의 체세포 1개당 A와 b의 DNA 상대량을 더한 값을 나타낸 것이다. ⓐ~ⓒ는 1, 2, 3을 순서 없이 나타낸 것이다.

| 구성원 | 2 | 3 | 5 | 7 |
|--------|---|---|---|---|
| A와 b의 DNA 상대량을 더한 값 | ⓐ | ⓑ | ⓒ | ⓐ |

이에 대한 옳은 설명만을 〈보기〉에서 있는 대로 고른 것은? (단, 돌연변이와 교차는 고려하지 않으며, A, a, B, b 각각의 1개당 DNA 상대량은 1이다.)

─── 〈보 기〉 ───

ㄱ. (나)는 우성 형질이다.

ㄴ. 1의 체세포 1개당 a와 B의 DNA 상대량을 더한 값은 ⓐ이다.

ㄷ. 5와 6 사이에서 아이가 태어날 때, 이 아이에게서 (가)와 (나) 중 (가)만 발현될 확률은 $\frac{1}{4}$이다.

① ㄱ　　② ㄴ　　③ ㄱ, ㄷ　　④ ㄴ, ㄷ　　⑤ ㄱ, ㄴ, ㄷ

**39.** 다음은 어떤 집안의 유전 형질 (가)와 (나)에 대한 자료이다.

- ○ (가)는 대립유전자 H와 h에 의해, (나)는 대립유전자 T와 t에 의해 결정된다. H는 h에 대해, T는 t에 대해 각각 완전 우성이다.
- ○ 가계도는 구성원 @를 제외한 구성원 1~7에게서 (가)와 (나)의 발현 여부를 나타낸 것이다.

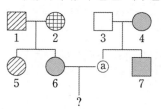

정상 남자
▨ (가) 발현 남자
▧ (가) 발현 여자
⊕ (나) 발현 여자
▧ (나) 발현 남자
● (가), (나) 발현 남자
● (가), (나) 발현 여자

- ○ 표는 구성원 1, 3, 6, @에서 체세포 1개당 ㉠과 ㉡의 DNA 상대량을 더한 값을 나타낸 것이다. ㉠은 H와 h 중 하나이고, ㉡은 T와 t 중 하나이다.

| 구성원 | 1 | 3 | 6 | @ |
|---|---|---|---|---|
| ㉠과 ㉡의 DNA 상대량을 더한 값 | 1 | 0 | 3 | 1 |

이에 대한 설명으로 옳은 것만을 〈보기〉에서 있는 대로 고른 것은? (단, 돌연변이와 교차는 고려하지 않으며, H, h, T, t 각각의 1개당 DNA 상대량은 1이다.)

― 〈보 기〉 ―

ㄱ. (나)의 유전자는 X 염색체에 있다.

ㄴ. 4에서 체세포 1개당 ㉡의 DNA 상대량은 1이다.

ㄷ. 6과 @ 사이에서 아이가 태어날 때, 이 아이에게서 (가)와 (나)가 모두 발현될 확률은 $\frac{1}{2}$이다.

① ㄱ　　② ㄴ　　③ ㄱ, ㄷ　　④ ㄴ, ㄷ　　⑤ ㄱ, ㄴ, ㄷ

**40.** 다음은 어떤 집안의 유전 형질 (가)와 (나)에 대한 자료이다.

- ○ (가)는 대립유전자 A와 a에 의해, (나)는 대립유전자 B와 b에 의해 결정된다. A는 a에 대해, B는 b에 대해 각각 완전 우성이다.
- ○ 가계도는 구성원 1~8에서 (가)와 (나)의 발현 여부를 나타낸 것이다.

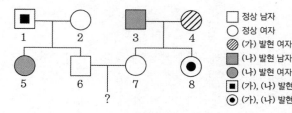

□ 정상 남자
○ 정상 여자
▨ (가) 발현 여자
■ (나) 발현 남자
● (나) 발현 여자
■ (가), (나) 발현 남자
⊙ (가), (나) 발현 여자

- ○ 표는 구성원 Ⅰ ~ Ⅲ에서 체세포 1개당 ㉠과 ㉢, ㉡과 ㉣의 DNA 상대량을 각각 더한 값을 나타낸 것이다. Ⅰ ~ Ⅲ은 3, 6, 8을 순서 없이 나타낸 것이고, ㉠과 ㉡은 A와 a를, ㉢과 ㉣은 B와 b를 각각 순서 없이 나타낸 것이다.

| 구성원 | Ⅰ | Ⅱ | Ⅲ |
|---|---|---|---|
| ㉠과 ㉢의 DNA 상대량을 더한 값 | 3 | 1 | 2 |
| ㉡과 ㉣의 DNA 상대량을 더한 값 | 0 | 3 | 1 |

이에 대한 설명으로 옳은 것만을 〈보기〉에서 있는 대로 고른 것은? (단, 돌연변이와 교차는 고려하지 않으며, A, a, B, b 각각의 1개당 DNA 상대량은 1이다.)

― 〈보 기〉 ―

ㄱ. (가)는 우성 형질이다.

ㄴ. 1과 5의 체세포 1개당 b의 DNA 상대량은 같다.

ㄷ. 6과 7 사이에서 아이가 태어날 때, 이 아이에게서 (가)와 (나)중 한 형질만 발현될 확률은 $\frac{3}{4}$이다.

① ㄱ　　② ㄴ　　③ ㄱ, ㄷ　　④ ㄴ, ㄷ　　⑤ ㄱ, ㄴ, ㄷ

## 41.

다음은 어떤 집안의 ABO식 혈액형과 형질 ㉠, ㉡에 대한 자료이다.

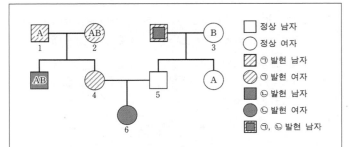

○ ABO식 혈액형과 형질 ㉠, ㉡을 결정하는 유전자는 모두 같은 상염색체에 있다.
○ ㉠은 대립유전자 H와 h에 의해, ㉡은 대립유전자 R와 r에 의해 결정된다. H는 h에 대해, R은 r에 대해 각각 완전 우성이다.
○ 1과 4에서 ABO식 혈액형의 유전자형은 이형 접합성이고, 3에서 ㉡의 유전자형은 이형 접합성이다.

이에 대한 설명으로 옳은 것만을 〈보기〉에서 있는 대로 고르시오. (단, 돌연변이와 교차는 고려하지 않는다.)

―――――〈보 기〉―――――

ㄱ. 2와 4는 ㉠에 대한 유전자형이 같다.
ㄴ. 5의 혈액형은 A형이다.
ㄷ. 6의 동생이 태어날 때, 이 동생에게서 ㉠과 ㉡ 중 어느 것도 발현되지 않고 혈액형이 B형일 확률은 $\frac{1}{4}$ 이다.

① ㄴ    ② ㄷ    ③ ㄱ, ㄴ    ④ ㄱ, ㄷ    ⑤ ㄱ, ㄴ, ㄷ

## 42.

다음은 어떤 집안의 유전병 ㉠과 ABO식 혈액형에 대한 자료이다.

○ 유전병 ㉠은 대립유전자 H와 H*에 의해 결정되며, H와 H*의 우열 관계는 분명하다.
○ H는 정상 유전자이고, H*는 유전병 유전자이다.
○ ㉠의 유전자와 ABO식 혈액형 유전자는 같은 염색체에 있다.
○ 구성원 1, 3, 5의 ABO식 혈액형은 A형, 구성원 6의 ABO식 혈액형은 B형이다.
○ 구성원 1의 ABO식 혈액형에 대한 유전자형은 동형 접합성이다.

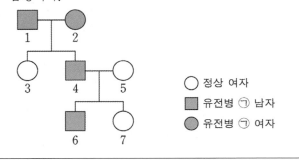

이에 대한 설명으로 옳은 것만을 〈보기〉에서 있는 대로 고르시오. (단, 돌연변이와 교차는 고려하지 않는다.)

―――――〈보 기〉―――――

ㄱ. 4의 ABO식 혈액형은 AB형이다.
ㄴ. 6의 H*는 1로부터 물려받은 유전자이다.
ㄷ. 7의 동생이 태어날 때, 이 아이에게서 ㉠은 나타나지 않고 ABO식 혈액형이 A형일 확률은 $\frac{1}{2}$ 이다.

① ㄱ    ② ㄴ    ③ ㄱ, ㄷ    ④ ㄴ, ㄷ    ⑤ ㄱ, ㄴ, ㄷ

**43.** 다음은 어떤 집안의 유전 형질 (가), (나), ABO식 혈액형에 대한 자료이다.

○ (가)는 대립유전자 G와 g에 의해, (나)는 대립유전자 H와 h에 의해 결정된다. G는 g에 대해, H는 h에 대해 각각 완전 우성이다.

○ (가), (나), ABO식 혈액형의 유전자 중 2개는 9번 염색체에, 나머지 1개는 X 염색체에 있다.

○ 가계도는 구성원 ⓐ를 제외한 구성원 1~9에게서 (가)와 (나)의 발현 여부를 나타낸 것이다.

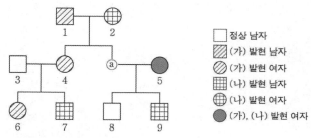

정상 남자
(가) 발현 남자
(가) 발현 여자
(나) 발현 남자
(나) 발현 여자
(가), (나) 발현 여자

○ ⓐ, 5, 8, 9의 혈액형은 각각 서로 다르다.

○ 1, 5, 6은 모두 A형이고, 3과 7의 혈액형은 8과 같다.

이에 대한 설명으로 옳은 것만을 〈보기〉에서 있는 대로 고른 것은? (단, 돌연변이와 교차는 고려하지 않는다.)

─── 〈보 기〉 ───
ㄱ. (가)의 유전자는 X 염색체에 있다.
ㄴ. ⓐ는 1과 (나)의 유전자형이 같다.
ㄷ. 7의 동생이 태어날 때, 이 아이의 (가), (나), ABO식 혈액형의 표현형이 모두 4와 같을 확률은 $\frac{1}{4}$이다.

① ㄱ  ② ㄴ  ③ ㄷ  ④ ㄱ, ㄴ  ⑤ ㄱ, ㄷ

**44.** 다음은 어떤 가족의 ABO식 혈액형 및 유전병 (가)와 (나)에 대한 자료이다.

○ (가)는 대립유전자 H와 H*에 의해, (나)는 대립유전자 T와 T*에 의해 결정된다. H는 H*에 대해, T는 T*에 대해 각각 완전 우성이다.

| 구분 | 1 | 2 | 3 | 4 |
|---|---|---|---|---|
| 항 A 혈청 | ○ | × | ○ | ○ |
| 항 B 혈청 | × | ○ | × | ○ |

(○: 응집함, × : 응집 안 함)

○ (가)와 (나)의 유전자는 모두 ABO식 혈액형 유전자와 같은 염색체에 존재한다.

○ 표는 구성원 1~4의 ABO식 혈액형 검사 결과를, 그림은 이 가족 구성원의 유전병 (가)와 (나)에 대한 가계도를 나타낸 것이다.

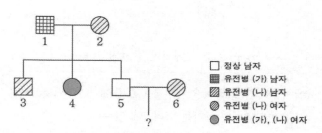

정상 남자
유전병 (가) 남자
유전병 (나) 남자
유전병 (나) 여자
유전병 (가), (나) 여자

○ 3, 4, 5의 ABO식 혈액형은 모두 다르다.

○ 2와 6은 ABO식 혈액형, (가), (나)에 대한 유전자형 및 같은 염색체에 있는 대립유전자가 동일하다.

이에 대한 옳은 설명으로 옳은 것만을 〈보기〉에서 있는 대로 고른 것은? (단, 돌연변이와 교차는 고려하지 않는다.)

─── 〈보 기〉 ───
ㄱ. 유전병 (가)는 열성 형질이다.
ㄴ. 3은 대립유전자 O, H*, T가 같이 있는 염색체를 갖는다.
ㄷ. 5와 6 사이에서 유전병 (가) 또는 (나)가 발현된 아이가 태어날 때, 이 아이의 혈액형이 B형일 확률은 $\frac{2}{3}$이다.

① ㄱ  ② ㄷ  ③ ㄱ, ㄴ  ④ ㄱ, ㄷ  ⑤ ㄴ, ㄷ

## 45.
다음은 어떤 집안의 ABO식 혈액형과 유전 형질 ⊙, ⓒ에 대한 자료이다.

○ ⊙은 대립유전자 D와 d에 의해, ⓒ은 대립유전자 E와 e에 의해 결정된다. D는 d에 대해, E는 e에 대해 각각 완전 우성이다.
○ ABO식 혈액형과 ⊙, ⓒ을 결정하는 유전자는 모두 같은 염색체에 있다.
○ 그림은 이 집안의 ABO식 혈액형과 ⊙에 대한 가계도이다.

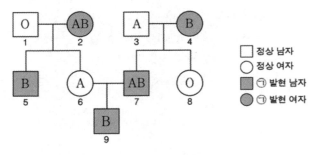

□ 정상 남자
○ 정상 여자
■ ⊙ 발현 남자
● ⊙ 발현 여자

○ ⓒ은 구성원 3, 5, 7에서만 발현되었다.

이에 대한 설명으로 옳은 것만을 〈보기〉에서 있는 대로 고른 것은? (단, 돌연변이와 교차는 고려하지 않는다.)

─── 〈보 기〉 ───
ㄱ. ⊙은 우성 형질이다.
ㄴ. 6은 E와 e를 모두 갖는다.
ㄷ. 9의 동생이 태어날 때, 이 아이에게서 ⊙과 ⓒ 중 ⊙만 발현될 확률은 $\frac{1}{4}$이다.

① ㄱ    ② ㄴ    ③ ㄱ, ㄷ    ④ ㄴ, ㄷ    ⑤ ㄱ, ㄴ, ㄷ

## 46.
다음은 어떤 집안의 유전 형질 (가)~(다)에 대한 자료이다.

○ (가)는 대립유전자 H와 h에 의해, (나)는 대립유전자 R와 r에 의해, (다)는 대립유전자 T와 t에 의해 결정된다. H는 h에 대해, R은 r에 대해, T는 t에 대해 각각 완전 우성이다.
○ (가)~(다)의 유전자 중 2개는 X 염색체에, 나머지 1개는 상염색체에 있다.
○ 가계도는 구성원 ⓐ를 제외한 구성원 1~8에게서 (가)~(다) 중 (가)와 (나)의 발현 여부를 나타낸 것이다.

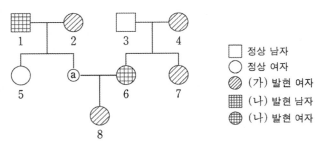

□ 정상 남자
○ 정상 여자
▨ (가) 발현 여자
▦ (나) 발현 남자
⊕ (나) 발현 여자

○ 2, 7에서는 (다)가 발현되었고, 4, 5, 8에서는 (다)가 발현되지 않았다.

이에 대한 설명으로 옳은 것만을 〈보기〉에서 있는 대로 고른 것은? (단, 돌연변이와 교차는 고려하지 않는다.)

─── 〈보 기〉 ───
ㄱ. (나)의 유전자는 X 염색체에 있다.
ㄴ. 4의 (가)~(다)의 유전자형은 모두 이형 접합성이다.
ㄷ. 8의 동생이 태어날 때, 이 아이에게서 (가)~(다) 중 (가)만 발현될 확률은 $\frac{1}{4}$이다.

① ㄱ    ② ㄴ    ③ ㄷ    ④ ㄱ, ㄷ    ⑤ ㄴ, ㄷ

**47.** 다음은 어떤 집안의 ABO식 혈액형과 유전 형질 ㉠, ㉡에 대한 자료이다.

- ㉠은 대립유전자 H와 H*에 의해, ㉡은 대립유전자 T와 T*에 의해 결정된다. H는 H*에 대해, T는 T*에 대해 각각 완전 우성이다.
- ㉠의 유전자와 ㉡의 유전자는 모두 ABO식 혈액형 유전자와 같은 염색체에 있다.
- 구성원 1의 ㉡에 대한 유전자형은 이형 접합성이다.

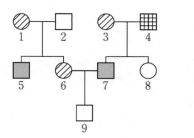

- □ 정상 남자
- ○ 정상 여자
- ▦ ㉠ 발현 남자
- ▨ ㉡ 발현 여자
- ■ ㉠, ㉡ 발현 남자

- 구성원 1, 2, 5, 6의 ABO식 혈액형은 모두 다르다.
- 표는 구성원 3, 5, 8, 9의 혈액 응집 반응 결과이다.

| 구분 | 3의 적혈구 | 5의 적혈구 | 8의 적혈구 | 9의 적혈구 |
|------|-----------|-----------|-----------|-----------|
| 항 A 혈청 | − | ? | − | + |
| 항 B 혈청 | − | + | − | + |

(+ : 응집됨, − : 응집 안 됨)

이에 대한 설명으로 옳은 것만을 〈보기〉에서 있는 대로 고르시오. (단, 돌연변이와 교차는 고려하지 않는다.)

〈보 기〉
- ㄱ. 2의 ABO식 혈액형은 AB형이다.
- ㄴ. 8의 ㉠과 ㉡에 대한 유전자형은 HH*T*T*이다.
- ㄷ. 9의 동생이 태어날 때, 이 아이에게서 ㉠과 ㉡ 중 ㉡만 나타날 확률은 $\frac{1}{4}$이다.

① ㄱ  ② ㄷ  ③ ㄱ, ㄴ  ④ ㄴ, ㄷ  ⑤ ㄱ, ㄴ, ㄷ

**48.** 다음은 어떤 집안의 ABO식 혈액형과 유전 형질 (가)에 대한 자료이다.

- (가)는 대립유전자 T와 T*에 의해 결정되며, T는 T*에 대해 완전 우성이다. (가)의 유전자는 ABO식 혈액형 유전자와 같은 염색체에 있다.
- 표는 구성원의 성별, ABO식 혈액형과 (가)의 발현 여부를 나타낸 것이다. ㉠, ㉡, ㉢은 ABO식 혈액형 중 하나이며, ㉠, ㉡, ㉢은 각각 서로 다르다.

| 구성원 | 성별 | 혈액형 | (가) |
|--------|------|--------|------|
| 아버지 | 남 | ㉠ | × |
| 어머니 | 여 | ㉡ | × |
| 자녀 1 | 남 | ㉠ | × |
| 자녀 2 | 여 | ㉢ | ○ |
| 자녀 3 | 여 | ㉡ | × |

(○ : 발현됨, × : 발현 안 됨)

- 자녀 1의 (가)에 대한 유전자형은 동형 접합성이다.
- 자녀 3과 혈액형이 O형이면서 (가)가 발현되지 않은 남자 사이에서 ⓐ A형이면서 (가)가 발현된 남자 아이가 태어났다.

이에 대한 설명으로 옳은 것만을 〈보기〉에서 있는 대로 고르시오. (단, 돌연변이와 교차는 고려하지 않는다.)

〈보 기〉
- ㄱ. ㉡은 A형이다.
- ㄴ. 아버지와 자녀 1의 ABO식 혈액형에 대한 유전자형은 서로 다르다.
- ㄷ. ⓐ의 동생이 태어날 때, 이 아이의 혈액형이 A형이면서 (가)가 발현되지 않을 확률은 $\frac{1}{4}$이다.

① ㄱ  ② ㄴ  ③ ㄷ  ④ ㄱ, ㄴ  ⑤ ㄴ, ㄷ

**49.** 다음은 어떤 집안의 ABO식 혈액형과 유전병 ㉠, ㉡에 대한 자료이다.

○ ㉠은 대립유전자 H와 H*에 의해, ㉡은 대립유전자 T와 T*에 의해 결정된다. H는 H*에 대해, T는 T*에 대해 각각 완전 우성이다.

○ ㉠의 유전자와 ㉡의 유전자 중 하나만 ABO식 혈액형 유전자와 같은 염색체에 있다.

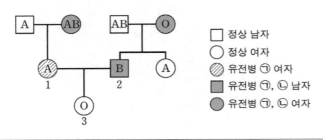

□ 정상 남자
○ 정상 여자
▨ 유전병 ㉠ 여자
■ 유전병 ㉠, 남자
● 유전병 ㉠, ㉡ 여자

이에 대한 설명으로 옳은 것만을 〈보기〉에서 있는 대로 고르시오. (단, 돌연변이와 교차는 고려하지 않는다.)

─── 〈보 기〉 ───
ㄱ. ㉠의 유전자는 ABO식 혈액형 유전자와 같은 염색체에 있다.
ㄴ. 2에서 ㉡의 유전자형은 동형 접합성이다.
ㄷ. 3의 동생이 태어날 때, 이 아이에게서 ㉠과 ㉡ 중 ㉡만 나타날 확률은 $\frac{1}{2}$이다.

① ㄱ  ② ㄴ  ③ ㄷ  ④ ㄱ, ㄴ  ⑤ ㄴ, ㄷ

**50.** 다음은 어떤 집안의 유전 형질 ㉠, ㉡과 ABO식 혈액형에 대한 자료이다.

○ ㉠은 대립유전자 H와 H*에 의해, ㉡은 대립유전자 T와 T*에 의해 결정된다. H는 H*에 대해, T는 T*에 대해 각각 완전 우성이다.

○ ㉠의 유전자와 ㉡의 유전자 중 하나만 ABO식 혈액형 유전자와 같은 염색체에 있다.

○ 구성원 2의 ㉠에 대한 유전자형은 동형 접합성이다.

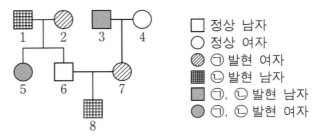

□ 정상 남자
○ 정상 여자
▨ ㉠ 발현 여자
▦ ㉡ 발현 남자
■ ㉠, ㉡ 발현 남자
● ㉠, ㉡ 발현 여자

○ 표는 구성원 1, 5, 6 사이의 ABO식 혈액형에 대한 응집 반응 결과이며, 7의 ABO식 혈액형은 AB형이다.

| 구분 | 1의 적혈구 | 5의 적혈구 | 6의 적혈구 |
|---|---|---|---|
| 1의 혈청 | − | ? | + |
| 5의 혈청 | + | − | + |
| 6의 혈청 | + | ? | − |

(+ : 응집됨, − : 응집 안 됨)

○ 1과 3의 혈액은 항 B 혈청에 응집 반응을 나타내지 않는다.

이에 대한 설명으로 옳은 것만을 〈보기〉에서 있는 대로 고르시오. (단, 돌연변이와 교차는 고려하지 않는다.)

─── 〈보 기〉 ───
ㄱ. 8의 ABO식 혈액형은 A형이다.
ㄴ. 이 가계도의 구성원 중 H와 T를 모두 가진 사람은 2명이다.
ㄷ. 8의 동생이 태어날 때, 이 아이에게서 ㉠과 ㉡ 중 ㉠만 발현될 확률은 $\frac{3}{8}$이다.

① ㄱ  ② ㄷ  ③ ㄱ, ㄴ  ④ ㄴ, ㄷ  ⑤ ㄱ, ㄴ, ㄷ

## 51.
다음은 어떤 집안의 ABO식 혈액형, 유전 형질 ㉠과 ㉡에 대한 자료이다.

○ ㉠은 대립유전자 D와 D*에 의해, ㉡은 대립유전자 H와 H*에 의해 결정된다. D는 D*에 대해, H는 H*에 대해 각각 완전 우성이다.

○ ㉠과 ㉡의 유전자 중 하나는 ABO식 혈액형 유전자와 같은 염색체에 있고, 나머지 하나는 X 염색체에 있다.

○ 가계도는 구성원 ⓐ를 제외한 나머지 구성원 1~8에게서 ㉠과 ㉡의 발현 여부를 나타낸 것이다.

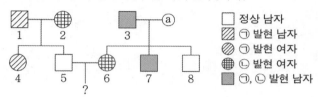

정상 남자
□ ㉠ 발현 남자
⬕ ㉠ 발현 여자
⬕ ㉡ 발현 여자
■ ㉠, ㉡ 발현 남자

○ 표는 구성원의 혈액 응집 반응 결과이다.

| 구분 | 1 | 2 | 3 | ⓐ | 4 | 5 | 6 | 7 | 8 |
|---|---|---|---|---|---|---|---|---|---|
| 항 A 혈청 | + | ? | + | − | − | ? | + | + | − |
| 항 B 혈청 | ? | + | + | + | − | − | + | − | + |

(+ : 응집됨, − : 응집 안 됨)

이에 대한 설명으로 옳은 것만을 〈보기〉에서 있는 대로 고른 것은? (단, 돌연변이와 교차는 고려하지 않는다.)

〈보 기〉
ㄱ. ⓐ에게서 ㉠이 발현된다.
ㄴ. 2와 3은 체세포 1개당 D*의 수와 H*의 수를 더한 값이 같다.
ㄷ. 5와 6 사이에서 A형인 아이가 태어날 때, 이 아이에게서 ㉠과 ㉡이 모두 발현될 확률은 $\frac{1}{4}$ 이다.

① ㄱ　② ㄴ　③ ㄷ　④ ㄱ, ㄴ　⑤ ㄴ, ㄷ

## 52.
다음은 어떤 집안의 유전 형질 ㉠과 ㉡에 대한 자료이다.

○ ㉠은 상염색체에 있는 3쌍의 대립유전자 A와 a, B와 b, D와 d에 의해 결정되고 3쌍의 대립유전자 중 2쌍의 대립유전자는 같은 염색체에 있다.

○ ㉠의 표현형은 유전자형에서 대문자로 표시되는 대립유전자의 수에 의해서만 결정되며, 대문자로 표시되는 대립유전자의 수에 따른 표현형은 표와 같다.

| 대문자로 표시되는 대립유전자의 수(개) | 0 | 1 | 2 | 3 | 4 | 5 | 6 |
|---|---|---|---|---|---|---|---|
| 표현형 | (0) | (1) | (2) | (3) | (4) | (5) | (6) |

○ ㉡은 대립유전자 T와 T*에 의해 결정되고 T는 T*에 대해 완전 우성이다. T와 T*는 각각 대립유전자 A 또는 a와 같은 염색체에 있다.

○ 그림은 ㉡에 대한 가계도이고, 표는 구성원에서 ㉠의 표현형을 나타낸 것이다.

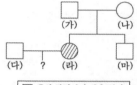

□ ㉡이 발현되지 않은 남자
○ ㉡이 발현되지 않은 여자
⬕ ㉡이 발현된 여자

| 구성원 | ㉠의 표현형 |
|---|---|
| (가) | (3) |
| (나) | (6) |
| (다) | (2) |
| (라) | (5) |
| (마) | (3) |

○ (다)는 대립유전자 A를, (라)는 대립유전자 d를 갖는다.
○ (다)와 (라) 사이에서 아이가 태어날 때, 이 아이에게서 나타날 수 있는 ㉠의 표현형은 (3)과 (4) 중 하나이다.

이에 대한 설명으로 옳은 것만을 〈보기〉에서 있는 대로 고른 것은? (단, 돌연변이와 교차는 고려하지 않는다.)

〈보 기〉
ㄱ. (가)에서 a와 b는 같은 염색체에 있다.
ㄴ. 체세포 1개당 대립유전자 d의 수는 (다)보다 (가)에서 많다.
ㄷ. (마)의 동생이 태어날 때, 이 아이의 ㉠과 ㉡에 대한 표현형이 모두 (나)와 같을 확률은 $\frac{1}{4}$ 이다.

① ㄱ　② ㄴ　③ ㄱ, ㄷ　④ ㄴ, ㄷ　⑤ ㄱ, ㄴ, ㄷ

**53.** 다음은 어떤 집안의 유전 형질 (가)와 (나)에 대한 자료이다.

○ (가)는 대립유전자 E와 e에 의해 결정되며, 유전자형이 다르면 표현형이 다르다. (가)의 3가지 표현형은 각각 ㉠, ㉡, ㉢이다.

○ (나)는 3쌍의 대립유전자 H와 h, R와 r, T와 t에 의해 결정된다. (나)의 표현형은 유전자형에서 대문자로 표시되는 대립유전자의 수에 의해서만 결정되며, 이 대립유전자의 수가 다르면 표현형이 다르다.

○ 가계도는 구성원 1~8에게서 발현된 (가)의 표현형을, 표는 구성원 1, 2, 3, 6, 7에서 체세포 1개당 E, H, R, T의 DNA 상대량을 더한 값(E+H+R+T)을 나타낸 것이다.

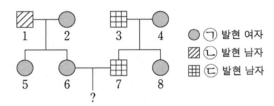

● ㉠ 발현 여자
▨ ㉡ 발현 남자
▦ ㉢ 발현 남자

| 구성원 | E+H+R+T |
|---|---|
| 1 | 6 |
| 2 | ⓐ |
| 3 | 2 |
| 6 | 5 |
| 7 | 3 |

○ 구성원 1에서 e, H, R은 7번 염색체에 있고, T는 8번 염색체에 있다.

○ 구성원 2, 4, 5, 8은 (나)의 표현형이 모두 같다.

이에 대한 설명으로 옳은 것만을 〈보기〉에서 있는 대로 고른 것은? (단, 돌연변이와 교차는 고려하지 않으며, E, e, H, h, R, r, T, t 각각의 1개당 DNA 상대량은 1이다.)

─── 〈보 기〉 ───
ㄱ. ⓐ는 4이다.
ㄴ. 구성원 4에서 E, h, r, T를 모두 갖는 생식세포가 형성될 수 있다.
ㄷ. 구성원 6과 7 사이에서 아이가 태어날 때, 이 아이에게서 나타날 수 있는 (나)의 표현형은 최대 5가지이다.

**54.** 다음은 어떤 집안의 유전 형질 (가)와 (나)에 대한 자료이다.

○ (가)는 1쌍의 대립유전자 A와 a에 의해 결정되며, A는 a에 대해 완전 우성이다.

○ (나)는 1쌍의 대립유전자에 의해 결정되며, 대립유전자에는 E, F, G가 있다. E는 F와 G에 대해, F는 G에 대해 각각 완전 우성이며, (나)의 표현형은 3가지이다.

○ 가계도는 구성원 1~8의 (가)의 발현 여부를 나타낸 것이다.

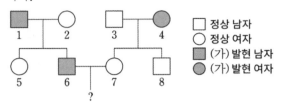

□ 정상 남자
○ 정상 여자
■ (가) 발현 남자
● (가) 발현 여자

○ 표는 5~8에서 체세포 1개당 F의 DNA 상대량을 나타낸 것이다.

| 구성원 | 5 | 6 | 7 | 8 |
|---|---|---|---|---|
| F의 DNA 상대량 | 1 | 2 | 0 | 2 |

○ 5와 7에서 (나)의 표현형은 같다.

○ 5, 6, 7 각각의 체세포 1개당 A의 DNA 상대량을 더한 값은 5, 6, 7 각각의 체세포 1개당 G의 DNA 상대량을 더한 값과 같다.

이에 대한 설명으로 옳은 것만을 〈보기〉에서 있는 대로 고른 것은? (단, 돌연변이와 교차는 고려하지 않으며, A, a, E, F, G 각각의 1개당 DNA 상대량은 1이다.)

─── 〈보 기〉 ───
ㄱ. (가)는 우성 형질이다.
ㄴ. (가)의 유전자는 (나)의 유전자와 같은 염색체에 있다.
ㄷ. 6과 7 사이에서 아이가 태어날 때, 이 아이에서 (가)와 (나)의 표현형이 모두 7과 같을 확률은 $\frac{1}{4}$이다.

① ㄱ　② ㄴ　③ ㄷ　④ ㄱ, ㄷ　⑤ ㄴ, ㄷ

## 55. 다음은 어떤 집안의 유전 형질 (가)와 (나)에 대한 자료이다.

- (가)는 대립유전자 R와 r에 의해 결정되며, R은 r에 대해 완전 우성이다.
- (나)는 상염색체에 있는 1쌍의 대립유전자에 의해 결정되며, 대립유전자에는 E, F, G가 있다.
- (나)의 표현형은 4가지이며, (나)의 유전자형이 EG인 사람과 EE인 사람의 표현형은 같고, 유전자형이 FG인 사람과 FF인 사람의 표현형은 같다.
- 가계도는 구성원 1~9에게서 (가)의 발현 여부를 나타낸 것이다.

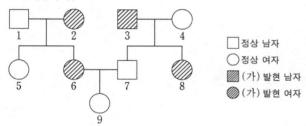

정상 남자 (□)
정상 여자 (○)
(가) 발현 남자 (▨)
(가) 발현 여자 (◪)

- $\dfrac{1,2,5,6\ \text{각각의 체세포 1개당 E의 DNA 상대량을 더한 값}}{3,4,7,8\ \text{각각의 체세포 1개당 r의 DNA 상대량을 더한 값}}=\dfrac{3}{2}$

- 1, 2, 3, 4의 (나)의 표현형은 모두 다르고, 2, 6, 7, 9의 (나)의 표현형도 모두 다르다.
- 3과 8의 (나)의 유전자형은 이형 접합성이다.

이에 대한 설명으로 옳은 것만을 〈보기〉에서 있는 대로 고른 것은? (단, 돌연변이와 교차는 고려하지 않으며, E, F, G, R, r 각각의 1개당 DNA 상대량은 1이다.)

─── 〈보 기〉 ───
ㄱ. (가)의 유전자는 상염색체에 있다.
ㄴ. 7의 (나)의 유전자형은 동형 접합성이다.
ㄷ. 9의 동생이 태어날 때, 이 아이의 (가)와 (나)의 표현형이 8과 같을 확률은 $\dfrac{1}{8}$이다.

① ㄱ    ② ㄴ    ③ ㄷ    ④ ㄱ, ㄴ    ⑤ ㄴ, ㄷ

---

## 56. 다음은 어떤 집안의 유전 형질 (가)와 (나)에 대한 자료이다.

- (가)는 대립유전자 E와 e에 의해 결정되고, E는 e에 대해 완전 우성이다.
- (나)는 대립유전자 H, R, T에 의해 결정된다. H는 R와 T에 대해 각각 완전 우성이고, R은 T에 대해 완전 우성이다.
- (나)의 표현형은 3가지이고, ㉠, ㉡, ㉢이다.
- (가)와 (나)의 유전자는 모두 X 염색체에 있다.
- 가계도는 구성원 ⓐ와 ⓑ를 제외한 구성원 1~11에게서 (가)의 발현 여부를 나타낸 것이다.

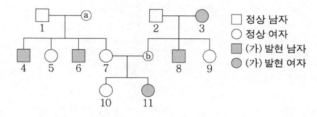

정상 남자 (□)
정상 여자 (○)
(가) 발현 남자 (■)
(가) 발현 여자 (●)

- 1의 (나)에 대한 표현형은 ㉠이고, 2와 11의 (나)에 대한 표현형은 ㉡이며, 3의 (나)에 대한 표현형은 ㉢이다.
- 4, 6, 10의 (나)에 대한 표현형은 모두 다르고, ⓑ, 8, 9의 (나)의 표현형도 모두 다르다.
- 9의 (나)에 대한 유전자형은 RT이다.

이에 대한 설명으로 옳은 것만을 〈보기〉에서 있는 대로 고른 것은? (단, 돌연변이와 교차는 고려하지 않는다.)

─── 〈보 기〉 ───
ㄱ. (가)는 열성 형질이다.
ㄴ. ⓐ와 8의 (나)에 대한 표현형은 다르다.
ㄷ. 이 집안에서 E와 T를 모두 갖는 구성원은 4명이다.

① ㄱ    ② ㄴ    ③ ㄱ, ㄷ    ④ ㄴ, ㄷ    ⑤ ㄱ, ㄴ, ㄷ

**57.** 다음은 어떤 집안의 유전 형질 (가)와 (나)에 대한 자료이다.

○ (가)의 유전자와 (나)의 유전자는 같은 염색체에 있다.
○ (가)는 대립유전자 A와 a에 의해 결정되며, A는 a에 대해 완전 우성이다.
○ (나)는 대립유전자 E, F, G에 의해 결정되며, E는 F, G에 대해, F는 G에 대해 각각 완전 우성이다. (나)의 표현형은 3가지이다.
○ 가계도는 구성원 ⓐ를 제외한 구성원 1~5에게서 (가)의 발현 여부를 나타낸 것이다.
○ 표는 구성원 1~5와 ⓐ에서 체세포 1개당 E와 F의 DNA 상대량을 더한 값(E+F)과 체세포 1개당 F와 G의 DNA 상대량을 더한 값(F+G)을 나타낸 것이다. ㉠~㉢은 0, 1, 2를 순서 없이 나타낸 것이다.

| 구성원 | | 1 | 2 | 3 | ⓐ | 4 | 5 |
|---|---|---|---|---|---|---|---|
| DNA 상대량을 더한 값 | E+F | ? | ? | 1 | ㉡ | 0 | 1 |
| | F+G | ㉠ | ? | 1 | 1 | 1 | ㉢ |

이에 대한 설명으로 옳은 것만을 〈보기〉에서 있는 대로 고른 것은? (단, 돌연변이와 교차는 고려하지 않으며, E, F, G 각각의 1개당 DNA 상대량은 1이다.)

─── 〈보 기〉 ───
ㄱ. ⓐ의 (가)의 유전자형은 동형 접합성이다.
ㄴ. 이 가계도 구성원 중 A와 G를 모두 갖는 사람은 2명이다.
ㄷ. 5의 동생이 태어날 때, 이 아이의 (가)와 (나)의 표현형이 모두 2와 같을 확률은 $\frac{1}{2}$이다.

① ㄱ　　② ㄴ　　③ ㄱ, ㄷ　　④ ㄴ, ㄷ　　⑤ ㄱ, ㄴ, ㄷ

**58.** 다음은 어떤 집안의 유전 형질 (가)와 (나)에 대한 자료이다.

○ (가)는 대립유전자 H와 h에 의해 결정되며, H는 h에 대해 완전 우성이다.
○ (나)는 대립유전자 T와 t에 의해 결정되며, 유전자형이 다르면 표현형이 다르다. (나)의 표현형은 3가지이고, ㉠, ㉡, ㉢이다.
○ (가)와 (나)의 유전자는 같은 상염색체에 있다.
○ 그림은 구성원 1~9의 가계도를, 표는 1~9를 (가)와 (나)의 표현형에 따라 분류한 것이다. ⓐ~ⓓ는 2, 3, 4, 7을 순서 없이 나타낸 것이다.

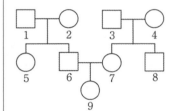

| 표현형 | | (가) | |
|---|---|---|---|
| | | 발현됨 | 발현 안 됨 |
| (나) | ㉠ | 6, ⓐ | 8, ⓑ |
| | ㉡ | 1, ⓒ | 5 |
| | ㉢ | ⓓ | 9 |

○ 3과 6은 각각 h와 T를 모두 갖는 생식세포를 형성할 수 있다.

이에 대한 설명으로 옳은 것만을 〈보기〉에서 있는 대로 고른 것은? (단, 돌연변이와 교차는 고려하지 않는다.)

─── 〈보 기〉 ───
ㄱ. ⓐ는 7이다.
ㄴ. (나)의 표현형이 ㉠인 사람의 유전자형은 TT이다.
ㄷ. 9의 동생이 태어날 때, 이 아이의 (가)와 (나)의 표현형이 모두 3과 같을 확률은 $\frac{1}{4}$이다.

① ㄱ　　② ㄴ　　③ ㄷ　　④ ㄱ, ㄴ　　⑤ ㄱ, ㄷ

**59.** 다음은 어떤 집안의 유전 형질 (가)~(다)에 대한 자료이다.

○ (가)는 대립유전자 H와 H*에 의해, (나)는 대립유전자 R와 R*에 의해, (다)는 대립유전자 T와 T*에 의해 결정된다. H는 H*에 대해, R는 R*에 대해, T는 T*에 대해 각각 완전 우성이다.

○ (가)~(다)의 유전자는 모두 서로 다른 염색체에 있고, (가)와 (나) 중 한 형질을 결정하는 유전자는 X 염색체에 존재한다.

○ 가계도는 (가)~(다) 중 (가)의 발현 여부를 나타낸 것이다.

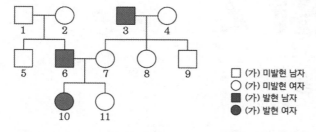

□ (가) 미발현 남자
○ (가) 미발현 여자
■ (가) 발현 남자
● (가) 발현 여자

○ 구성원 1~11 중 (가)만 발현된 사람은 6이고, (나)만 발현된 사람은 5, 8, 9이고, (다)만 발현된 사람은 7이다.

○ 1과 11에서만 (나)와 (다)가 모두 발현되었다.

○ 4와 10은 (나)에 대한 유전자형이 서로 다르며 두 사람에서 모두 (나)가 발현되지 않았다.

○ 2와 3은 (다)에 대한 유전자형이 서로 다르며 각각 T와 T* 중 한 종류만 갖는다.

이에 대한 설명으로 옳은 것만을 〈보기〉에서 있는 대로 고른 것은? (단, 돌연변이와 교차는 고려하지 않는다.)

―――――〈보 기〉―――――
ㄱ. (가)를 결정하는 유전자는 X 염색체에 있다.

ㄴ. 1~11 중 R*와 T를 모두 갖는 사람은 총 9명이다.

ㄷ. 6과 7 사이에서 남자 아이가 태어날 때, 이 아이에게서 (가)와 (다)만 발현될 확률은 $\frac{3}{8}$이다.

① ㄴ    ② ㄷ    ③ ㄱ, ㄴ    ④ ㄱ, ㄷ    ⑤ ㄱ, ㄴ, ㄷ

# PART 2

16문항

## 01.

표는 영희네 가족 구성원에서 유전 형질 (가)의 표현형과 (가) 발현에 관여하는 대립유전자 A, B, C의 유무를 나타낸 것이다. (가)는 1쌍의 대립유전자에 의해 결정되며, 대립유전자에는 A, B, C가 있고, 각 대립유전자 사이의 우열 관계는 분명하다.

| 구성원 | (가)의 표현형 | 대립유전자 | | |
|---|---|---|---|---|
| | | A | B | C |
| 아버지 | ⓐ | ? | × | ○ |
| 어머니 | ⓑ | ○ | ? | ? |
| 오빠 | ⓒ | ? | × | ? |
| 영희 | ⓐ | ? | ○ | ? |
| 남동생 | ? | × | ? | × |

(○: 있음, ×: 없음)

이에 대한 설명으로 옳은 것을 〈보기〉에서 있는 대로 고르고, □에 알맞은 말을 채우시오. (단, 돌연변이와 교차는 고려하지 않는다.)

―〈보 기〉―

ㄱ. A는 B에 대해 완전 우성이다.

ㄴ. 남동생의 (가)에 대한 표현형은 □이다.

ㄷ. 오빠와 유전자형이 BC인 여자 사이에서 아이가 태어날 때, 이 아이의 (가)에 대한 표현형이 ⓐ일 확률은 □이다.

## 02.

다음은 어떤 집안의 유전 형질 (가)~(다)에 대한 자료이다.

○ (가)는 대립유전자 H와 h에 의해, (나)는 대립유전자 R과 r에 의해, (다)는 대립유전자 T와 t에 의해 결정된다. H는 h에 대해, R은 r에 대해, T는 t에 대해 각각 완전 우성이다.

○ (가)~(다)를 결정하는 유전자는 모두 X 염색체에 있다.

○ 가계도는 구성원 ⓐ를 제외한 1~6에게서 (가)~(다) 중 (가)와 (나)의 발현 여부를 나타낸 것이다.

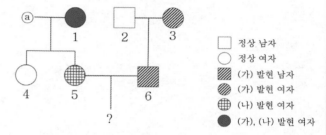

□ 정상 남자
○ 정상 여자
▨ (가) 발현 남자
◧ (가) 발현 여자
▦ (나) 발현 여자
● (가), (나) 발현 여자

○ 4, 6에서는 (다)가 발현되었고, 3, 5에서는 (다)가 발현되지 않았다.

이에 대한 설명으로 옳은 것을 〈보기〉에서 있는 대로 고르고, □에 알맞은 말을 채우시오. (단, 돌연변이와 교차는 고려하지 않는다.)

―〈보 기〉―

ㄱ. (가)는 열성 형질이다.

ㄴ. 구성원 ⓐ와 1에서 (가)~(다) 중 같은 표현형은 □가지이다.

ㄷ. 5와 6 사이에서 아이가 태어날 때, 이 아이의 (가)~(다)에 대한 표현형이 ⓐ와 같을 확률은 □이다.

## 03.
다음은 어떤 집안의 유전 형질 (가)와 (나)에 대한 자료이다.

○ (가)는 대립유전자 H와 h에 의해, (나)는 T와 t에 의해 결정된다. H는 h에 대해, T는 t에 대해 각각 완전 우성이다.
○ (가)와 (나)의 유전자 중 하나는 X 염색체에, 다른 하나는 상염색체에 있다.
○ 가계도는 구성원 ⓧ를 제외한 구성원 1~7에게서 (가)와 (나)의 발현 여부를 나타낸 것이다.

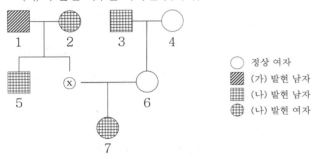

○ 정상 여자
◪ (가) 발현 남자
▨ (나) 발현 남자
▧ (나) 발현 여자

○ 표는 구성원 1, 7에서 체세포 1개당 h의 DNA 상대량과 구성원 4, ⓧ에서 체세포 1개당 T의 DNA 상대량을 나타낸 것이다. ㉠~㉢은 0, 1, 2를 순서 없이 나타낸 것이다.

| 구성원 | h의 DNA 상대량 | 구성원 | T의 DNA 상대량 |
|---|---|---|---|
| 1 | ㉠ | 4 | ㉢ |
| 7 | ㉡ | ⓧ | ㉢ |

〈보기〉에서 □에 알맞은 말을 채우시오. (단, 돌연변이와 교차는 고려하지 않으며, H, h, T, t 각각의 1개당 DNA 상대량은 1이다.)

───── 〈보 기〉 ─────
ㄱ. ㉠은 □이다. (* □는 0~2 중 하나)
ㄴ. 1~7에서 (가)와 (나)에 대한 표현형이 ⓧ와 같은 사람은 □명이다.
ㄷ. 7의 동생이 태어날 때, 이 아이에게서 (가)와 (나)가 모두 발현될 확률은 □이다.

## 04.
다음은 어떤 집안의 유전 형질 (가)와 (나)에 대한 자료이다.

○ (가)는 대립유전자 A와 A*에 의해, (나)는 대립유전자 B와 B*에 의해 결정되며, A는 A*에 대해, B는 B*에 대해 각각 완전 우성이다.
○ (가)와 (나)를 결정하는 유전자 중 하나는 상염색체에, 다른 하나는 X 염색체에 존재한다.
○ 가계도는 구성원 ⓧ와 ⓨ를 제외한 구성원 1~8에게서 (가)와 (나)의 발현 여부를 나타낸 것이다.

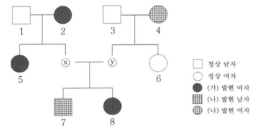

□ 정상 남자
○ 정상 여자
● (가) 발현 여자
▦ (나) 발현 남자
▧ (나) 발현 여자

○ 표는 구성원 1, 3, 5에서 체세포 1개당 ⓐ의 DNA 상대량과 구성원 2, 3, 4에서 체세포 1개당 ⓑ의 DNA 상대량을 나타낸 것이다. ⓐ는 A와 A* 중 하나이고, ⓑ는 B와 B* 중 하나이며, ㉠~㉢은 0, 1, 2를 순서 없이 나타낸 것이다.

| 구성원 | ⓐ의 DNA 상대량 | 구성원 | ⓑ의 DNA 상대량 |
|---|---|---|---|
| 1 | ㉠ | 2 | ㉢ |
| 3 | ㉡ | 3 | ㉠ |
| 5 | ㉢ | 4 | ㉡ |

○ ⓧ와 ⓨ 사이에서 (가)와 (나)에 대한 표현형이 7과 같은 아이가 태어날 확률은 $\frac{1}{8}$이다.

〈보기〉에서 □에 알맞은 말을 채우시오. (단, 돌연변이와 교차는 고려하지 않으며, A, A*, B, B* 각각의 1개당 DNA 상대량은 1이다.)

───── 〈보 기〉 ─────
ㄱ. ⓐ는 □이다. (* □는 A와 A* 중 하나)
ㄴ. $\dfrac{4,\ ⓧ\ 각각의\ 체세포1개당\ B*의\ DNA\ 상대량을\ 더한\ 값}{7,\ ⓨ\ 각각의\ 체세포1개당\ A의\ DNA\ 상대량을\ 더한\ 값} = □$ 이다.
ㄷ. 8의 동생이 태어날 때, 이 아이에게서 (가)와 (나)가 모두 발현될 확률은 □이다.

## 05.

다음은 어떤 집안의 유전 형질 (가)~(다)에 대한 자료이다.

○ (가)는 대립유전자 A와 a에 의해, (나)는 대립유전자 B와 b에 의해, (다)는 대립유전자 D와 d에 의해 결정되며, 각 형질에 대한 표현형은 A, B, D의 유무에 따라 결정된다.

○ (가)~(다)를 결정하는 유전자는 모두 서로 다른 염색체에 존재한다.

○ 가계도는 구성원 ⓧ와 ⓨ를 제외한 구성원 1~8에게서 (가)~(다) 중 (가)와 (나)의 발현 여부를 나타낸 것이다.

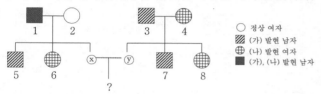

○ 정상 여자
▨ (가) 발현 남자
⊞ (나) 발현 여자
■ (가), (나) 발현 남자

○ 1, 5에서는 (다)가 발현되었고, 3, ⓧ에서는 (다)가 발현되지 않았다.

○ $\dfrac{5, 6, ⓧ \text{ 각각의 체세포 } 1\text{개당 } ⓐ\text{의 DNA 상대량을 더한 값}}{3\text{의 체세포 } 1\text{개당 } ⓐ\text{의 DNA 상대량}}$ =3이고, ⓐ는 A의 a 중 하나이다.

○ $\dfrac{1\text{에서 생식세포가 형성될 때, 이 생식세포가 b와 D를 모두 가질 확률}}{3\text{에서 생식세포가 형성될 때, 이 생식세포가 B와 d를 모두 가질 확률}}$ =2이다.

〈보기〉에서 □에 알맞은 말을 채우시오. (단, 돌연변이와 교차는 고려하지 않으며, A, a, B, b, D, d 각각의 1개당 DNA 상대량은 1이다.)

─── 〈보 기〉 ───
ㄱ. ⓐ는 □이다. (* □는 A와 a 중 하나)
ㄴ. ⓧ의 성별은 □이다.
ㄷ. ⓧ와 ⓨ 사이에서 아이가 태어날 때, 이 아이의 (가)~(다)에 대한 표현형이 구성원 7과 같을 확률은 □이다.

## 06.

다음은 어떤 집안의 유전 형질 ⊙~ⓒ에 대한 자료이다.

○ ⊙은 대립유전자 H와 h에 의해, ⓛ은 R와 r에 의해, ⓒ은 T와 t에 의해 결정된다. H는 h에 대해, R은 r에 대해, T는 t에 대해 각각 완전 우성이다.

○ ⊙~ⓒ의 유전자 중 2개는 X 염색체에, 나머지 1개는 상염색체에 있다.

○ 가계도는 구성원 ⓐ를 제외한 구성원 1~10에게서 ⊙~ⓒ 중 ⊙과 ⓛ의 발현 여부를 나타낸 것이다.

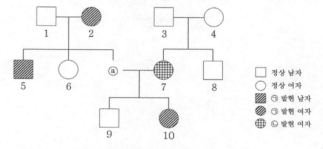

□ 정상 남자
○ 정상 여자
▨ ⊙ 발현 남자
◩ ⊙ 발현 여자
⊞ ⓛ 발현 여자

○ 1, 3, 6에서는 ⓒ이 발현되었고, 9에서는 ⓒ이 발현되지 않았다.

○ ⓐ와 구성원 1~10 중 H, R, T를 모두 가진 사람은 2명이다.

이에 대한 설명으로 옳은 것을 〈보기〉에서 있는 대로 고르고, □에 알맞은 말을 채우시오. (단, 돌연변이와 교차는 고려하지 않는다.)

─── 〈보 기〉 ───
ㄱ. ⓛ을 결정하는 유전자는 □ 염색체에 존재한다.
ㄴ. ⊙은 우성 형질이다.
ㄷ. 5와 ⓐ의 ⊙~ⓒ에 대한 표현형은 모두 같다.

## 07. 다음은 어떤 집안의 유전 형질 ㉠~㉢에 대한 자료이다.

○ ㉠은 대립유전자 H와 h에 의해, ㉡은 R와 r에 의해, ㉢은 T와 t에 의해 결정된다. H는 h에 대해, R은 r에 대해, T는 t에 대해 각각 완전 우성이다.

○ ㉢을 결정하는 유전자는 X 염색체에 있고, ㉢은 열성 형질이다.

○ 가계도는 구성원 ⓧ와 ⓨ를 제외한 구성원 1~7에게서 ㉠~㉢ 중 ㉠과 ㉡의 발현 여부를 나타낸 것이다.

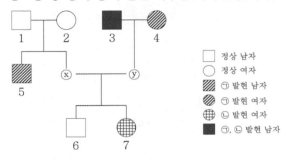

정상 남자
정상 여자
㉠ 발현 남자
㉠ 발현 여자
㉡ 발현 여자
㉠, ㉡ 발현 남자

○ 체세포 1개당 h의 DNA 상대량은 3과 ⓧ가 서로 같고, R의 DNA 상대량은 ⓧ와 ⓨ가 서로 같다.

○ 1과 7의 ㉢에 대한 표현형은 다르고, 2와 4의 ㉢에 대한 표현형도 다르다.

이에 대한 설명으로 옳은 것을 〈보기〉에서 있는 대로 고르고, □에 알맞은 말을 채우시오. (단, 돌연변이와 교차는 고려하지 않으며, H, h, R, r, T, t 각각의 1개당 DNA 상대량은 1이다.)

─── 〈 보 기 〉 ───
ㄱ. ㉠은 X 염색체에 있다.
ㄴ. ⓧ의 ㉠~㉢에 대한 유전자형은 HhRrTt이다.
ㄷ. 7의 동생이 태어날 때, 이 아이의 ㉠~㉢에 대한 표현형이 ⓧ와 같을 확률은 □이다.

## 08. 다음은 어떤 집안의 ABO식 혈액형과 유전 형질 (가)와 (나)에 대한 자료이다.

○ (가)는 대립유전자 H와 H*에 의해, (나)는 대립유전자 T와 T*에 의해 결정된다. H는 H*에 대해, T는 T*에 대해 각각 완전 우성이다.

○ (가)와 (나)의 유전자는 ABO식 혈액형 유전자와 같은 상염색체에 있다.

○ 표는 구성원의 성별, ABO식 혈액형, (가)와 (나)의 발현 여부를 나타낸 것이다. ㉠, ㉡, ㉢은 ABO식 혈액형 중 하나이며, ㉠, ㉡, ㉢은 각각 서로 다르다.

| 구성원 | 성별 | 혈액형 | (가) | (나) |
|--------|------|--------|------|------|
| 아버지 | 남 | ㉠ | × | ○ |
| 어머니 | 여 | ㉡ | ? | ○ |
| 자녀 1 | 남 | ㉠ | ○ | × |
| 자녀 2 | 남 | ㉢ | ○ | ? |
| 자녀 3 | 여 | ㉠ | ⓐ | ○ |

(○: 발현됨, ×: 발현 안 됨)

○ 자녀 3과 혈액형이 O형인 남자 사이에서 A형이면서 (가)와 (나) 모두 발현되지 않은 남자 아이가 태어났다.

○ 자녀 1과 자녀 3의 ABO식 혈액형에 대한 유전자형은 서로 다르다.

〈보기〉에서 □에 알맞은 말을 채우시오. (단, 돌연변이와 교차는 고려하지 않는다.)

─── 〈 보 기 〉 ───
ㄱ. ⓐ는 □이다.
ㄴ. ㉠은 □형이다.
ㄷ. 자녀 3의 동생이 태어날 때, 이 아이의 ABO식 혈액형이 ㉢이면서 (가)와 (나) 중 (가)만 발현될 확률은 □이다.

## 09.

다음은 어떤 집안의 유전 형질 (가)에 대한 자료이다.

○ (가)는 상염색체에 있는 1쌍의 대립유전자에 의해 결정
  되며, 대립유전자에는 A, B, D가 있다.
○ (가)에 대한 표현형은 4가지이며, A는 B와 D에 대해 완
  전 우성이다.
○ 그림은 구성원 1~8의 가계도를 나타낸 것이다.

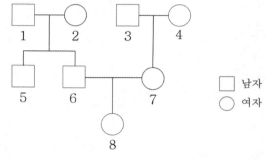

□ 남자
○ 여자

○ 2, 3, 4, 5의 표현형은 모두 다르고, 6과 7, 5와 8의 표
  현형은 각각 서로 같다.
○ 3, 4, 6, 7의 유전자형은 각각 서로 다르다.
○ $\dfrac{\text{2, 5, 7 각각의 체세포 1개당 B의 DNA 상대량을 더한 값}}{\text{1, 3, 8 각각의 체세포 1개당 A의 DNA 상대량을 더한 값}}=1$이다.

〈보기〉에서 □에 알맞은 말을 채우시오. (단, 돌연변이와 교차
는 고려하지 않으며, A, B, D 각각의 1개당 DNA 상대량은 1이다.)

──── 〈보 기〉 ────
ㄱ. 4의 (가)에 대한 유전자형은 □이다.
ㄴ. 1~8에서 유전자형이 AD인 사람은 □명이다.
ㄷ. 8의 동생이 태어날 때, 이 아이의 (가)에 대한 표현형이
  3과 같을 확률은 □이다.

## 10.

다음은 어떤 집안의 유전 형질 (가)와 (나)에 대한 자료
이다.

○ (가)는 대립유전자 E와 e에 의해 결정되며, 유전자형
  이 다르면 표현형이 다르다. (가)의 3가지 표현형은 각
  각 ㉠, ㉡, ㉢이다.
○ (나)는 2쌍의 대립유전자 H와 h, T와 t에 의해 결정된
  다. (나)의 표현형은 유전자형에서 대문자로 표시되는
  대립유전자의 수에 의해서만 결정되며, 이 대립유전자
  의 수가 다르면 표현형이 다르다.
○ (가)를 결정하는 유전자는 7번 염색체에, (나)를 결정하
  는 유전자 중 하나는 7번 염색체에, 다른 하나는 X
  염색체에 있다.
○ 가계도는 ⓐ와 ⓑ를 제외한 구성원 1~8에게서 발현
  된 (가)의 표현형을 나타낸 것이다.

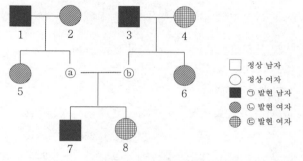

□ 정상 남자
○ 정상 여자
■ ㉠ 발현 남자
▨ ㉡ 발현 여자
▦ ㉢ 발현 여자

○ $\dfrac{\text{2, 5, 8 각각의 체세포 1개당 T의 DNA 상대량을 더한 값}}{\text{1, 7, ⓐ, ⓑ 각각의 체세포 1개당 E의 DNA 상대량을 더한 값}}$
  $=\dfrac{3}{2}$이다.
○ 구성원 1은 h가 없고, 2는 t가 없다.
○ 구성원 2, 4, 8, ⓐ, ⓑ의 (나)의 표현형은 모두 다르
  고, 3, 5, 6, 7, ⓑ의 (나)의 표현형도 모두 다르다.

이에 대한 설명으로 옳은 것만을 〈보기〉에서 있는 대로 고르
고, □에 알맞은 말을 채우시오. (단. 돌연변이와 교차는 고려하
지 않으며, E, e, H, h, T, t 각각의 1개당 DNA 상대량은 1이다.)

──── 〈보 기〉 ────
ㄱ. ⓐ는 남자이다.
ㄴ. 구성원 ⓑ에서 e, h, t를 모두 갖는 생식세포가 형성될
  수 있다.
ㄷ. 8의 동생이 태어날 때, 이 아이의 (가)와 (나)에 대한 표
  현형이 구성원 3과 같을 확률은 □이다.

## 11.

다음은 어떤 집안의 유전 형질 ㉠~㉢에 대한 자료이다.

○ ㉠은 대립유전자 A와 a에 의해, ㉡은 대립유전자 B와
b에 의해, ㉢은 D와 d에 의해 결정된다. A는 a에 대해,
B는 b에 대해, D는 d에 대해 각각 완전 우성이다.

○ ㉠의 유전자와 ㉡의 유전자 중 하나만 ㉢의 유전자와
같은 염색체에 있다.

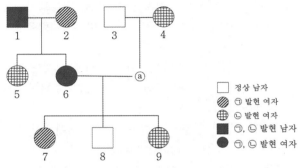

□ 정상 남자
◩ ㉠ 발현 여자
▦ ㉡ 발현 여자
■ ㉠, ㉡ 발현 남자
● ㉠, ㉡ 발현 여자

○ ⓐ를 포함한 구성원 중 1, 4, 6, 8만 ㉢이 발현됐다.

○ $\dfrac{1, 2, 3, 4 \text{ 각각의 체세포 1개당 B의 DNA 상대량을 더한 값}}{1, 2, 3, 4 \text{ 각각의 체세포 1개당 b의 DNA 상대량을 더한 값}}$
= 1이다.

이에 대한 설명으로 옳은 것을 〈보기〉에서 있는 대로 고르고,
□에 알맞은 말을 채우시오. (단, 돌연변이와 교차는 고려하지 않
으며, A, a, B, b, D, d 각각의 1개당 DNA 상대량은 1이다.)

─〈보 기〉─
ㄱ. ㉡과 ㉢을 결정하는 유전자는 같은 염색체에 존재한다.
ㄴ. 구성원 1~9 중 ㉠~㉢의 표현형이 ⓐ와 같은 사람은
□명이다.
ㄷ. 9의 동생이 태어날 때, 이 아이에게서 ㉠~㉢ 중 2가지
형질만 발현될 확률은 □이다.

## 12.

다음은 어떤 집안의 유전 형질 ㉠과 ㉡에 대한 자료이다.

○ ㉠은 대립유전자 H와 h에 의해, ㉡은 T와 t에 의해 결정
된다. H는 h에 대해, T는 t에 대해 각각 완전 우성이다.

○ ㉠과 ㉡의 유전자는 모두 ABO식 혈액형 유전자와 같
은 염색체에 존재한다.

○ 가계도는 구성원 1~7에서 ㉠과 ㉡의 발현 여부를 나
타낸 것이다.

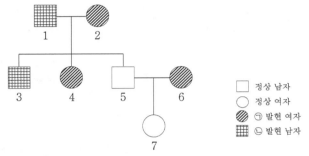

□ 정상 남자
○ 정상 여자
◩ ㉠ 발현 여자
▦ ㉡ 발현 남자

○ 1과 5의 혈액은 항 A 혈청에 응집 반응을 나타내지 않
고, 2와 3의 혈액은 항 A 혈청에 응집 반응을 나타낸다.

○ 4, 6, 7의 ABO식 혈액형은 모두 다르고, 2와 3의 ABO
식 혈액형은 서로 다르다.

○ 2와 6은 ABO식 혈액형, ㉠, ㉡에 대한 유전자형 및 같은
염색체에 있는 대립유전자가 동일하다.

이에 대한 설명으로 옳은 것을 〈보기〉에서 있는 대로 고르고,
□에 알맞은 말을 채우시오. (단, 돌연변이와 교차는 고려하지 않
는다.)

─〈보 기〉─
ㄱ. ㉡은 우성 형질이다.
ㄴ. 3, 4, 5의 ABO식 혈액형은 모두 다르다.
ㄷ. 1의 ABO식 혈액형은 □이다.

# 13.

다음은 어떤 집안의 유전 형질 ㉠~㉢에 대한 자료이다.

○ ㉠은 대립유전자 H와 h에 의해, ㉡은 R와 r에 의해, ㉢은 T와 t에 의해 결정된다. H는 h에 대해, R은 r에 대해, T는 t에 대해 각각 완전 우성이다.

○ ㉠~㉢을 결정하는 유전자는 모두 X 염색체에 있다.

○ 가계도는 구성원 ⓐ를 제외한 구성원 1~9에게서 ㉠~㉢ 중 ㉠과 ㉡의 발현 여부를 나타낸 것이다.

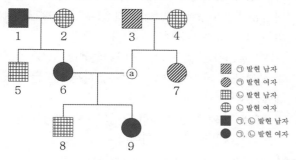

| | |
|---|---|
| ▨ | ㉠ 발현 남자 |
| ◨ | ㉠ 발현 여자 |
| ▦ | ㉡ 발현 남자 |
| ⊕ | ㉡ 발현 여자 |
| ■ | ㉠, ㉡ 발현 남자 |
| ● | ㉠, ㉡ 발현 여자 |

○ 5, 7, 9에서는 ㉢이 발현되었고, 4, 8에서는 ㉢이 발현되지 않았다.

○ ⓐ와 구성원 1~9 중 H, R, T를 모두 가진 사람은 2명이다.

이에 대한 설명으로 옳은 것을 〈보기〉에서 있는 대로 고르고, □에 알맞은 말을 채우시오. (단, 돌연변이와 교차는 고려하지 않는다.)

─── 〈보 기〉 ───
ㄱ. ㉡은 우성 형질이다.

ㄴ. ⓐ와 ㉠~㉢에 대한 표현형이 모두 같은 사람은 □명이다.

ㄷ. 9의 동생이 태어날 때, 이 아이가 H, R, T를 모두 가질 확률은 □이다.

# 14.

다음은 어떤 가족의 유전 형질 ㉮와 ㉯에 대한 자료이다.

○ ㉮는 대립유전자 H와 h에 의해, ㉯는 대립유전자 T와 t에 의해 결정되며, H는 h에 대해, T는 t에 대해 각각 완전 우성이다. ㉮와 ㉯는 모두 열성 형질이다.

○ 표 (가)는 구성원의 성별과 ㉮와 ㉯의 발현 여부를, (나)는 세포 ⓐ~ⓔ의 세포 1개당 유전자 ㉠~㉣의 수를 나타낸 것이다. ⓐ~ⓔ는 각각 아버지, 어머니, 자녀 1, 자녀 2, 자녀 3의 세포를 순서 없이 나타낸 것이며, ㉠~㉣은 H, h, T, t를 순서 없이 나타낸 것이다.

| 구분 | 성별 | ㉮ | ㉯ |
|---|---|---|---|
| 아버지 | 남 | ? | × |
| 어머니 | 여 | × | ○ |
| 자녀 1 | ? | × | ? |
| 자녀 2 | 여 | ○ | ○ |
| 자녀 3 | ? | ? | ○ |

(○ : 발현됨, × : 발현 안 됨)

(가)

| 세포 | 유전자 수 | | | |
|---|---|---|---|---|
| | ㉠ | ㉡ | ㉢ | ㉣ |
| ⓐ | 1 | ? | 0 | 1 |
| ⓑ | 0 | 0 | 0 | ? |
| ⓒ | ? | 1 | 1 | 0 |
| ⓓ | 2 | 2 | ? | ? |
| ⓔ | ? | 0 | 0 | 0 |

(나)

〈보기〉에서 □에 알맞은 말을 채우시오. (단, 돌연변이와 교차는 고려하지 않는다.)

─── 〈보 기〉 ───
ㄱ. ㉠의 대립유전자는 □이다. (* □는 ㉡~㉣ 중 하나)

ㄴ. ⓑ는 □의 세포이다. (* □는 아버지, 어머니, 자녀 1, 자녀 2, 자녀 3 중 하나)

ㄷ. ㉡은 □이다. (* □는 H, h, T, t 중 하나)

## 15.
다음은 어떤 집안의 유전 형질 (가)~(다)에 대한 자료이다.

○ (가)는 대립유전자 A와 a에 의해, (나)는 대립유전자 B와 b에 의해, (다)는 대립유전자 D와 d에 의해 결정된다. A는 a에 대해, B는 b에 대해, D는 d에 대해 각각 완전 우성이다.
○ (가)~(다)의 유전자 중 2개는 X 염색체에, 나머지 1개는 상염색체에 있다.
○ 가계도는 구성원 ⓐ를 제외한 구성원 1~7에게서 (가)~(다) 중 (가)와 (나)의 발현 여부를 나타낸 것이다.

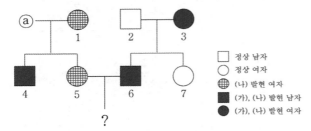

| | |
|---|---|
| ☐ | 정상 남자 |
| ○ | 정상 여자 |
| ⊞ | (나) 발현 여자 |
| ■ | (가), (나) 발현 남자 |
| ● | (가), (나) 발현 여자 |

○ 표는 ⓐ와 1~3에서 체세포 1개당 대립유전자 ㉠, ㉡, ㉢ 중 2개의 DNA 상대량을 더한 값을 나타낸 것이다. ㉠~㉢은 A, B, d를 순서 없이 나타낸 것이다.

| 구성원 | | ⓐ | 1 | 2 | 3 |
|---|---|---|---|---|---|
| DNA 상대량을 더한 값 | ㉠+㉡ | 2 | 3 | ? | 2 |
| | ㉠+㉢ | ? | 3 | ? | ? |
| | ㉡+㉢ | 0 | ? | 1 | ? |

○ 1, 4, 5 중 (다)가 발현된 사람은 2명이고, 6과 7의 (다)의 표현형은 서로 같다.

이에 대한 설명으로 옳은 것을 〈보기〉에서 있는 대로 고르고, ☐에 알맞은 말을 채우시오. (단, 돌연변이와 교차는 고려하지 않으며, A, a, B, b, D, d 각각의 1개당 DNA 상대량은 1이다.)

〈보 기〉
ㄱ. ㉡은 ☐이다. (* ☐는 A, B, d 중 하나)
ㄴ. (다)는 열성 형질이다.
ㄷ. 5와 6 사이에서 아이가 태어날 때, 이 아이에게서 (가)~(다) 중 한 가지 형질만 발현될 확률은 ☐이다.

## 16.
다음은 어떤 집안의 유전 형질 (가)와 (나)에 대한 자료이다.

○ (가)는 대립유전자 E와 e에 의해 결정되며, 유전자형이 다르면 표현형이 다르다. (가)의 3가지 표현형은 각각 ㉠, ㉡, ㉢이다.
○ (나)는 2쌍의 대립유전자 H와 h, T와 t에 의해 결정된다. (나)의 표현형은 유전자형에서 대문자로 표시되는 대립유전자의 수에 의해서만 결정되며, 이 대립유전자의 수가 다르면 표현형이 다르다.
○ (가)를 결정하는 유전자는 7번 염색체에, (나)를 결정하는 유전자 중 하나는 7번 염색체에, 다른 하나는 X 염색체에 있다.
○ 가계도는 ⓐ와 ⓑ를 제외한 구성원 1~8에게서 발현된 (가)의 표현형을 나타낸 것이다.

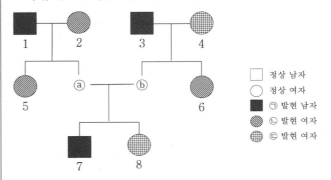

| | |
|---|---|
| ☐ | 정상 남자 |
| ○ | 정상 여자 |
| ■ | ㉠ 발현 남자 |
| ◩ | ㉡ 발현 여자 |
| ⊞ | ㉢ 발현 여자 |

○ $\dfrac{3, 4, ⓑ, 6, 7 \text{ 각각의 체세포 1개당 H와 T의 DNA 상대량을 더한 값}}{1, ⓐ, ⓑ, 7, 8 \text{ 각각의 체세포 1개당 E의 DNA 상대량을 더한 값}}$ $= \dfrac{2}{3}$ 이다.
○ 체세포 1개당 t의 DNA 상대량은 ⓐ가 ⓑ보다 크다.

☐에 알맞은 말을 채우시오. (단, 돌연변이와 교차는 고려하지 않으며, E, e, H, h, T, t 각각의 1개당 DNA 상대량은 1이다.)

〈보 기〉
ㄱ. 유전자형이 Ee인 사람의 표현형은 ☐이다.
(* ☐는 ㉠~㉢ 중 하나)
ㄴ. 7에서 체세포 1개당 t의 DNA 상대량은 ☐이다.
ㄷ. 8의 동생이 태어날 때, 이 아이의 (가)와 (나)에 대한 표현형이 ⓑ와 같을 확률은 ☐이다.

# 돌연변이

세상에 믿을 사람 아무도 없다더니, 정말인가 보다.

무슨 일이 있던 건 아닐까, 하는 마음에 샛별이가 타는 버스 정류장에 가 아침부터 저녁까지 기다려도 결국 오지 않았다.

그렇게 몇날 며칠을 기다렸는데, 우연히 웃으며 친구랑 걸어다니는 샛별이를 봤다.

샛별이한테 난 정말 아무것도 아닌 사람이었나보다.

허탈한 감정만 들고, 화도 나지 않았다.


그렇게 집으로 갔고, 2학기 생활은 시체처럼 보냈다.

"오빠! 이제 그만 힘들어하면 안 돼요?"

"넌 내가 힘들어하는 걸로 보여? 그냥 허탈한 거야."

"오빠는 왜 제 생각은 안 해줘요?"

"내가 너 생각을 왜 해야 하는데?"

"와.. 그런 말 하는 거 되게 상처되는 거 알아요?

전 하루 종일 오빠만 생각하는데 너무한 거 아니에요?"

"너 그런 식으로 말하는 거 좀 고쳐. 남들이 들으면 오해해."

"오해한다는 게 무슨 말이에요?"

"나 정도 되니까 이러는 거지, 다른 애들이었으면 너가 나 좋아한다고 생각할 정도라고. 선 좀 지켜."

"오빠 진짜 바보에요? 누가봐도 제가 오빠 좋아해서 이러는 거잖아요."


?

음.

가빈이가 날 좋아한다고 한다.

① 돌연변이 조건을 정독하는 습관을 들이시기 바랍니다.

비분리가 1회 일어나 형성된 '정자'라는 표현을 보고, 아버지에게서 돌연변이가 일어났음을 놓치거나
'핵형이 정상인 아이'가 태어났다는 표현을 읽지 못한 채로 풀거나 하면 당연히 답을 낼 수가 없습니다.

특히, 핵형이 정상인 아이라는 표현이 있다면,
돌연변이로 태어난 아이지만, 그 아이는 정상인이므로 유전자형을 그대로 쓸 수 있다는 점이 핵심이 될 때가 매우 많습니다.


② 비분리 문항을 풀 때는 비분리가 일어나는 과정을 떠올리고 있으면 안 됩니다.

비분리가 일어나는 과정을 생각해보면, 유전자형이 Aa인 사람이 생식 세포를 형성할 때
1. 감수 1분열 비분리가 1회 일어나 '염색체 수가 비정상적인' 생식세포가 형성됨
→ 생식세포에는 Aa 또는 아예 없음
2. 감수 2분열 비분리가 1회 일어나 '염색체 수가 비정상적인' 생식세포가 형성됨
→ 생식세포에는 AA 또는 aa 또는 아예 없음

이 내용을 간단히,
1분열이면 상동 염색체를 모두 주거나 아무것도 안 줌
2분열이면 같은 문자를 2개 주거나 아무것도 안 줌
정도로 기억해두시고, 문제를 풀 때는 과정을 생각하시면 안 됩니다.
(* 물론, 필요하다면 과정을 생각할 수는 있어야 합니다.)

또한, 위 내용 중 특수한 상황으로 아래의 경우가 있습니다.

아버지와 어머니가 생식세포를 형성할 때,
'성'염색체에서 비분리가 각각 1회씩 일어나 핵형이 정상인 아이가 태어남
1. 아들 → 아버지에게 XY를 모두 받고, 어머니에게 아무것도 안 받는 경우만 가능 → 아버지와 아들은 표현형이 같을 수밖에 없음
2. 딸 → 아버지와 어머니 모두와 표현형이 다른 딸이 태어남 → 어머니에게서 2분열 비분리가 일어난 경우만 가능

이 부분은 특수한 상황으로 자주 나오니 알고 계시는 게 좋습니다.

③ 유전자 돌연변이를 제외하면, 돌연변이는 없던 유전자가 생기는 게 아닙니다.
(* 염색체 돌연변이 : 비분리, 결실, 전좌, 중복, 역위 / 유전자 돌연변이 : A가 a로 바뀌는~ 이런 돌연변이)

자녀 중 우성 유전자를 갖고 있는 아이가 있다면, 부모 중 적어도 한 명은 우성 유전자를 반드시 가져야 합니다.
어떤 사람이 A를 1개 갖고 있었다면, 돌연변이가 100번이 일어나도 그 사람은 A를 2개까지만 가질 수 있습니다.

부모 모두와 다른 표현형인 자녀의 표현형은 열성이다.
위 명제도 염색체 돌연변이일 때는 모두 사용해도 됩니다. 단, 유전자 돌연변이일 때는 쓰면 안 됩니다.
핵형이 정상이라는 조건은 없어도 됩니다.

이유는 간단합니다.
부모의 표현형이 병이었을 때, 정상 표현형인 아이가 태어나려면 돌연변이를 고려하더라도 '정상' 유전자를 부모 중 적어도 한 명에게는 받아야 합니다.
그런데 부모의 표현형이 모두 병이었으므로 정상이 열성 유전자임을 알 수 있습니다.

이런 식으로 유전자 돌연변이를 제외하면, 돌연변이는 없던 유전자가 생기는 게 아니므로,
특정 유전자를 가져야만 한다는 논리를 쓸 수 있고, 이를 통해 풀이가 전행되는 경우가 굉장히 많습니다.
꼭 인지해두시기 바랍니다.


④ 돌연변이 문제는 보통 2~3명 중 한 명이 돌연변이이고, 이때 그 사람을 찾는 식으로 출제되는 경우가 많습니다.
이때 해당 사람들이 모두 같은 표현형이거나, 같은 유전자를 '공통적으로' 갖는 경우가 많습니다.
이 부분을 활용하면 귀류법을 사용하지 않고 풀 수 있거나, 호흡이 짧아지는 경우가 많으므로 인지해두시기 바랍니다.
(* 대표적으로 25번(18학년도 수능 19번), 26번(22학년도 9월 19번) 문항들이 있습니다. 이외에도 많습니다.)

# PART 1

72문항

## 01.

다음은 철수네 가족 구성원의 유전병 ㉠과 적록 색맹에 대한 자료이다.

○ 유전병 ㉠은 성염색체에 있는 대립유전자 A와 A*에 의해 결정되며, A는 A*에 대해 완전 우성이다.
○ 적록 색맹은 대립유전자 B와 B*에 의해 결정되며, B는 정상 유전자이고, B*는 색맹 유전자이다.
○ 철수네 가족 구성원은 아버지, 어머니, 형, 철수이고, 이들의 핵형은 모두 정상이다.
○ 부모의 생식세포 형성 시 비분리가 일어난 정자 ⓐ와 비분리가 일어난 난자가 수정되어 남자인 철수가 태어났다. 이때 비분리는 각각 성염색체에서만 1회씩 일어났다.
○ 형은 유전병 ㉠을 나타내며, 어머니와 철수는 유전병 ㉠을 나타내지 않는다.
○ 철수는 적록 색맹이며, 어머니와 형은 정상이다.

이에 대한 설명으로 옳은 것만을 〈보기〉에서 있는 대로 고른 것은? (단, 제시된 염색체 비분리 이외의 다른 돌연변이와 교차는 고려하지 않는다.)

─── 〈보 기〉 ───
ㄱ. 아버지는 유전병 ㉠을 나타내지 않는다.
ㄴ. 어머니는 A*와 B*가 같이 있는 X 염색체를 가지고 있다.
ㄷ. 감수 1분열에서 비분리가 일어나 정자 ⓐ가 만들어졌다.

① ㄱ     ② ㄴ     ③ ㄱ, ㄷ     ④ ㄴ, ㄷ     ⑤ ㄱ, ㄴ, ㄷ

## 02.

다음은 철수네 가족의 어떤 유전병에 대한 자료이다.

○ 이 유전병은 대립유전자 H와 H*에 의해 결정되며, H는 H*에 대해 완전 우성이다.
○ 표는 철수네 가족 구성원의 유전병 유무를 나타낸 것이다.

| 구성원 | 어머니 | 아버지 | 형 | 누나 | 철수 |
|---|---|---|---|---|---|
| 유전병 | 없음 | 있음 | 없음 | 있음 | 있음 |

○ 철수네 가족 구성원의 핵형은 모두 정상이다.
○ 어머니와 아버지는 각각 H와 H* 중 한 종류만 갖고 있다.
○ 난자 ⓐ와 정자 ⓑ가 수정되어 철수가 태어났고, ⓐ와 ⓑ의 형성 과정 중 염색체 비분리는 각각 1회씩 일어났다.

이에 대한 설명으로 옳은 것만을 〈보기〉에서 있는 대로 고른 것은? (단, 제시된 염색체 비분리 이외의 돌연변이와 교차는 고려하지 않는다.)

─── 〈보 기〉 ───
ㄱ. 어머니는 H를 갖고 있다.
ㄴ. ⓐ에는 H와 H*가 모두 없다.
ㄷ. ⓑ에서 $\dfrac{\text{상염색체 수}}{\text{성염색체 수}} = 22$이다.

① ㄱ     ② ㄴ     ③ ㄷ     ④ ㄱ, ㄴ     ⑤ ㄴ, ㄷ

## 03. 다음은 영희네 가족의 유전병 ㉠에 대한 자료이다.

○ ㉠은 X 염색체에 있는 대립유전자 R와 r에 의해 결정되며, R은 r에 대해 완전 우성이다.
○ 영희네 가족 구성원은 아버지, 어머니, 오빠, 영희이다.
○ 부모에게서 ㉠이 나타나지 않고, 오빠와 영희에게서 ㉠이 나타난다.
○ 오빠와 영희에게서 염색체 수 이상이 나타나고, 체세포 1개당 X 염색체 수는 오빠가 영희보다 많다.
○ 오빠와 영희가 태어날 때 각각 부모 중 한 사람의 감수 분열에서 성염색체 비분리가 1회 일어났다.

이에 대한 설명으로 옳은 것만을 〈보기〉에서 있는 대로 고른 것은? (단, 제시된 염색체 비분리 이외의 돌연변이와 교차는 고려하지 않는다.)

─── 〈보 기〉 ───
ㄱ. 오빠는 감수 1분열에서 염색체 비분리가 일어나 형성된 난자가 수정되어 태어났다.
ㄴ. 영희가 태어날 때 아버지의 감수 분열에서 염색체 비분리가 일어났다.
ㄷ. 체세포 1개당 r의 수는 어머니가 영희보다 많다.

① ㄴ　　② ㄷ　　③ ㄱ, ㄴ　　④ ㄱ, ㄷ　　⑤ ㄴ, ㄷ

## 04. 다음은 철수네 가족의 유전병 (가)에 대한 자료이다.

○ 유전병 (가)는 정상 유전자 T와 유전병 유전자 T*에 의해 결정되며, 대립유전자 T와 T*는 성염색체에 있다.
○ 성염색체 비분리가 1회 일어난 난자 ㉠과 염색체 비분리가 일어나지 않은 정자의 수정으로 남자인 철수가 태어났다.
○ 표는 철수네 가족의 유전병 (가)의 유무, 체세포 1개당 성염색체 수, 체세포 1개당 T*의 DNA 상대량을 나타낸 것이다.

| 구분 | 유전병 (가)의 유무 | 성염색체 수 | T*의 DNA 상대량 |
|---|---|---|---|
| 아버지 | 없음 | 2 | 0 |
| 어머니 | 없음 | 2 | 1 |
| 철수 | 있음 | 3 | 2 |

이에 대한 설명으로 옳은 것만을 〈보기〉에서 있는 대로 고른 것은? (단, 제시된 염색체 비분리 이외의 다른 돌연변이와 교차는 고려하지 않는다.)

─── 〈보 기〉 ───
ㄱ. 철수는 클라인펠터 증후군이다.
ㄴ. 대립유전자 T는 T*에 대해 우성이다.
ㄷ. 난자 ㉠의 형성 과정 중 성염색체 비분리는 감수 1분열에서 일어났다.

① ㄱ　　② ㄷ　　③ ㄱ, ㄴ　　④ ㄴ, ㄷ　　⑤ ㄱ, ㄴ, ㄷ

## 05.
다음은 영희네 가족의 어떤 유전병에 대한 자료이다.

○ 이 유전병은 정상 대립유전자 A와 유전병 대립유전자 a에 의해 결정되며, A는 a에 대해 완전 우성이다.
○ 아버지와 어머니는 각각 A와 a 중 한 가지만 가진다.
○ 표는 영희네 가족 구성원의 유전병 유무를 나타낸 것이다.

| 구분 | 아버지 | 어머니 | 오빠 | 영희 | 남동생 |
|---|---|---|---|---|---|
| 유전병 | × | ○ | ○ | × | × |

(○ : 있음, × : 없음)

○ 감수 분열 시 ㉠ 염색체 비분리가 1회 일어나 형성된 정자가 정상 난자와 수정되어 남동생이 태어났으며, 남동생의 성염색체는 XXY이다.

이에 대한 옳은 설명만을 〈보기〉에서 있는 대로 고른 것은? (단, 제시된 돌연변이 이외의 다른 돌연변이는 고려하지 않는다.)

───── 〈보 기〉 ─────
ㄱ. 이 유전병 유전자는 상염색체에 있다.
ㄴ. 오빠와 남동생의 체세포 1개당 a의 상대량은 같다.
ㄷ. ㉠은 감수 2분열에서 일어났다.

① ㄱ  　② ㄴ  　③ ㄷ  　④ ㄱ, ㄴ  　⑤ ㄴ, ㄷ

## 06.
다음은 유전병 (가)와 적록 색맹에 대한 자료이다.

○ 유전병 (가)는 대립유전자 A와 a에 의해 결정되며, A는 a에 대해 완전 우성이다.
○ 유전병 (가)인 여성의 아들은 반드시 유전병 (가)이다.
○ 그림은 유전병 (가)와 적록 색맹에 대한 어떤 집안의 가계도이다.

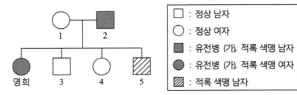

□ : 정상 남자
○ : 정상 여자
■ : 유전병 (가), 적록 색맹 남자
● : 유전병 (가), 적록 색맹 여자
▨ : 적록 색맹 남자

○ 감수 분열 과정에서 ㉠ 염색체 비분리가 1회 일어나 생성된 생식세포가 정상 생식세포와 수정되어 터너 증후군인 영희가 태어났다.

이에 대한 설명으로 옳은 것만을 〈보기〉에서 있는 대로 고른 것은? (단, 제시된 염색체 비분리 이외의 다른 돌연변이와 교차는 고려하지 않는다.)

───── 〈보 기〉 ─────
ㄱ. ㉠은 2의 생식세포이다.
ㄴ. 1의 유전병 (가) 유전자형은 AA이다.
ㄷ. 4와 (가)와 적록 색맹이 모두 발현된 남자 사이에서 아이가 태어날 때, 이 아이가 (가)와 적록 색맹이 모두 발현된 아들일 확률은 $\frac{1}{4}$이다.

① ㄱ  　② ㄷ  　③ ㄱ, ㄴ  　④ ㄴ, ㄷ  　⑤ ㄱ, ㄴ, ㄷ

## 07.

다음은 어떤 집안의 유전 형질 ㉠과 ㉡에 대한 자료이다.

○ ㉠은 대립유전자 A와 A*에 의해, ㉡은 대립유전자 B와 B*에 의해 결정되며, 각 대립유전자 사이의 우열 관계는 분명하다.

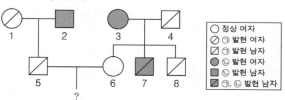

| | |
|---|---|
| ○ 정상 여자 | |
| ⊘ ㉠ 발현 여자 | |
| ⊠ ㉡ 발현 남자 | |
| ● ㉡ 발현 여자 | |
| ■ 발현 남자 | |
| ◪ ㉠, ㉡ 발현 남자 | |

○ 표는 구성원 1~4에서 체세포 1개당 A*와 B*의 DNA 상대량을 나타낸 것이다.

| 구성원 | A*의 DNA 상대량 | B*의 DNA 상대량 |
|---|---|---|
| 1 | 2 | 1 |
| 2 | 0 | 1 |
| 3 | 0 | 2 |
| 4 | 1 | 0 |

○ 염색체 비분리가 1회 일어난 정자 ⓐ와 정상 난자가 수정되어 체세포 1개당 염색체 수가 47개인 구성원 8이 태어났다.

이에 대한 설명으로 옳은 것만을 〈보기〉에서 있는 대로 고른 것은? (단, 제시된 염색체 비분리 이외의 다른 돌연변이와 교차는 고려하지 않는다.)

───── 〈보 기〉 ─────

ㄱ. A*는 상염색체에 존재한다.

ㄴ. ⓐ 형성 과정 중 염색체 비분리는 감수 2분열에서 일어났다.

ㄷ. 5와 6 사이에서 아이가 태어날 때, 이 아이에게서 ㉠과 ㉡이 모두 나타날 확률은 $\frac{1}{4}$이다.

① ㄱ  ② ㄴ  ③ ㄷ  ④ ㄱ, ㄴ  ⑤ ㄱ, ㄷ

---

## 08.

다음은 철수 가족의 유전병 (가)에 대한 자료이다.

○ 어머니와 아버지는 각각 정상 대립유전자 H와 유전병 (가) 대립유전자 H* 중 한 가지만 가지고 있고, H와 H*의 우열 관계는 분명하다.

○ 대립유전자 H와 H*의 DNA 상대량은 서로 같다.

○ 철수가 태어날 때 부모 중 한 사람의 생식세포 형성 과정에서만 염색체 비분리가 일어났고, 누나는 결실이 일어난 X 염색체를 1개 가지고 있다.

○ 표는 철수와 철수의 누나, 형, 여동생의 체세포에 들어 있는 X 염색체 수와 유전병 (가)의 유무를 나타낸 것이다.

| 구분 | X 염색체 수 | 유전병 (가) 유무 |
|---|---|---|
| 철수 | 2 | 없음 |
| 누나 | 2 | 없음 |
| 형 | 1 | 없음 |
| 여동생 | 2 | 있음 |

이에 대한 설명으로 옳은 것만을 〈보기〉에서 있는 대로 고른 것은? (단, 제시된 돌연변이 이외의 다른 돌연변이는 고려하지 않는다.)

───── 〈보 기〉 ─────

ㄱ. 어머니에게서 유전병 (가)가 발현된다.

ㄴ. 체세포 1개당 H의 DNA 상대량은 철수가 누나의 2배이다.

ㄷ. 감수 2분열에서 비분리가 일어나 형성된 정자가 수정되어 철수가 태어났다.

① ㄱ  ② ㄴ  ③ ㄷ  ④ ㄱ, ㄴ  ⑤ ㄴ, ㄷ

## 09.
다음은 5명으로 구성된 철수네 가족의 유전 형질 ㉠과 ㉡에 대한 자료이다.

○ ㉠은 대립유전자 A와 A*에 의해, ㉡은 대립유전자 B와 B*에 의해 결정되며, 각 대립유전자 사이의 우열 관계는 분명하다.
○ 표는 철수네 가족 구성원에서 ㉠과 ㉡이 발현된 모든 사람을, 그림은 아버지와 어머니의 체세포 1개당 A*, B, B*의 DNA 상대량을 나타낸 것이다.

| 구분 | 가족 구성원 |
|------|-------------|
| ㉠ 발현 | 어머니, 형 |
| ㉡ 발현 | 아버지, 누나, 철수 |

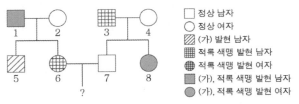

○ 감수 분열 시 성염색체 비분리가 1회 일어나 정자 ⓐ와 정상 난자가 수정되어 철수가 태어났다. 철수의 염색체 수는 47개이다.

이에 대한 설명으로 옳은 것만을 〈보기〉에서 있는 대로 고른 것은? (단, 제시된 염색체 비분리 이외의 돌연변이는 고려하지 않으며, A, A*, B, B* 각각의 1개당 DNA 상대량은 같다.)

── 〈보 기〉 ──
ㄱ. A는 A*에 대해 우성이다.
ㄴ. 철수의 형에서 ㉡의 유전자형은 동형 접합성이다.
ㄷ. ⓐ가 형성될 때 성염색체 비분리는 감수 2분열에서 일어났다.

① ㄱ    ② ㄷ    ③ ㄱ, ㄴ    ④ ㄴ, ㄷ    ⑤ ㄱ, ㄴ, ㄷ

---

## 10.
다음은 어떤 집안의 유전 형질 (가)와 적록 색맹에 대한 자료이다.

○ (가)는 대립유전자 A와 a에 의해, 적록 색맹은 대립유전자 B와 b에 의해 결정되며, A는 a에 대해, B는 b에 대해 각각 완전 우성이다.
○ (가)와 적록 색맹을 결정하는 유전자는 같은 염색체에 존재한다.

정상 남자 □
정상 여자 ○
(가) 발현 남자 ▨
적록 색맹 발현 남자 ▦
적록 색맹 발현 여자 ◉
(가), 적록 색맹 발현 남자 ■
(가), 적록 색맹 발현 여자 ●

○ 구성원 5는 클라인펠터 증후군을, 구성원 8은 터너 증후군을 나타낸다. 5와 8은 각각 부모 중 한 사람의 감수 분열에서 성염색체 비분리가 1회 일어나 형성된 생식세포가 정상 생식세포와 수정되어 태어났다.
○ 5에서 체세포 1개당 a와 B의 수는 같다.

이에 대한 설명으로 옳은 것만을 〈보기〉에서 있는 대로 고른 것은? (단, 제시된 염색체 비분리 이외의 돌연변이와 교차는 고려하지 않는다.)

── 〈보 기〉 ──
ㄱ. (가)는 우성 형질이다.
ㄴ. 성염색체 비분리는 2와 3의 감수 분열에서 일어났다.
ㄷ. 6과 7 사이에서 아이가 태어날 때, 이 아이에게서 (가)와 적록 색맹이 모두 발현될 확률은 $\frac{1}{2}$이다.

① ㄱ    ② ㄴ    ③ ㄷ    ④ ㄱ, ㄴ    ⑤ ㄴ, ㄷ

**11.** 다음은 어떤 집안의 유전 형질 ㉠과 ㉡에 대한 자료이다.

○ ㉠은 대립유전자 A와 A*에 의해, ㉡은 대립유전자 B와 B*에 의해 결정되며, 각 대립유전자 사이의 우열 관계는 분명하다.

○ ㉠과 ㉡을 결정하는 유전자는 같은 염색체에 존재한다.

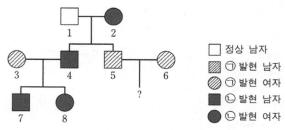

□ 정상 남자
▨ ㉠ 발현 남자
▧ ㉠ 발현 여자
■ ㉡ 발현 남자
● ㉡ 발현 여자

○ 3과 4 중 한 사람에게서만 감수 분열 시 염색체 비분리가 1회 일어나 염색체 수가 비정상적인 생식세포가 형성되었다. 이 생식세포가 정상 생식세포와 수정되어 태어난 사람은 7과 8 중 1명이다.

○ 표는 구성원 1, 2, 3, 4, 7, 8에서 체세포 1개당 A*와 B*의 DNA 상대량을 나타낸 것이다.

| 구성원 | | 1 | 2 | 3 | 4 | 7 | 8 |
|---|---|---|---|---|---|---|---|
| DNA 상대량 | A* | 0 | 1 | ? | ? | ⓐ | ⓑ |
| | B* | 0 | ? | ⓒ | ⓓ | ? | ? |

이에 대한 설명으로 옳은 것만을 〈보기〉에서 있는 대로 고른 것은? (단, 제시된 비분리 이외의 돌연변이와 교차는 고려하지 않으며, A, A*, B, B* 각각의 1개당 DNA 상대량은 같다.)

〈보 기〉
ㄱ. ⓐ+ⓑ+ⓒ+ⓓ=3이다.
ㄴ. 4의 감수 2분열 과정에서 염색체 비분리가 일어났다.
ㄷ. 5와 6 사이에서 아이가 태어날 때, 이 아이에게서 ㉠과 ㉡ 중 ㉠만 발현될 확률은 $\frac{1}{2}$이다.

① ㄱ  ② ㄴ  ③ ㄱ, ㄴ  ④ ㄱ, ㄷ  ⑤ ㄴ, ㄷ

**12.** 다음은 어떤 집안의 유전 형질 ㉠과 ㉡에 대한 자료이다.

○ ㉠은 대립유전자 A와 A*에 의해, ㉡은 대립유전자 B와 B*에 의해 결정된다. A는 A*에 대해, B는 B*에 대해 각각 완전 우성이다.

○ ㉠의 유전자와 ㉡의 유전자는 같은 염색체에 있다.

○ 가계도는 구성원 1~8에게서 ㉠과 ㉡의 발현 여부를 나타낸 것이다.

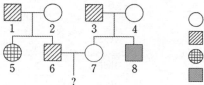

○ 정상 여자
▨ ㉠ 발현 남자
⊞ ㉡ 발현 여자
◼ ㉠, ㉡ 발현 남자

○ 1~8의 핵형은 모두 정상이다.

○ 5와 8 중 한 명은 정상 난자와 정상 정자가 수정되어 태어났다. 나머지 한 명은 염색체 수가 비정상적인 난자와 염색체 수가 비정상적인 정자가 수정되어 태어났으며, ⓐ의 난자와 정자의 형성 과정에서 각각 염색체 비분리가 1회 일어났다.

○ $\dfrac{1,\ 2,\ 6\ \text{각각의 체세포 1개당 A*의 DNA 상대량을 더한 값}}{3,\ 4,\ 7\ \text{각각의 체세포 1개당 A*의 DNA 상대량을 더한 값}}=1$ 이다.

이에 대한 설명으로 옳은 것만을 〈보기〉에서 있는 대로 고른 것은? (단, 제시된 염색체 비분리 이외의 돌연변이와 교차는 고려하지 않으며, A와 A* 각각의 1개당 DNA 상대량은 1이다.)

〈보 기〉
ㄱ. ㉠은 우성 형질이다.
ㄴ. ⓐ의 형성 과정에서 염색체 비분리는 감수 2분열에서 일어났다.
ㄷ. 6과 7 사이에서 아이가 태어날 때, 이 아이에게서 ㉠과 ㉡ 중 ㉠만 발현될 확률은 $\frac{1}{4}$이다.

① ㄱ  ② ㄴ  ③ ㄷ  ④ ㄱ, ㄴ  ⑤ ㄴ, ㄷ

## 13.
다음은 영희네 가족의 유전 형질 ⓐ, ⓑ와 적록 색맹에 대한 자료이다.

- ⓐ는 대립유전자 A와 A*에 의해, ⓑ는 대립유전자 B와 B*에 의해 결정되며, 각 대립유전자 사이의 우열 관계는 분명하다.
- 그림은 영희네 가족 구성원에서 체세포 1개당 A*와 B*의 DNA 상대량을, 표는 ⓐ, ⓑ, 적록 색맹의 발현 여부를 나타낸 것이다.

| 구성원 | 형질 ⓐ | 형질 ⓑ | 적록 색맹 |
|---|---|---|---|
| 아버지 | ○ | × | × |
| 어머니 | × | ○ | ○ |
| 오빠 | ○ | ○ | ? |
| 영희 | ○ | × | ? |
| 남동생 | ○ | × | ? |

(○ : 발현됨, × : 발현 안 됨)

- 감수 분열 시 염색체 비분리가 1회 일어나 형성된 정자와 정상 난자가 수정되어 영희의 남동생이 태어났다. 남동생의 염색체 수는 47개이다.

이에 대한 설명으로 옳은 것만을 〈보기〉에서 있는 대로 고른 것은? (단, 제시된 염색체 비분리 이외의 돌연변이와 교차는 고려하지 않으며, A, A*, B, B* 각각의 1개당 DNA 상대량은 같다.)

〈보 기〉
ㄱ. A*는 A에 대해 우성이다.
ㄴ. 영희의 남동생은 적록 색맹이다.
ㄷ. ⓐ와 ⓑ 중 ⓑ만 발현된 적록 색맹 남자와 영희 사이에서 아이가 태어날 때, 이 아이에게서 ⓐ, ⓑ, 적록 색맹이 모두 발현될 확률은 $\frac{1}{4}$ 이다.

① ㄱ  ② ㄴ  ③ ㄱ, ㄴ  ④ ㄱ, ㄷ  ⑤ ㄴ, ㄷ

## 14.
다음은 어떤 가족의 유전 형질 (가)와 (나)에 대한 자료이다.

- (가)는 대립유전자 A와 a에 의해, (나)는 대립유전자 B와 b에 의해 결정된다. A는 a에 대해, B는 b에 대해 각각 완전 우성이다.
- (가)와 (나)를 결정하는 유전자 중 1개는 X 염색체에, 나머지 1개는 상염색체에 존재한다.
- 표는 이 가족 구성원의 성별과 체세포 1개당 A와 B의 DNA 상대량을 나타낸 것이다.

| 구성원 | 성별 | A | B |
|---|---|---|---|
| 아버지 | 남 | ? | 1 |
| 어머니 | 여 | 0 | ? |
| 자녀1 | 남 | ? | 1 |
| 자녀2 | 여 | ? | 0 |
| 자녀3 | 남 | 2 | 2 |

- 부모의 생식세포 형성 과정 중 한 명에게서 대립유전자 ㉠이 대립유전자 ㉡으로 바뀌는 돌연변이가 1회 일어나 ㉡을 갖는 생식세포가, 나머지 한 명에게서 ⓐ 염색체 비분리가 1회 일어나 염색체 수가 비정상적인 생식세포가 형성되었다. 이 두 생식세포가 수정되어 클라인펠터 증후군을 나타내는 자녀 3이 태어났다. ㉠과 ㉡은 각각 A, a, B, b 중 하나이다

이에 대한 설명으로 옳은 것만을 〈보기〉에서 있는 대로 고른 것은? (단, 제시된 돌연변이 이외의 돌연변이는 고려하지 않으며, A, a, B, b 각각의 1개당 DNA 상대량은 1이다.)

〈보 기〉
ㄱ. ㉡은 A이다.
ㄴ. ⓐ가 형성될 때 염색체 비분리는 감수 2분열에서 일어났다.
ㄷ. 체세포 1개당 $\frac{a의\ DNA\ 상대량}{b의\ DNA\ 상대량}$ 은 자녀 1이 자녀 2보다 크다.

① ㄴ  ② ㄷ  ③ ㄱ, ㄴ  ④ ㄱ, ㄷ  ⑤ ㄱ, ㄴ, ㄷ

## 15.
다음은 철수네 가족의 유전 형질 (가)와 (나)에 대한 자료이다.

- (가)는 대립유전자 A와 A*에 의해, (나)는 대립유전자 B와 B*에 의해 결정되며, 각 대립유전자 사이의 우열 관계는 분명하다.
- 표는 철수네 가족 구성원에서 (가)와 (나)의 발현 여부와 체세포 1개당 A*와 B*의 DNA 상대량을 나타낸 것이다. 구성원 ⊙~ⓒ은 아버지, 어머니, 누나를 순서 없이 나타낸 것이다.

| 구성원 | 유전 형질 | | DNA 상대량 | |
|---|---|---|---|---|
| | (가) | (나) | A* | B* |
| ⊙ | × | ○ | 1 | 1 |
| ⓒ | ○ | × | 2 | 0 |
| ⓒ | ○ | ○ | 1 | 1 |
| 형 | ○ | × | 1 | 0 |
| 철수 | × | ○ | 1 | 2 |

(○ : 발현됨, × : 발현 안 됨)

- 감수 분열 시 염색체 비분리가 1회 일어난 정자 ⓐ가 정상 난자와 수정되어 철수가 태어났다. 철수의 체세포 1개당 염색체 수는 47개이다.

이에 대한 설명으로 옳은 것만을 〈보기〉에서 있는 대로 고른 것은? (단, 제시된 염색체 비분리 이외의 돌연변이와 교차는 고려하지 않으며, A, A*, B, B* 각각의 1개당 DNA 상대량은 같다.)

〈보 기〉
ㄱ. (나)의 유전자는 상염색체에 있다.
ㄴ. 누나는 어머니에게서 A*와 B를 물려받았다.
ㄷ. ⓐ가 형성될 때 염색체 비분리는 감수 2분열에서 일어났다.

① ㄱ　　② ㄴ　　③ ㄷ　　④ ㄱ, ㄴ　　⑤ ㄱ, ㄴ, ㄷ

## 16.
다음은 어떤 가족의 유전 형질 (가)와 (나)에 대한 자료이다.

- (가)는 대립유전자 A와 a에 의해, (나)는 대립유전자 B와 b에 의해 결정된다. A는 a에 대해, B는 b에 대해 각각 완전 우성이다.
- (가)를 결정하는 유전자와 (나)를 결정하는 유전자 중 하나는 X 염색체에 존재한다.
- 표는 이 가족 구성원의 성별, 체세포 1개에 들어 있는 대립유전자 A와 b의 DNA 상대량, 유전 형질 (가)와 (나)의 발현 여부를 나타낸 것이다. ⊙~ⓜ은 아버지, 어머니, 자녀 1, 자녀 2, 자녀 3을 순서 없이 나타낸 것이다.

| 구성원 | 성별 | DNA 상대량 | | 유전 형질 | |
|---|---|---|---|---|---|
| | | A | b | (가) | (나) |
| ⊙ | 남 | 2 | 1 | × | ○ |
| ⓒ | 여 | 1 | 2 | × | × |
| ⓒ | 남 | 1 | 0 | × | × |
| ⓔ | 여 | 2 | 1 | × | ○ |
| ⓜ | 남 | 0 | 1 | ○ | × |

(○ : 발현됨, × : 발현 안 됨)

- 감수 분열 시 부모 중 한 사람에게서만 염색체 비분리가 1회 일어나 ⓐ 염색체 수가 비정상적인 생식세포가 형성되었다. ⓐ가 정상 생식세포와 수정되어 자녀 3이 태어났다. 자녀 3을 제외한 나머지 구성원의 핵형은 모두 정상이다.

이에 대한 설명으로 옳은 것만을 〈보기〉에서 있는 대로 고른 것은? (단, 제시된 염색체 비분리 이외의 돌연변이와 교차는 고려하지 않으며, A, a, B, b 각각의 1개당 DNA 상대량은 1이다.)

〈보 기〉
ㄱ. 아버지와 어머니는 (가)에 대한 유전자형이 같다.
ㄴ. 자녀 3은 터너 증후군을 나타낸다.
ㄷ. ⓐ가 형성될 때 감수 1분열에서 염색체 비분리가 일어났다.

① ㄱ　　② ㄴ　　③ ㄱ, ㄷ　　④ ㄴ, ㄷ　　⑤ ㄱ, ㄴ, ㄷ

**17.** 다음은 어떤 가족의 유전 형질 (가)와 (나)에 대한 자료이다.

○ (가)는 대립유전자 A와 A*에 의해, (나)는 대립유전자 B와 B*에 의해 결정되며, 각 대립유전자 사이의 우열 관계는 분명하다.
○ (가)와 (나)의 유전자 중 하나는 상염색체에, 나머지 하나는 X 염색체에 있다.
○ 표는 이 가족 구성원의 (가)와 (나)의 발현 여부와 A, A*, B, B*의 유무를 나타낸 것이다.

| 구성원 | 형질 | | 대립유전자 | | | |
|---|---|---|---|---|---|---|
| | (가) | (나) | A | A* | B | B* |
| 아버지 | − | + | × | ○ | ○ | × |
| 어머니 | + | − | ○ | ? | ? | ○ |
| 형 | + | − | ? | ○ | × | ○ |
| 누나 | − | + | × | ○ | ○ | ? |
| ㉠ | + | + | ○ | ? | ? | ○ |

(+ : 발현됨, − : 발현 안 됨, ○ : 있음, × : 없음)

○ 감수 분열 시 부모 중 한 사람에게서만 염색체 비분리가 1회 일어나 ⓐ 염색체 수가 비정상적인 생식세포가 형성되었다. ⓐ가 정상 생식세포와 수정되어 태어난 ㉠에게서 클라인펠터 증후군이 나타난다. ㉠을 제외한 나머지 구성원의 핵형은 모두 정상이다.

이에 대한 설명으로 옳은 것만을 〈보기〉에서 있는 대로 고른 것은? (단, 제시된 염색체 비분리 이외의 돌연변이와 교차는 고려하지 않는다.)

─── 〈보 기〉 ───
ㄱ. (가)의 유전자는 X 염색체에 있다.
ㄴ. ⓐ는 감수 1분열에서 성염색체 비분리가 일어나 형성된 정자이다.
ㄷ. ㉠의 동생이 태어날 때, 이 아이에게서 (가)와 (나)가 모두 발현될 확률은 $\frac{1}{4}$이다.

① ㄱ  ② ㄴ  ③ ㄱ, ㄷ  ④ ㄴ, ㄷ  ⑤ ㄱ, ㄴ, ㄷ

**18.** 다음은 어떤 가족의 유전 형질 (가)와 (나)에 대한 자료이다.

○ (가)는 대립유전자 A와 a에 의해, (나)는 대립유전자 B와 b에 의해 결정된다. A는 a에 대해, B는 b에 대해 각각 완전 우성이다.
○ (가)와 (나)의 유전자는 모두 X 염색체에 있다.
○ 표는 가족 구성원의 성별, (가)와 (나)의 발현 여부를 나타낸 것이다.

| 구분 | 아버지 | 어머니 | 자녀 1 | 자녀 2 | 자녀 3 |
|---|---|---|---|---|---|
| 성별 | 남 | 여 | 여 | 남 | 남 |
| (가) | ? | × | ○ | ○ | × |
| (나) | ○ | × | ○ | × | ○ |

(○ : 발현됨, × : 발현 안 됨)

○ 성염색체 비분리가 1회 일어나 형성된 생식세포 ㉠과 정상 생식세포가 수정되어 자녀 3이 태어났다.

이에 대한 옳은 설명만을 〈보기〉에서 있는 대로 고른 것은? (단, 제시된 돌연변이 이외의 돌연변이와 교차는 고려하지 않는다.)

─── 〈보 기〉 ───
ㄱ. 아버지에게서 (가)가 발현되었다.
ㄴ. (나)는 우성 형질이다.
ㄷ. ㉠의 형성 과정에서 성염색체 비분리는 감수 1분열에서 일어났다.

① ㄱ  ② ㄷ  ③ ㄱ, ㄴ  ④ ㄴ, ㄷ  ⑤ ㄱ, ㄴ, ㄷ

**19.** 다음은 어떤 가족의 유전 형질 (가)에 대한 자료이다.

○ (가)는 상염색체에 있는 한 쌍의 대립유전자에 의해 결정되며, 대립유전자에는 D, E, F가 있다.
○ D는 E, F에 대해, E는 F에 대해 각각 완전 우성이다.
○ 표는 이 가족 구성원의 (가)의 3가지 표현형 ⓐ~ⓒ와 체세포 1개당 ㉠~㉢의 DNA 상대량을 나타낸 것이다. ㉠, ㉡, ㉢은 D, E, F를 순서 없이 나타낸 것이다.

| 구성원 | | 아버지 | 어머니 | 자녀 1 | 자녀 2 | 자녀 3 |
|---|---|---|---|---|---|---|
| 표현형 | | ⓐ | ⓑ | ⓐ | ⓑ | ⓒ |
| DNA 상대량 | ㉠ | 1 | 1 | 0 | 2 | 2 |
| | ㉡ | 1 | 0 | ? | 0 | ? |
| | ㉢ | 0 | ? | 1 | ? | 0 |

○ 정상 난자와 생식세포 형성 과정에서 염색체 비분리가 1회 일어나 형성된 정자 P가 수정되어 자녀 ㉮가 태어났다. ㉮는 자녀 1~3 중 하나이다.

이에 대한 설명으로 옳은 것만을 〈보기〉에서 있는 대로 고른 것은? (단, 제시된 염색체 비분리 이외의 돌연변이와 교차는 고려하지 않으며, D, E, F 각각의 1개당 DNA 상대량은 1이다.)

─── 〈보 기〉 ───
ㄱ. ㉡은 D이다.
ㄴ. 자녀 2에서 체세포 1개당 ㉢의 DNA 상대량은 0이다.
ㄷ. P가 형성될 때 염색체 비분리는 감수 1분열에서 일어났다.

① ㄱ ② ㄴ ③ ㄱ, ㄷ ④ ㄴ, ㄷ ⑤ ㄱ, ㄴ, ㄷ

**20.** 다음은 어떤 가족의 ABO식 혈액형과 유전 형질 (가), (나)에 대한 자료이다.

○ (가)는 대립유전자 H와 h에 의해, (나)는 대립유전자 T와 t에 의해 결정된다. H는 h에 대해, T는 t에 대해 각각 완전 우성이다.
○ (가)의 유전자와 (나)의 유전자 중 하나는 ABO식 혈액형 유전자와 같은 염색체에 있고, 나머지 하나는 X 염색체에 있다.
○ 표는 구성원의 성별, ABO식 혈액형과 (가), (나)의 발현 여부를 나타낸 것이다.

| 구성원 | 성별 | 혈액형 | (가) | (나) |
|---|---|---|---|---|
| 아버지 | 남 | A형 | × | × |
| 어머니 | 여 | B형 | × | ○ |
| 자녀 1 | 남 | AB형 | ○ | × |
| 자녀 2 | 여 | B형 | ○ | × |
| 자녀 3 | 여 | A형 | × | ○ |

(○: 발현됨, ×: 발현 안 됨)

○ 아버지와 어머니 중 한 명의 생식세포 형성 과정에서 대립유전자 ㉠이 대립유전자 ㉡으로 바뀌는 돌연변이가 1회 일어나 ㉡을 갖는 생식세포가 형성되었다. 이 생식세포가 정상 생식세포와 수정되어 자녀 1이 태어났다. ㉠과 ㉡은 (가)와 (나) 중 한 가지 형질을 결정하는 서로 다른 대립유전자이다.

이에 대한 설명으로 옳은 것만을 〈보기〉에서 있는 대로 고른 것은? (단, 제시된 돌연변이 이외의 돌연변이와 교차는 고려하지 않는다.)

─── 〈보 기〉 ───
ㄱ. (나)는 열성 형질이다.
ㄴ. ㉠은 H이다.
ㄷ. 자녀 3의 동생이 태어날 때, 이 아이의 혈액형이 O형이면서 (가)와 (나)가 모두 발현되지 않을 확률은 $\frac{1}{8}$이다.

① ㄱ ② ㄴ ③ ㄷ ④ ㄱ, ㄴ ⑤ ㄴ, ㄷ

**21.** 다음은 어떤 가족의 유전 형질 (가)와 (나)에 대한 자료이다.

○ (가)는 대립유전자 A와 a에 의해 결정되며, 유전자형이 다르면 표현형이 다르다.
○ (나)는 1쌍의 대립유전자에 의해 결정되며 대립유전자에는 B, D, E, F가 있다. B, D, E, F 사이의 우열 관계는 분명하다.
○ (나)의 표현형은 4가지이며, ㉠, ㉡, ㉢, ㉣이다.
○ (나)에서 유전자형이 BF, DF, EF, FF인 개체의 표현형은 같고, 유전자형이 BE, DE, EE인 개체의 표현형은 같고, 유전자형이 BD, DD인 개체의 표현형은 같다.
○ (가)와 (나)의 유전자는 같은 상염색체에 있다.
○ 표는 아버지, 어머니, 자녀 Ⅰ～Ⅳ에서 (나)에 대한 표현형과 체세포 1개당 A의 DNA 상대량을 나타낸 것이다.

| 구분 | 아버지 | 어머니 | 자녀 Ⅰ | 자녀 Ⅱ | 자녀 Ⅲ | 자녀 Ⅳ |
|---|---|---|---|---|---|---|
| (나)에 대한 표현형 | ㉠ | ㉡ | ㉠ | ㉠ | ㉢ | ㉣ |
| A의 DNA 상대량 | ? | 1 | 2 | ? | 1 | 0 |

○ 자녀 Ⅳ는 생식세포 형성 과정에서 대립유전자 ⓐ가 결실된 염색체를 가진 정자와 정상 난자가 수정되어 태어났다. ⓐ는 B, D, E, F 중 하나이다.

이에 대한 설명으로 옳은 것만을 〈보기〉에서 있는 대로 고른 것은? (단, 제시된 돌연변이 이외의 돌연변이와 교차는 고려하지 않으며, A, a 각각의 1개당 DNA 상대량은 1이다.)

〈보 기〉
ㄱ. ⓐ는 E이다.
ㄴ. 자녀 Ⅱ의 (가)에 대한 유전자형은 aa이다.
ㄷ. 자녀 Ⅳ의 동생이 태어날 때, 이 아이의 (가)와 (나)에 대한 표현형이 모두 아버지와 같을 확률은 $\frac{1}{4}$이다.

① ㄱ  ② ㄴ  ③ ㄷ  ④ ㄱ, ㄴ  ⑤ ㄱ, ㄷ

**22.** 다음은 어떤 가족의 ABO식 혈액형과 적록 색맹에 대한 자료이다.

○ 표는 구성원의 성별과 각각의 혈청을 자녀 1의 적혈구와 혼합했을 때 응집 여부를 나타낸 것이다. ⓐ와 ⓑ는 각각 '응집됨'과 '응집 안 됨' 중 하나이다.
○ 아버지, 어머니, 자녀 2, 자녀 3의 ABO식 혈액형은 서로 다르고, 자녀 1의 ABO식 혈액형은 A형이다.
○ 구성원의 핵형은 모두 정상이다.
○ 구성원 중 자녀 2만 적록 색맹이 나타난다.
○ 자녀 2는 정자 Ⅰ과 난자 Ⅱ가 수정되어 태어났고, 자녀 3은 정자 Ⅲ과 난자 Ⅳ가 수정되어 태어났다. Ⅰ～Ⅳ가 형성될 때 각각 염색체 비분리가 1회 일어났다.
○ 세포 1개당 염색체 수는 Ⅰ과 Ⅲ이 같다.

이에 대한 옳은 설명만을 〈보기〉에서 있는 대로 고른 것은? (단, ABO식 혈액형 이외의 혈액형은 고려하지 않으며, 제시된 돌연변이 이외의 돌연변이는 고려하지 않는다.)

〈보 기〉
ㄱ. 세포 1개당 X 염색체 수는 Ⅲ이 Ⅰ보다 크다.
ㄴ. 아버지의 ABO식 혈액형은 A형이다.
ㄷ. Ⅳ가 형성될 때 염색체 비분리는 감수 2분열에서 일어났다.

① ㄱ  ② ㄴ  ③ ㄱ, ㄷ  ④ ㄴ, ㄷ  ⑤ ㄱ, ㄴ, ㄷ

**23.** 다음은 어떤 가족의 유전 형질 ㉠, ㉡, ㉢에 대한 자료이다.

○ ㉠은 대립유전자 A, B, C에 의해, ㉡은 대립유전자 D, E, F에 의해, ㉢은 대립유전자 G와 g에 의해 결정된다.

○ ㉠~㉢을 결정하는 유전자는 모두 21번 염색체에 있다.

○ 감수 분열 시 부모 중 한 사람에게서만 염색체 비분리가 1회 일어나 ⓐ 염색체 수가 비정상적인 생식세포가 형성되었다. ⓐ가 정상 생식세포와 수정되어 아이가 태어났다. 이 아이는 자녀 2와 자녀 3 중 하나이며, 다운 증후군을 나타낸다. 이 아이를 제외한 나머지 구성원의 핵형은 모두 정상이다.

○ 표는 이 가족 구성원에서 ㉠~㉢을 결정하는 대립유전자의 유무를 나타낸 것이다.

| 구성원 | 대립유전자 | | | | | | | |
|---|---|---|---|---|---|---|---|---|
| | A | B | C | D | E | F | G | g |
| 부 | ○ | × | ○ | ○ | × | ○ | ○ | ○ |
| 모 | ○ | ○ | × | × | ○ | ○ | × | ○ |
| 자녀 1 | × | ○ | ○ | ○ | × | ○ | ○ | ○ |
| 자녀 2 | ○ | ○ | × | × | ○ | ○ | × | ○ |
| 자녀 3 | ○ | × | ○ | ○ | × | ○ | × | ○ |

(○ : 있음, × : 없음)

이에 대한 설명으로 옳은 것만을 〈보기〉에서 있는 대로 고른 것은? (단, 제시된 염색체 비분리 이외의 돌연변이와 교차는 고려하지 않는다.)

─── 〈보 기〉 ───
ㄱ. 자녀 1은 C, D, G가 같이 있는 염색체를 갖는다.
ㄴ. 다운 증후군을 나타내는 구성원은 자녀 2이다.
ㄷ. ⓐ는 감수 1분열에서 염색체 비분리가 일어나 형성된 정자이다.

① ㄱ  ② ㄷ  ③ ㄱ, ㄴ  ④ ㄴ, ㄷ  ⑤ ㄱ, ㄴ, ㄷ

**24.** 다음은 어떤 집안의 유전 형질 ㉠과 ㉡에 대한 자료이다.

○ ㉠은 대립유전자 A와 A*에 의해, ㉡은 대립유전자 B와 B*에 의해 결정된다. A는 A*에 대해, B는 B*에 대해 각각 완전 우성이다.

○ ㉠과 ㉡을 결정하는 유전자는 모두 X 염색체에 있다.

○ 부모 모두 ㉠은 발현되지 않았고, 부모 중 한 사람만 ㉡이 발현되었다.

○ 표는 이 부모로부터 태어난 자녀 1~4의 성별과 ㉠과 ㉡의 발현 여부를 나타낸 것이다.

| 자녀 | 성별 | ㉠ | ㉡ |
|---|---|---|---|
| 1 | 남 | × | ○ |
| 2 | 남 | ○ | ○ |
| 3 | 여 | × | × |
| 4 | 남 | × | × |

(○ : 발현됨, × : 발현되지 않음)

○ 부모와 자녀 1~3의 핵형은 모두 정상이다.

○ 감수 분열 시 부모 중 한 사람에게서만 염색체 비분리가 1회 일어나 ⓐ 염색체 수가 비정상적인 생식세포가 형성되었다. ⓐ가 정상 생식세포와 수정되어 4가 태어났으며, 4는 클라인펠터 증후군을 나타낸다.

이에 대한 설명으로 옳은 것만을 〈보기〉에서 있는 대로 고른 것은? (단, 제시된 염색체 비분리 이외의 돌연변이와 교차는 고려하지 않는다.)

─── 〈보 기〉 ───
ㄱ. ㉡은 우성 형질이다.
ㄴ. 1~4의 어머니는 A와 B*가 같이 있는 염색체를 가지고 있다.
ㄷ. ⓐ는 감수 1분열에서 염색체 비분리가 일어나 형성된 정자이다.

① ㄱ  ② ㄴ  ③ ㄷ  ④ ㄱ, ㄴ  ⑤ ㄴ, ㄷ

## 25.
다음은 어떤 가족의 유전 형질 ㉠~㉢에 대한 자료이다.

- ㉠은 대립유전자 H와 H*에 의해, ㉡은 대립유전자 R와 R*에 의해, ㉢은 대립유전자 T와 T*에 의해 결정된다. H는 H*에 대해, R는 R*에 대해, T는 T*에 대해 각각 완전 우성이다.
- ㉠~㉢을 결정하는 유전자는 모두 X 염색체에 있다.
- 감수 분열 시 부모 중 한 사람에게서만 염색체 비분리가 1회 일어나 ⓐ <u>염색체 수가 비정상적인 생식세포</u>가 형성되었다. ⓐ가 정상 생식세포와 수정되어 아이가 태어났다. 이 아이는 자녀 3과 자녀 4 중 하나이며, 클라인펠터 증후군을 나타낸다. 이 아이를 제외한 나머지 구성원의 핵형은 모두 정상이다.
- 표는 구성원의 성별과 ㉠~㉢의 발현 여부를 나타낸 것이다.

| 구성원 | 성별 | ㉠ | ㉡ | ㉢ |
|--------|------|-----|-----|-----|
| 부 | 남 | ○ | ? | ? |
| 모 | 여 | ? | × | ? |
| 자녀 1 | 남 | × | ○ | ○ |
| 자녀 2 | 여 | × | × | × |
| 자녀 3 | 남 | × | × | ○ |
| 자녀 4 | 남 | ○ | × | ○ |

(○ : 발현됨, × : 발현되지 않음)

이에 대한 설명으로 옳은 것만을 〈보기〉에서 있는 대로 고른 것은? (단, 제시된 염색체 비분리 이외의 돌연변이와 교차는 고려하지 않는다.)

─〈보 기〉─
ㄱ. ㉡과 ㉢은 모두 열성 형질이다.
ㄴ. 클라인펠터 증후군을 나타낸 구성원은 자녀 4이다.
ㄷ. ⓐ는 감수 1분열에서 염색체 비분리가 일어나 형성된 정자이다.

① ㄱ  ② ㄴ  ③ ㄱ, ㄴ  ④ ㄱ, ㄷ  ⑤ ㄴ, ㄷ

## 26.
다음은 어떤 가족의 유전 형질 (가)~(다)에 대한 자료이다.

- (가)는 대립유전자 H와 h에 의해, (나)는 대립유전자 R와 r에 의해, (다)는 대립유전자 T와 t에 의해 결정된다. H는 h에 대해, R은 r에 대해, T는 t에 대해 각각 완전 우성이다.
- (가)~(다)의 유전자는 모두 X 염색체에 있다.
- 표는 어머니를 제외한 나머지 가족 구성원의 성별과 (가)~(다)의 발현 여부를 나타낸 것이다. 자녀 3과 4의 성별은 서로 다르다.

| 구성원 | 성별 | (가) | (나) | (다) |
|--------|------|------|------|------|
| 아버지 | 남 | ○ | ○ | ? |
| 자녀1 | 여 | × | ○ | ○ |
| 자녀2 | 남 | × | × | × |
| 자녀3 | ? | ○ | × | × |
| 자녀4 | ? | × | × | ○ |

(○ : 발현됨, × : 발현 안 됨)

- 이 가족 구성원의 핵형은 모두 정상이다.
- 염색체 수가 22인 생식세포 ㉠과 염색체 수가 24인 생식세포 ㉡이 수정되어 ⓐ가 태어났으며, ⓐ는 자녀 3과 4 중 하나이다. ㉠과 ㉡의 형성 과정에서 각각 성염색체 비분리가 1회 일어났다.

이에 대한 설명으로 옳은 것만을 〈보기〉에서 있는 대로 고른 것은? (단, 제시된 염색체 비분리 이외의 돌연변이와 교차는 고려하지 않는다.)

─〈보 기〉─
ㄱ. ⓐ는 자녀 4이다.
ㄴ. ㉡은 감수 1분열에서 염색체 비분리가 일어나 형성된 난자이다.
ㄷ. (나)와 (다)는 모두 우성 형질이다.

① ㄱ  ② ㄷ  ③ ㄱ, ㄴ  ④ ㄴ, ㄷ  ⑤ ㄱ, ㄴ, ㄷ

**27.** 다음은 어떤 가족의 유전 형질 (가)~(다)에 대한 자료이다.

○ (가)는 대립유전자 A와 a에 의해, (나)는 대립유전자 B와 b에 의해, (다)는 대립유전자 D와 d에 대해 각각 완전 우성이다.

○ (가)와 (나)는 모두 우성 형질이고, (다)는 열성 형질이다. (가)의 유전자는 상염색체에 있고, (나)와 (다)의 유전자는 모두 X 염색체에 있다.

| 구성원 | 성별 | ㉠ | ㉡ | ㉢ |
|--------|------|-----|-----|-----|
| 아버지 | 남 | ○ | × | × |
| 어머니 | 여 | × | ○ | ⓐ |
| 자녀 1 | 남 | × | ○ | ○ |
| 자녀 2 | 여 | ○ | ○ | × |
| 자녀 3 | 남 | ○ | × | ○ |
| 자녀 4 | 남 | × | × | × |

(○ : 발현됨, × : 발현 안 됨)

○ 표는 이 가족 구성원이 성별과 ㉠~㉢의 발현 여부를 나타낸 것이다. ㉠~㉢은 각각 (가)~(다) 중 하나이다.

○ 부모 중 한 명의 생식세포 형성 과정에서 성염색체 비분리가 1회 일어나 염색체 수가 비정상적인 생식세포 G가 형성되었다. G가 정상 생식세포와 수정되어 자녀 4가 태어났으며, 자녀 4는 클라인펠터 증후군의 염색체 이상을 보인다.

○ 자녀 4를 제외한 이 가족 구성원의 핵형은 모두 정상이다.

이에 대한 설명으로 옳은 것만을 〈보기〉에서 있는 대로 고른 것은? (단, 제시된 염색체 비분리 이외의 돌연변이와 교차는 고려하지 않는다.)

─── 〈보 기〉 ───
ㄱ. ⓐ는 'O'이다.
ㄴ. 자녀 2는 A, B, D를 모두 갖는다.
ㄷ. G는 아버지에게서 형성되었다.

① ㄱ　　② ㄴ　　③ ㄱ, ㄷ　　④ ㄴ, ㄷ　　⑤ ㄱ, ㄴ, ㄷ

**28.** 다음은 어떤 가족의 유전 형질 (가)~(다)에 대한 자료이다.

○ (가)는 대립유전자 A와 a에 의해, (나)는 대립유전자 B와 b에 의해, (다)는 대립유전자 D와 d에 의해 결정된다.

○ (가)~(다)의 유전자 중 2개는 7번 염색체에, 나머지 1개는 X 염색체에 있다.

○ 표는 이 가족 구성원 ㉠~㉤의 성별, 체세포 1개에 들어 있는 A, b, D의 DNA 상대량을 나타낸 것이다. ㉠~㉤은 아버지, 어머니, 자녀 1, 자녀 2, 자녀 3을 순서 없이 나타낸 것이다.

| 구성원 | 성별 | DNA 상대량 | | |
|--------|------|---|---|---|
| | | A | b | D |
| ㉠ | 여 | 1 | 1 | 1 |
| ㉡ | 여 | 2 | 2 | 0 |
| ㉢ | 남 | 1 | 0 | 2 |
| ㉣ | 남 | 2 | 0 | 2 |
| ㉤ | 남 | 2 | 1 | 1 |

○ ㉠~㉤의 핵형은 모두 정상이다. 자녀 1과 2는 각각 정상 정자와 정상 난자가 수정되어 태어났다.

○ 자녀 3은 염색체 수가 비정상적인 정자 ⓐ와 염색체 수가 비정상적인 난자 ⓑ가 수정되어 태어났으며, ⓐ와 ⓑ의 형성 과정에서 각각 염색체 비분리가 1회 일어났다.

이에 대한 설명으로 옳은 것만을 〈보기〉에서 있는 대로 고른 것은? (단, 돌연변이와 교차는 고려하지 않으며, A, a, B, b, D, d 각각의 1개당 DNA 상대량은 1이다.)

─── 〈보 기〉 ───
ㄱ. (나)의 유전자는 X 염색체에 있다.
ㄴ. 어머니에게서 A, b, d를 모두 갖는 난자가 형성될 수 있다.
ㄷ. ⓐ의 형성 과정에서 염색체 비분리는 감수 1분열에서 일어났다.

① ㄱ　　② ㄷ　　③ ㄱ, ㄴ　　④ ㄴ, ㄷ　　⑤ ㄱ, ㄴ, ㄷ

## 29.

다음은 어떤 가족의 유전 형질 (가)~(다)에 대한 자료이다.

○ (가)는 대립유전자 A와 a에 의해, (나)는 대립유전자 B와 b에 의해, (다)는 대립유전자 D와 d에 의해 결정된다.
○ (가)와 (나)의 유전자는 7번 염색체에, (다)의 유전자는 13번 염색체에 있다.
○ 그림은 어머니와 아버지의 체세포 각각에 들어 있는 7번 염색체, 13번 염색체와 유전자를 나타낸 것이다.
○ 표는 이 가족 구성원 중 자녀 1~3에서 체세포 1개당 A, b, D의 DNA 상대량을 더한 값(A+b+D)과 체세포 1개당 a, b, d의 DNA 상대량을 더한 값(a+b+d)을 나타낸 것이다.

| 구성원 | | 자녀 1 | 자녀 2 | 자녀 3 |
|---|---|---|---|---|
| DNA 상대량을 더한 값 | A+b+D | 5 | 3 | 4 |
| | a+b+d | 3 | 3 | 1 |

○ 자녀 1~3은 (가)의 유전자형이 모두 같다.
○ 어머니의 생식세포 형성 과정에서 ㉠이 1회 일어나 형성된 난자 P와 아버지의 생식세포 형성 과정에서 ㉡이 1회 일어나 형성된 정자 Q가 수정되어 자녀 3이 태어났다. ㉠과 ㉡은 7번 염색체 결실과 13번 염색체 비분리를 순서 없이 나타낸 것이다.
○ 자녀 3의 체세포 1개당 염색체 수는 47이고, 자녀 3을 제외한 이 가족 구성원의 핵형은 모두 정상이다.

이에 대한 설명으로 옳은 것만을 〈보기〉에서 있는 대로 고른 것은? (단, 제시된 돌연변이 이외의 돌연변이와 교차는 고려하지 않으며, A, a, B, b, D, d 각각의 1개당 DNA 상대량은 1이다.)

───── 〈보 기〉 ─────
ㄱ. 자녀 2에게서 A, B, D를 모두 갖는 생식세포가 형성될 수 있다.
ㄴ. ㉠은 7번 염색체 결실이다.
ㄷ. 염색체 비분리는 감수 2분열에서 일어났다.

① ㄱ  ② ㄴ  ③ ㄷ  ④ ㄴ, ㄷ  ⑤ ㄱ, ㄴ, ㄷ

## 30.

다음은 어떤 가족의 유전 형질 (가)~(다)에 대한 자료이다.

○ (가)는 대립유전자 A와 a에 의해, (나)는 대립유전자 B와 b에 의해, (다)는 대립유전자 D와 d에 의해 결정된다.

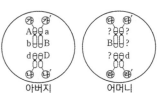
아버지                어머니

○ 그림은 아버지와 어머니의 체세포에 들어있는 일부 염색체와 유전자를 나타낸 것이다. ㉮~㉳는 각각 ㉮'~㉳'의 상동염색체이다.
○ 표는 이 가족 구성원의 세포 Ⅰ~Ⅳ에서 염색체 ㉠~㉣의 유무와 A, b, D의 DNA 상대량을 더한 값(A+b+D)을 나타낸 것이다. ㉠~㉣은 ㉮~㉳를 순서 없이 나타낸 것이다.

| 구성원 | 세포 | 염색체 | | | | A+b+D |
|---|---|---|---|---|---|---|
| | | ㉠ | ㉡ | ㉢ | ㉣ | |
| 아버지 | Ⅰ | ○ | × | × | × | 0 |
| 어머니 | Ⅱ | × | ○ | × | ○ | 3 |
| 자녀 1 | Ⅲ | ○ | × | ○ | ○ | 3 |
| 자녀 2 | Ⅳ | ○ | × | × | ○ | 3 |

(○ : 있음, × : 없음)

○ 감수 분열 시 부모 중 한 사람에게서만 염색체 비분리가 1회 일어나 염색체 수가 비정상적인 생식세포 ⓐ가 형성되었다. ⓐ와 정상 생식세포가 수정되어 자녀 2가 태어났다.
○ 자녀 2를 제외한 이 가족 구성원의 핵형은 모두 정상이다.

이에 대한 설명으로 옳은 것만을 〈보기〉에서 있는 대로 고른 것은? (단, 제시된 돌연변이 이외의 돌연변이와 교차는 고려하지 않으며, A, a, B, b, D, d 각각의 1개당 DNA 상대량은 1이다.)

───── 〈보 기〉 ─────
ㄱ. ㉡은 ㉣이다.
ㄴ. 어머니의 (가)~(다)에 대한 유전자형은 AABBDd이다.
ㄷ. ⓐ는 감수 2분열에서 염색체 비분리가 일어나 형성된 난자이다.

① ㄱ  ② ㄷ  ③ ㄱ, ㄴ  ④ ㄴ, ㄷ  ⑤ ㄱ, ㄴ, ㄷ

## 31.
다음은 사람의 유전 형질 (가)~(라)에 대한 자료이다.

○ (가)는 대립유전자 A와 a에 의해, (나)는 대립유전자 B와 b에 의해, (다)는 대립유전자 D와 d에 의해, (라)는 대립유전자 E와 e에 의해 결정된다. A, B, D, E는 a, b, d, e에 대해 각각 완전 우성이다.

○ (가)~(라)를 결정하는 유전자 중 2개는 같은 상염색체에, 나머지 2개는 같은 성염색체에 존재한다.

○ 그림은 어떤 집안의 가계도를, 표는 가계도 구성원 1~7에서 (가)~(라)의 발현 여부를 나타낸 것이다.

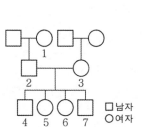

| 구성원 | (가) | (나) | (다) | (라) |
|---|---|---|---|---|
| 1 | × | × | ○ | ○ |
| 2 | ○ | ○ | × | × |
| 3 | ○ | ○ | ○ | × |
| 4 | ○ | × | × | ○ |
| 5 | × | ○ | ○ | × |
| 6 | × | × | × | ○ |
| 7 | ○ | × | ○ | × |

□남자
○여자

(○ : 발현됨, × : 발현 안 됨)

○ 6은 생식세포 ⓐ와 정상 생식세포가, 7은 생식세포 ⓑ와 정상 생식세포가 수정되어 태어났다. ⓐ는 감수 분열 시 염색체에 결실이 1회 일어난 생식세포이며, 염색체 수는 정상이다. ⓑ는 감수 분열 시 염색체 비분리가 1회 일어나 염색체 수에 이상이 생긴 생식세포이다.

이에 대한 설명으로 옳은 것만을 〈보기〉에서 있는 대로 고른 것은? (단, 제시된 돌연변이 이외의 돌연변이와 교차는 고려하지 않는다.)

─────〈보 기〉─────
ㄱ. 3은 A와 E가 같이 있는 염색체를 갖는다.
ㄴ. ⓐ는 결실이 일어난 상염색체를 갖는다.
ㄷ. ⓑ는 감수 1분열에서 비분리가 일어나 형성된 난자이다.

① ㄱ  ② ㄴ  ③ ㄱ, ㄷ  ④ ㄴ, ㄷ  ⑤ ㄱ, ㄴ, ㄷ

## 32.
다음은 어떤 가족의 유전 형질 (가)에 대한 자료이다.

○ (가)는 서로 다른 상염색체에 있는 2쌍의 대립유전자 H와 h, T와 t에 의해 결정된다. (가)의 표현형은 유전자형에서 대문자로 표시되는 대립유전자의 수에 의해서만 결정되며, 이 대립유전자의 수가 다르면 표현형이 다르다.

○ 표는 이 가족 구성원의 체세포에서 대립유전자 ⓐ~ⓓ의 유무와 (가)의 유전자형에서 대문자로 표시되는 대립유전자의 수를 나타낸 것이다. ⓐ~ⓓ는 H, h, T, t를 순서 없이 나타낸 것이고, ㉠~㉤은 0, 1, 2, 3, 4를 순서 없이 나타낸 것이다.

| 구성원 | 대립유전자 | | | | 대문자로 표시되는 대립유전자의 수 |
|---|---|---|---|---|---|
| | ⓐ | ⓑ | ⓒ | ⓓ | |
| 아버지 | ○ | ○ | × | ○ | ㉠ |
| 어머니 | ○ | ○ | ○ | ○ | ㉡ |
| 자녀 1 | ? | × | × | ○ | ㉢ |
| 자녀 2 | ○ | ○ | ? | × | ㉣ |
| 자녀 3 | ○ | ? | ○ | × | ㉤ |

(○ : 있음, × : 없음)

○ 아버지의 정자 형성 과정에서 염색체 비분리가 1회 일어나 염색체 수가 비정상적인 정자 P가 형성되었다. P와 정상 난자가 수정되어 자녀 3이 태어났다.

○ 자녀 3을 제외한 이 가족 구성원의 핵형은 모두 정상이다.

이에 대한 설명으로 옳은 것만을 〈보기〉에서 있는 대로 고른 것은? (단, 제시된 염색체 비분리 이외의 돌연변이와 교차는 고려하지 않는다.)

─────〈보 기〉─────
ㄱ. 아버지는 t를 갖는다.
ㄴ. ⓐ는 ⓒ와 대립유전자이다.
ㄷ. 염색체 비분리는 감수 1분열에서 일어났다.

① ㄱ  ② ㄴ  ③ ㄷ  ④ ㄱ, ㄴ  ⑤ ㄱ, ㄷ

## 33.

다음은 영희네 가족의 유전 형질 (가)~(다)에 대한 자료이다.

○ (가)는 대립유전자 A와 A*에 의해, (나)는 대립유전자 B와 B*에 의해, (다)는 대립유전자 D와 D*에 의해 결정된다.
○ (가)와 (나)의 유전자는 7번 염색체에, (다)의 유전자는 X 염색체에 있다.
○ 그림은 영희네 가족 구성원 중 어머니, 오빠, 영희, ⓐ 남동생의 세포 Ⅰ~Ⅳ가 갖는 A, B, D*의 DNA 상대량을 나타낸 것이다.

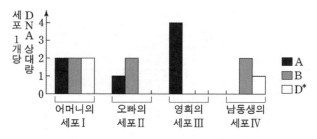

○ 어머니의 생식세포 형성 과정에서 대립유전자 ㉠이 대립유전자 ㉡으로 바뀌는 돌연변이가 1회 일어나 ㉡을 갖는 생식세포가 형성되었다. 이 생식세포가 정상 생식세포와 수정되어 ⓐ가 태어났다. ㉠과 ㉡은 각각 (가)~(다) 중 한 가지 형질을 결정하는 서로 다른 대립유전자이다.

이에 대한 설명으로 옳은 것만을 〈보기〉에서 있는 대로 고른 것은? (단, 제시된 돌연변이 이외의 돌연변이와 교차는 고려하지 않으며, A, A*, B, B*, D, D* 각각의 1개당 DNA 상대량은 1이다.)

─── 〈보 기〉───
ㄱ. Ⅰ은 G₁기 세포이다.
ㄴ. ㉠은 A이다.
ㄷ. 아버지에서 A*, B, D를 모두 갖는 정자가 형성될 수 있다.

① ㄱ  ② ㄴ  ③ ㄷ  ④ ㄱ, ㄷ  ⑤ ㄴ, ㄷ

## 34.

다음은 어떤 집안의 유전 형질 (가)에 대한 자료이다.

○ (가)는 상염색체에 있는 1쌍의 대립유전자에 의해 결정되며, 대립유전자에는 D, E, F, G가 있다.
○ D는 E, F, G에 대해, E는 F, G에 대해, F는 G에 대해 각각 완전 우성이다.
○ 그림은 구성원 1~8의 가계도를, 표는 1, 3, 4, 5의 체세포 1개당 G의 DNA 상대량을 나타낸 것이다. 가계도에 (가)의 표현형은 나타내지 않았다.

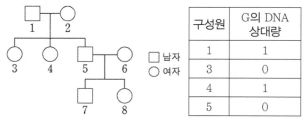

| 구성원 | G의 DNA 상대량 |
|---|---|
| 1 | 1 |
| 3 | 0 |
| 4 | 1 |
| 5 | 0 |

○ 1~8의 유전자형은 각각 서로 다르다.
○ 3, 4, 5, 6의 표현형은 모두 다르고, 2와 8의 표현형은 같다.
○ 5와 6 중 한 명의 생식세포 형성 과정에서 ⓐ 대립유전자 ㉠이 대립유전자 ㉡으로 바뀌는 돌연변이가 1회 일어나 ㉡을 갖는 생식세포가 형성되었다. 이 생식세포가 정상 생식세포와 수정되어 8이 태어났다. ㉠과 ㉡은 각각 D, E, F, G 중 하나이다.

이에 대한 설명으로 옳은 것만을 〈보기〉에서 있는 대로 고른 것은? (단, 제시된 돌연변이 이외의 돌연변이는 고려하지 않으며, D, E, F, G 각각의 1개당 DNA 상대량은 1이다.)

─── 〈보 기〉───
ㄱ. 5와 7의 표현형은 같다.
ㄴ. ⓐ는 5에서 형성되었다.
ㄷ. 2~8 중 1과 표현형이 같은 사람은 2명이다.

① ㄱ  ② ㄴ  ③ ㄷ  ④ ㄱ, ㄴ  ⑤ ㄱ, ㄷ

## 35.

다음은 어떤 집안의 유전 형질 (가)와 (나)에 대한 자료이다.

○ (가)는 21번 염색체에 있는 대립유전자 A와 a에 의해 결정되며, A는 a에 대해 완전 우성이다.

○ (나)는 7번 염색체에 있는 1쌍의 대립유전자에 의해 결정되며, 대립유전자에는 E, F, G가 있다. E는 F, G에 대해, F는 G에 대해 각각 완전 우성이다.

○ 가계도는 구성원 1 ~7에게서 (가)의 발현 여부를 나타낸 것이다.

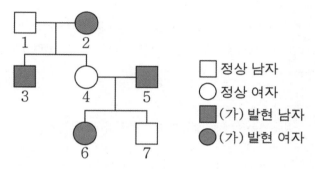

□ 정상 남자
○ 정상 여자
■ (가) 발현 남자
● (가) 발현 여자

○ 1, 2, 4, 5, 6, 7의 (나)의 유전자형은 모두 다르다.

○ 1, 7의 (나)의 표현형은 다르고, 2, 4, 6의 (나)의 표현형은 같다.

○ $\dfrac{1, 7 \text{ 각각의 체세포 1개당 } a \text{의 DNA 상대량을 더한 값}}{3, 7 \text{ 각각의 체세포 1개당 } E \text{의 DNA 상대량을 더한 값}}$ =1이다.

○ 7은 염색체 수가 비정상적인 난자 ㉠과 염색체 수가 비정상적인 정자 ㉡이 수정되어 태어났으며, ㉠과 ㉡의 형성 과정에서 각각 염색체 비분리가 1회 일어났다. 1~7의 핵형은 모두 정상이다.

이에 대한 설명으로 옳은 것만을 〈보기〉에서 있는 대로 고른 것은? (단, 제시된 염색체 비분리 이외의 돌연변이는 고려하지 않으며, A, a, E, F, G 각각의 1개당 DNA 상대량은 1이다.)

─── 〈보 기〉 ───

ㄱ. (가)는 열성 형질이다.

ㄴ. 5의 (나)의 유전자형은 동형 접합성이다.

ㄷ. ㉠의 형성 과정에서 염색체 비분리는 감수 2분열에서 일어났다

① ㄱ    ② ㄷ    ③ ㄱ, ㄴ    ④ ㄴ, ㄷ    ⑤ ㄱ, ㄴ, ㄷ

## 36.

다음은 어떤 가족의 유전 형질 (가)~(다)에 대한 자료이다.

○ (가)는 대립유전자 A와 A*에 의해, (나)는 대립유전자 B와 B*에 의해, (다)는 대립유전자 D와 D*에 의해 결정된다.

○ (가)와 (나)의 유전자는 7번 염색체에, (다)의 유전자는 9번 염색체에 있다.

○ 표는 이 가족 구성원의 세포 I ~ V 각각에 들어 있는 A, A*, B, B*, D, D*의 DNA 상대량을 나타낸 것이다.

| 구분 | 세포 | DNA 상대량 | | | | | |
|---|---|---|---|---|---|---|---|
| | | A | A* | B | B* | D | D* |
| 아버지 | I | ? | ? | 1 | 0 | 1 | ? |
| 어머니 | II | 0 | ? | ? | 0 | 0 | 2 |
| 자녀 1 | III | 2 | ? | ? | 1 | ? | 0 |
| 자녀 2 | IV | 0 | ? | 0 | ? | ? | 2 |
| 자녀 3 | V | ? | 0 | ? | 2 | ? | 3 |

○ 아버지의 생식세포 형성 과정에서 7번 염색체에 있는 대립유전자 ㉠이 9번 염색체로 이동하는 돌연변이가 1회 일어나 9번 염색체에 ㉠이 있는 정자 P가 형성되었다. ㉠은 A, A*, B, B*중 하나이다.

○ 어머니의 생식세포 형성 과정에서 염색체 비분리가 1회 일어나 염색체 수가 비정상적인 난자 Q가 형성되었다.

○ P와 Q가 수정되어 자녀 3이 태어났다. 자녀 3을 제외한 나머지 구성원의 핵형은 모두 정상이다.

이에 대한 설명으로 옳은 것만을 〈보기〉에서 있는 대로 고른 것은? (단, 제시된 돌연변이 이외의 돌연변이와 교차는 고려하지 않으며, A, A*, B, B*, D, D* 각각의 1개당 DNA 상대량은 1이다.)

─── 〈보 기〉 ───

ㄱ. ㉠은 B*이다.

ㄴ. 어머니에게서 A, B, D를 모두 갖는 난자가 형성될 수 있다.

ㄷ. 염색체 비분리는 감수 2분열에서 일어났다.

① ㄱ    ② ㄷ    ③ ㄱ, ㄴ    ④ ㄱ, ㄷ    ⑤ ㄴ, ㄷ

## 37.
그림 (가)~(다)는 핵형이 정상인 어떤 세 사람의 생식 세포 형성 과정을 나타낸 것이다. (가)~(다)에서 성염색체 비분리가 각각 1회씩 일어났다.

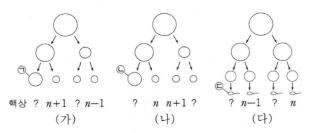

<보 기>

ㄱ. (가)와 (나)에서 모두 상동 염색체 비분리가 일어났다.

ㄴ. $\dfrac{\text{상염색체 수}}{\text{성염색체 수}}$ 는 ㉠과 ㉢이 서로 같다.

ㄷ. ㉡과 ㉢이 수정되어 아이가 태어날 때, 이 아이에게는 클라인펠터 증후군이 나타난다.

① ㄱ　　② ㄴ　　③ ㄷ　　④ ㄱ, ㄴ　　⑤ ㄴ, ㄷ

## 38.
그림은 사람의 정자 형성 과정을, 표는 세포 ㉠~㉣의 총 염색체 수를 나타낸 것이다. 감수 1분열과 2분열에서 염색체 비분리가 각각 1회 일어났다. ㉠~㉣은 Ⅰ~Ⅳ를 순서 없이 나타낸 것이다.

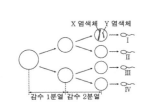

| 세포 | 총 염색체 수 |
|---|---|
| ㉠ | ? |
| ㉡ | 22 |
| ㉢ | 23 |
| ㉣ | 25 |

이에 대한 설명으로 옳은 것만을 <보기>에서 있는 대로 고른 것은? (단, 제시된 염색체 비분리 이외의 돌연변이는 고려하지 않는다.)

<보 기>

ㄱ. 감수 1분열에서 성염색체 비분리가 일어났다.

ㄴ. ㉠은 Ⅰ이다.

ㄷ. Ⅲ과 정상 난자가 수정되어 태어난 아이는 터너 증후군의 염색체 이상을 보인다.

① ㄱ　　② ㄴ　　③ ㄱ, ㄴ　　④ ㄱ, ㄷ　　⑤ ㄴ, ㄷ

## 39.
다음은 어떤 남자의 정소에서 일어나는 세포 분열에 대한 자료이다.

○ 그림 (가)와 (나)는 각각 감수 분열과 체세포 분열 중 하나이다. 그림에서 세포의 크기는 고려하지 않았다.

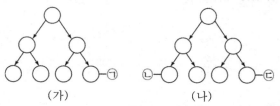

(가)　　　　　(나)

○ (나)의 세포 분열 과정에서 염색체 비분리는 7번 염색체에서 1회 일어났다.

○ (ⓒ의 염색체 수×2)는 ⓐ의 염색체 수보다 적다.

○ 표는 ㉠~㉢의 대립유전자 A, a, B, b의 DNA 상대량을 나타낸 것이다. A, B는 각각 a, b의 대립유전자이고, 대립유전자 1개의 DNA 상대량은 서로 같다. ㉠은 세포 주기의 $G_1$기에 해당하는 세포이다.

| 세포 | DNA 상대량 | | | |
|---|---|---|---|---|
| | A | a | B | b |
| ㉠ | 1 | 0 | 1 | 1 |
| ㉡ | 1 | 0 | 1 | 1 |
| ㉢ | ⓐ | ⓑ | ⓒ | ⓓ |

이에 대한 설명으로 옳은 것만을 〈보기〉에서 있는 대로 고른 것은? (단, 7번 염색체 비분리 이외의 다른 돌연변이와 교차는 고려하지 않는다.)

〈보 기〉
ㄱ. ㉠의 핵상은 2n이다.
ㄴ. ⓐ+ⓑ+ⓒ+ⓓ=0이다.
ㄷ. ㉢이 생성되는 과정에서 염색 분체의 비분리가 일어났다.

① ㄱ　　② ㄷ　　③ ㄱ, ㄴ　　④ ㄴ, ㄷ　　⑤ ㄱ, ㄴ, ㄷ

## 40.
그림은 어떤 동물(2n=6)의 정자 형성 과정을 나타낸 것이다. 이 동물의 성염색체는 XY이고, 정자 형성 과정에서 성염색체 비분리가 1회 일어났다. 정자 ㉠~㉢ 각각의 총 염색체 수는 서로 다르고, ㉡의 X 염색체 수와 ㉢의 총 염색체 수를 더한 값은 5이다.

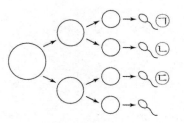

이에 대한 설명으로 옳은 것만을 〈보기〉에서 있는 대로 고른 것은? (단, 제시된 염색체 비분리 이외의 돌연변이는 고려하지 않는다.)

〈보 기〉
ㄱ. 성염색체 비분리는 감수 1분열에서 일어났다.
ㄴ. ㉠의 총 염색체 수는 2이다.
ㄷ. ㉢의 Y 염색체 수는 1이다.

① ㄱ　　② ㄷ　　③ ㄱ, ㄴ　　④ ㄴ, ㄷ　　⑤ ㄱ, ㄴ, ㄷ

**41.** 그림 (가)와 (나)는 각각 핵형이 정상인 여성과 남성의 생식세포 형성 과정을 나타낸 것이다. (가)에서는 21번 염색체가, (나)에서는 성염색체가 비분리되었다.

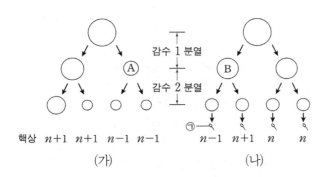

(가)                    (나)

이에 대한 설명으로 옳은 것만을 〈보기〉에서 있는 대로 고른 것은? (단, (가)와 (나)에서 비분리는 각각 1회씩 일어났으며, 제시된 염색체 비분리 이외의 돌연변이와 교차는 고려하지 않는다.)

─────── 〈보 기〉 ───────
ㄱ. (가)에서 염색 분체의 비분리가 일어났다.
ㄴ. A의 총 염색체 수와 B의 상염색체 수는 같다.
ㄷ. ㉠과 정상 난자가 수정되어 아이가 태어날 때, 이 아이는 터너 증후군이다.

① ㄱ   ② ㄴ   ③ ㄷ   ④ ㄱ, ㄴ   ⑤ ㄴ, ㄷ

**42.** 그림은 어떤 남자의 정자 형성 과정을, 표는 정자 ㉠~㉢의 핵상과 X 염색체 수를 나타낸 것이다. 정자 형성 과정 중 염색체 비분리가 1회 일어났다.

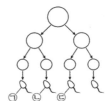

| 정자 | 핵상 | X 염색체 수(개) |
|------|------|----------------|
| ㉠ | n+1 | 1 |
| ㉡ | n-1 | 1 |
| ㉢ | n | 0 |

이에 대한 설명으로 옳은 것만을 〈보기〉에서 있는 대로 고른 것은? (단, 제시된 비분리 이외의 다른 돌연변이는 고려하지 않는다.)

─────── 〈보 기〉 ───────
ㄱ. 감수 2분열에서 염색체 비분리가 일어났다.
ㄴ. ㉠의 상염색체 수는 22개이다.
ㄷ. ㉢과 정상 난자가 수정되어 아이가 태어날 때, 이 아이는 터너 증후군을 나타낸다.

① ㄱ   ② ㄴ   ③ ㄱ, ㄴ   ④ ㄱ, ㄷ   ⑤ ㄴ, ㄷ

**43.** 그림 (가)는 유전자형이 Tt인 어떤 남자의 정자 형성 과정을, (나)는 세포 Ⅲ에 있는 21번 염색체를 모두 나타낸 것이다. (가)에서 염색체 비분리가 1회 일어났고, Ⅰ은 중기의 세포이다.

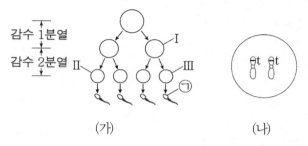

이에 대한 옳은 설명만을 〈보기〉에서 있는 대로 고른 것은? (단, 제시된 염색체 비분리 이외의 돌연변이와 교차는 고려하지 않는다.)

──── 〈보 기〉 ────
ㄱ. Ⅰ과 Ⅱ의 성염색체 수는 같다.
ㄴ. (가)에서 염색체 비분리는 감수 1분열에서 일어났다.
ㄷ. ㉠과 정상 난자가 수정되어 아이가 태어날 때, 이 아이는 다운 증후군의 염색체 이상을 보인다.

① ㄱ  ② ㄴ  ③ ㄱ, ㄷ  ④ ㄴ, ㄷ  ⑤ ㄱ, ㄴ, ㄷ

**44.** 그림은 어떤 남자에서 세포 (가)로부터 생식세포가 형성되는 과정을 나타낸 것이다. (가)에서는 상염색체와 성염색체를 한 쌍씩만 나타냈으며, (나)~(라)는 이로부터 형성된 세포이다. 생식세포 형성 과정 중 염색체 비분리가 1회 일어났다.

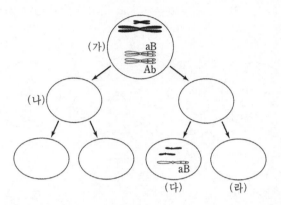

이에 대한 설명으로 옳은 것만을 〈보기〉에서 있는 대로 고른 것은? (단, 제시된 염색체 비분리 이외의 돌연변이와 교차는 일어나지 않았다.)

──── 〈보 기〉 ────
ㄱ. $\dfrac{(나)의\ 염색\ 분체\ 수}{(라)의\ 염색체\ 수}$ 는 4이다.
ㄴ. (다)가 형성될 때 염색 분체 비분리가 일어났다.
ㄷ. (라)에는 대립유전자 A와 대립유전자 b가 있다.

① ㄱ  ② ㄴ  ③ ㄷ  ④ ㄱ, ㄴ  ⑤ ㄱ, ㄴ, ㄷ

15학년도 7월 8번

**45.** 그림은 핵형이 정상인 어떤 사람의 세포 ㉠으로부터 정자가 형성되는 과정과 이 과정에서 형성된 세포 ㉡과 ㉢에 있는 21번 염색체와 성염색체를 있는 대로 나타낸 것이다. ㉡과 ㉣이 형성되는 감수 분열 과정에서 염색체 돌연변이가 각각 1회 일어났다. 대립유전자 A, B, D는 각각 a, b, d와 대립 관계이다.

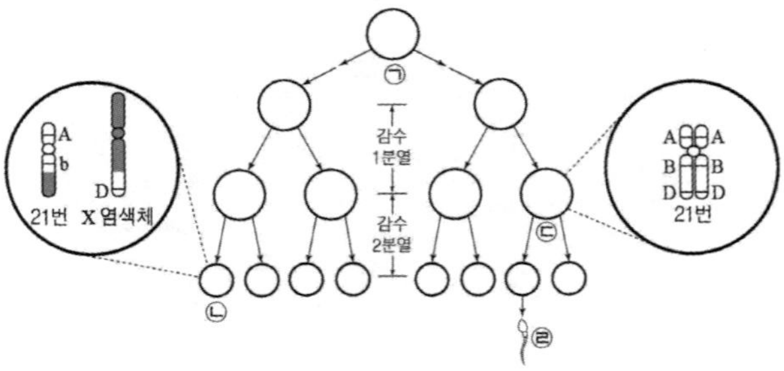


이에 대한 설명으로 옳은 것만을 〈보기〉에서 있는 대로 고른 것은? (단, 제시된 돌연변이 이외의 다른 돌연변이와 교차는 고려하지 않는다.)

〈보 기〉

ㄱ. ㉠에는 대립유전자 a가 없다.
ㄴ. ㉡이 형성되는 감수 분열 과정에서 전좌가 일어났다.
ㄷ. ㉣이 정상 난자와 수정되어 태어난 아이는 다운증후군을 나타낸다.

① ㄱ ② ㄴ ③ ㄷ ④ ㄱ, ㄴ ⑤ ㄴ, ㄷ

15학년도 수능 18번

**46.** 정상 부모 사이에서 태어난 철수는 적록 색맹이며, 클라인펠터 증후군이다. 그림 (가)는 철수 아버지의 정자 형성 과정을, (나)는 어머니의 난자 형성 과정을 나타낸 것이다. 정자 ㉢과 난자 ㉥이 수정되어 철수가 태어났으며, (가)와 (나)에서 비분리는 성염색체에서만 각각 1회씩 일어났다.

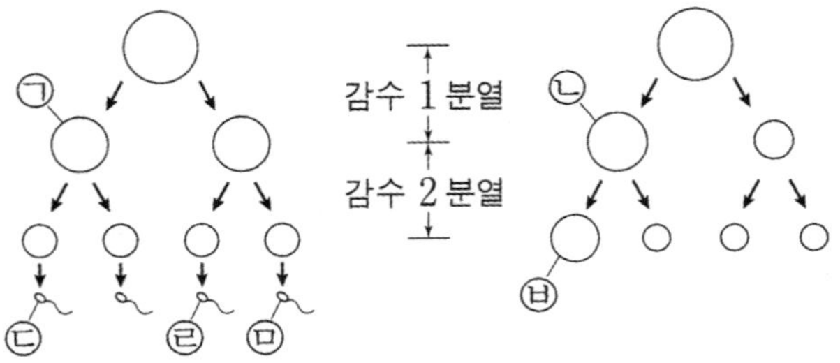


(가) (나)

이에 대한 설명으로 옳은 것만을 〈보기〉에서 있는 대로 고른 것은? (단, 철수의 체세포 1개당 염색체 수는 47개이며, 제시된 비분리 이외의 다른 돌연변이는 고려하지 않는다.)

〈보 기〉

ㄱ. (나)에서 비분리는 감수 2분열에서 일어났다.
ㄴ. ㉠과 ㉡의 염색체 수는 같다.
ㄷ. ㉣과 ㉤은 모두 X 염색체를 가진다.

① ㄴ ② ㄷ ③ ㄱ, ㄴ ④ ㄱ, ㄷ ⑤ ㄱ, ㄴ, ㄷ

**47.** 적록 색맹이 아닌 부모 사이에서 태어난 철수와 영희는 모두 적록 색맹이며, 철수는 클라인펠터 증후군, 영희는 터너 증후군이다. 그림 (가)와 (나)는 부모의 생식세포 형성 과정을 나타낸 것이다. 난자 ㉠이 수정되어 철수가 태어났으며, 정자 ㉢이 수정되어 영희가 태어났다.

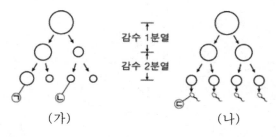

감수 1분열
감수 2분열

(가)　　　　　(나)

이에 대한 설명으로 옳은 것만을 〈보기〉에서 있는 대로 고른 것은? (단, 염색체 비분리는 (가)와 (나)의 성염색체에서만 각각 1회씩 일어났고, 이외의 다른 돌연변이와 교차는 고려하지 않는다.)

──────〈보 기〉──────
ㄱ. (가)에서 염색체 비분리는 감수 1분열에서 일어났다.
ㄴ. ㉠~㉢에서 적록 색맹 유전자를 가진 X 염색체 수의 합은 3이다.
ㄷ. ㉢의 염색체 수는 22개이다.
──────────────────

① ㄱ　　② ㄷ　　③ ㄱ, ㄴ　　④ ㄴ, ㄷ　　⑤ ㄱ, ㄴ, ㄷ

**48.** 그림 (가)는 어떤 동물(2n=6)에서 형질 ⓐ의 유전자형이 BBEeFfhh인 $G_1$기의 세포로부터 정자가 형성되는 과정을, (나)는 ⓐ의 유전자형이 eh인 세포 ㉤에 들어 있는 모든 염색체를 나타낸 것이다. (가)에서 염색체 비분리가 1회 일어났고, ㉠과 ㉡에서 F의 DNA 상대량은 같다.

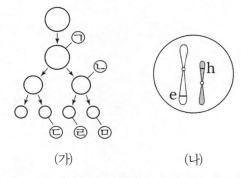

(가)　　　　　(나)

이에 대한 설명으로 옳은 것만을 〈보기〉에서 있는 대로 고른 것은? (단, 제시된 염색체 비분리 이외의 돌연변이와 교차는 고려하지 않으며, ㉠과 ㉡은 중기의 세포이다.)

──────〈보 기〉──────
ㄱ. 염색체 비분리는 감수 1분열에서 일어났다.
ㄴ. ㉢에서 B와 f는 같은 염색체에 있다.
ㄷ. $\dfrac{㉣의\ 염색체\ 수}{㉠의\ 염색\ 분체\ 수} = \dfrac{1}{6}$ 이다.
──────────────────

① ㄱ　　② ㄴ　　③ ㄱ, ㄷ　　④ ㄴ, ㄷ　　⑤ ㄱ, ㄴ, ㄷ

**49.** 그림 (가)는 핵형이 정상인 어떤 남자에서 $G_1$기의 세포 ㉠으로부터 정자가 형성되는 과정을, (나)는 세포 ⓐ~ⓓ에서 21번 염색체에 있는 유전자 E와 e의 DNA 상대량을 나타낸 것이다. ⓐ~ⓓ는 각각 ㉠~㉣ 중 하나이다. (가)에서 21번 염색체의 비분리가 1회 일어났으며, E와 e는 서로 대립유전자이다.

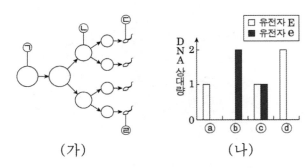

(가)                    (나)

이에 대한 설명으로 옳은 것만을 〈보기〉에서 있는 대로 고른 것은? (단, ㉡은 중기의 세포이며, 제시된 염색체 비분리 이외의 다른 돌연변이와 교차는 고려하지 않는다.)

───── 〈보 기〉 ─────
ㄱ. (가)에서 상동 염색체의 비분리가 일어났다.
ㄴ. 염색체 수는 ⓑ가 ⓓ보다 많다.
ㄷ. ㉣과 정상 난자가 수정되어 아이가 태어날 때, 이 아이는 다운 증후군을 나타낸다.

① ㄱ    ② ㄴ    ③ ㄷ    ④ ㄴ, ㄷ    ⑤ ㄱ, ㄴ, ㄷ

**50.** 그림은 핵형이 정상인 어떤 남자에서 일어나는 감수 분열 과정 (가)와 (나)를 나타낸 것이다. (가)와 (나) 과정에서 성염색체 비분리가 각각 1회씩 일어났고, ㉠에는 Y 염색체가 있으며, ㉡과 ㉢의 염색체 수는 서로 같다. ㉣, ㉤, ㉥의 염색체 수를 모두 합한 값은 72이다.

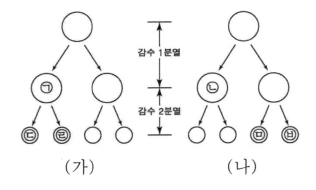

(가)                    (나)

이에 대한 설명으로 옳은 것만을 〈보기〉에서 있는 대로 고른 것은? (단, 제시된 염색체 비분리 이외의 다른 돌연변이는 고려하지 않는다.)

───── 〈보 기〉 ─────
ㄱ. DNA 양은 ㉠이 ㉡의 2배이다.
ㄴ. (가)에서 염색 분체의 비분리가 일어났다.
ㄷ. ㉣이 분화되어 생성된 정자와 정상 난자가 수정하여 태어난 아이는 클라인펠터 증후군을 나타낸다.

① ㄱ    ② ㄴ    ③ ㄷ    ④ ㄱ, ㄴ    ⑤ ㄴ, ㄷ

## 51.

그림은 어떤 동물(2n=6)에서 정자가 형성되는 과정을, 표는 세포 Ⅰ~Ⅲ의 총염색체 수와 X 염색체 수를 비교하여 나타낸 것이다. 감수 1분열과 감수 2분열에서 염색체 비분리가 각각 1회씩 일어났다. 이 동물의 성염색체는 암컷이 XX, 수컷이 XY이며, Ⅲ에 Y 염색체가 있다. Ⅰ은 중기의 세포이다.

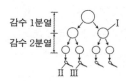

| 총염색체 수 | X 염색체 수 |
|---|---|
| Ⅱ > Ⅲ > Ⅰ | Ⅱ = Ⅲ > Ⅰ |

이에 대한 설명으로 옳은 것만을 〈보기〉에서 있는 대로 고른 것은? (단, 제시된 염색체 비분리 이외의 돌연변이는 고려하지 않는다.)

─── 〈보 기〉 ───
ㄱ. Ⅰ의 상염색체 수와 Ⅱ의 성염색체 수의 합은 4이다.
ㄴ. 감수 1분열에서 상염색체 비분리가 일어났다.
ㄷ. $\dfrac{\text{X 염색체 수}}{\text{총 염색체 수}}$ 는 Ⅱ가 Ⅲ보다 크다.

① ㄱ   ② ㄴ   ③ ㄱ, ㄴ   ④ ㄱ, ㄷ   ⑤ ㄴ, ㄷ

## 52.

그림 (가)는 어떤 동물(2n=6)의 세포 Ⅰ로부터 정자가 형성되는 과정을, (나)는 이 과정의 서로 다른 시기에 있는 세포 ㉠~㉣의 염색체 수와 유전자 H, h, T, t의 DNA 상대량을 나타낸 것이다. H는 h와 대립유전자이며, T는 t와 대립유전자이다. (가)의 감수 1분열에서는 성염색체에서 비분리가 1회, 감수 2분열에서는 1개의 상염색체에서 비분리가 1회 일어났다. Ⅰ~Ⅳ는 각각 ㉠~㉣ 중 하나이고, 이 동물의 성염색체는 XY이다.

| 세포 | 염색체 수 | DNA 상대량 | | | |
|---|---|---|---|---|---|
| | | H | h | T | t |
| ㉠ | ⓐ | 2 | 0 | ? | 0 |
| ㉡ | 6 | 2 | 2 | ⓑ | ⓒ |
| ㉢ | ? | 1 | ⓓ | 0 | 1 |
| ㉣ | 3 | 0 | 0 | 0 | 1 |

(가)                    (나)

이에 대한 설명으로 옳은 것만을 〈보기〉에서 있는 대로 고른 것은? (단, 제시된 비분리 이외의 돌연변이와 교차는 고려하지 않으며, H, h, T, t 각각의 1개당 DNA 상대량은 같다.)

─── 〈보 기〉 ───
ㄱ. ⓑ+ⓒ보다 ⓐ+ⓓ가 크다.
ㄴ. ㉢은 Ⅳ이다.
ㄷ. ㉣은 X 염색체와 Y 염색체를 모두 가지고 있다.

① ㄱ   ② ㄴ   ③ ㄱ, ㄷ   ④ ㄴ, ㄷ   ⑤ ㄱ, ㄴ, ㄷ

**53.** 그림은 유전자형이 AaBb인 어떤 동물의 세포 ㈀으로부터 생식세포가 형성되는 과정을, 표는 이 과정의 서로 다른 시기에 있는 세포 Ⅰ~Ⅳ의 핵상과 DNA 상대량을 나타낸 것이다. 이 과정에서 염색체 비분리는 1회 일어났다. ㈀~㈃은 각각 Ⅰ~Ⅳ 중 하나이고, 대립유전자 A와 a, 대립유전자 B와 b는 X 염색체에 존재한다.

| 세포 | 핵상 | DNA 상대량 | |
|---|---|---|---|
| | | A | B |
| Ⅰ | n+1 | ? | 2 |
| Ⅱ | 2n | 1 | 1 |
| Ⅲ | n | 2 | ⓐ |
| Ⅳ | ? | 2 | ⓑ |

이에 대한 설명으로 옳은 것만을 〈보기〉에서 있는 대로 고른 것은? (단, 제시된 비분리 이외의 돌연변이와 교차는 고려하지 않으며, ㈁과 ㈂은 중기의 세포이다. A, a, B, b 각각의 1개당 DNA 상대량은 1이다.)

〈보 기〉
ㄱ. ⓐ+ⓑ=2이다.
ㄴ. Ⅰ은 ㈂이다.
ㄷ. Ⅳ에는 2가 염색체가 있다.

① ㄱ　② ㄷ　③ ㄱ, ㄴ　④ ㄴ, ㄷ　⑤ ㄱ, ㄴ, ㄷ

**54.** 사람의 유전 형질 ⓐ는 3쌍의 대립유전자 A와 a, B와 b, D와 d에 의해 결정되며, ⓐ를 결정하는 유전자는 서로 다른 2개의 상염색체에 있다. 그림 (가)는 유전자형이 AaBbDd인 $G_1$기의 세포 Q로부터 정자가 형성되는 과정을, (나)는 세포 ㈀~㈂의 세포 1개당 a, B, D의 DNA 상대량을 나타낸 것이다. ㈀~㈂은 Ⅰ~Ⅲ을 순서 없이 나타낸 것이다. (가)에서 염색체 비분리는 1회 일어났고, Ⅰ~Ⅲ 중 1개의 세포만 A를 가지며, Ⅰ은 중기의 세포이다.

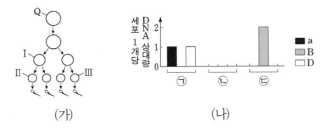

(가)　　　　　　(나)

이에 대한 설명으로 옳은 것만을 〈보기〉에서 있는 대로 고른 것은? (단, 제시된 염색체 비분리 이외의 돌연변이와 교차는 고려하지 않으며, A, a, B, b, D, d 각각의 1개당 DNA 상대량은 1이다.)

〈보 기〉
ㄱ. Q에서 A와 b는 같은 염색체에 있다.
ㄴ. 염색체 비분리는 감수 2분열에서 일어났다.
ㄷ. 세포 1개당 a, b, d의 DNA 상대량을 더한 값은 Ⅱ에서와 Ⅲ에서가 서로 같다.

① ㄱ　② ㄴ　③ ㄷ　④ ㄱ, ㄴ　⑤ ㄴ, ㄷ

**55.** 사람의 유전 형질 (가)는 3쌍의 대립유전자 H와 h, R와 r, T와 t에 의해 결정되며, (가)를 결정하는 유전자는 서로 다른 3개의 상염색체에 존재한다. 그림은 어떤 사람의 $G_1$기 세포 I로부터 정자가 형성되는 과정을, 표는 세포 ㉠~㉣에 들어 있는 세포 1개당 대립유전자 H, R, T의 DNA 상대량을 더한 값을 나타낸 것이다. 이 정자 형성 과정에서 21번 염색체의 비분리가 1회 일어났고, ㉠~㉣은 I~IV를 순서 없이 나타낸 것이다.

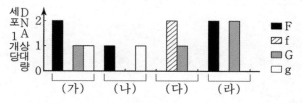

| 세포 | H, R, T의 DNA 상대량을 더한 값 |
|---|---|
| ㉠ | 2 |
| ㉡ | 3 |
| ㉢ | 3 |
| ㉣ | ? |

이에 대한 설명으로 옳은 것만을 〈보기〉에서 있는 대로 고른 것은? (단, 제시된 염색체 비분리 이외의 돌연변이와 교차는 고려하지 않으며, H, h, R, r, T, t 각각의 1개당 DNA 상대량은 1이다.)

―――〈보 기〉―――
ㄱ. ㉣은 II이다.
ㄴ. 염색체 비분리는 감수 1분열에서 일어났다.
ㄷ. 정자 ⓐ와 정상 난자가 수정되어 태어난 아이는 다운 증후군의 염색체 이상을 보인다.

① ㄱ  　② ㄴ  　③ ㄱ, ㄷ  　④ ㄴ, ㄷ  　⑤ ㄱ, ㄴ, ㄷ

**56.** 다음은 어떤 동물 종의 유전 형질 ㉠에 대한 자료이다.

○ ㉠은 서로 다른 상염색체에 존재하는 2쌍의 대립유전자 F와 f, G와 g에 의해 결정된다.
○ 그림은 이 동물 종의 개체 I과 II의 세포 (가)~(라)가 갖는 F, f, G, g의 DNA 상대량을 나타낸 것이다.

세포 1개당 DNA 상대량

| ■ F |
| ▨ f |
| ▨ G |
| □ g |

○ I의 세포 P로부터 감수 분열 시 DNA 상대량이 (가), (나), (라)와 같은 세포가, II의 세포 Q로부터 감수 분열 시 DNA 상대량이 (나), (다)와 같은 세포가 형성되었다.
○ P와 Q 중 한 세포에서만 감수 분열 시 염색체 비분리가 1회 일어났다.

이에 대한 설명으로 옳은 것만을 〈보기〉에서 있는 대로 고른 것은? (단, 제시된 염색체 비분리 이외의 돌연변이와 교차는 고려하지 않으며, F, f, G, g 각각의 1개당 DNA 상대량은 같다. (라)는 중기의 세포이다.)

―――〈보 기〉―――
ㄱ. I의 ㉠에 대한 유전자형은 FFGg이다.
ㄴ. (가)와 (라)의 핵상은 같다.
ㄷ. P의 감수 분열 시 염색체 비분리가 일어났다.

① ㄱ  　② ㄴ  　③ ㄱ, ㄴ  　④ ㄱ, ㄷ  　⑤ ㄴ, ㄷ

**57.** 그림 (가)와 (나)는 각각 핵형이 정상인 어떤 여자와 남자의 생식세포 형성 과정을, 표는 세포 ⓐ~ⓔ가 갖는 대립유전자 H, h, T, t의 DNA 상대량을 나타낸 것이다. H는 h의 대립유전자이며, T는 t의 대립유전자이다. (가)와 (나)에서 염색체 비분리가 각각 1회씩 일어났으며, (가)에서는 21번 염색체에서, (나)에서는 성염색체에서 일어났다. ⓐ~ⓔ는 각각 ㉠~㉤ 중 하나이다.

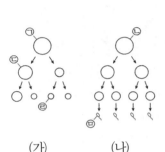

| 세포 | DNA 상대량 | | | |
|---|---|---|---|---|
| | H | h | T | t |
| ⓐ | 2 | 0 | 1 | 0 |
| ⓑ | 0 | 2 | 2 | 2 |
| ⓒ | 2 | 2 | 2 | 2 |
| ⓓ | 2 | 0 | 2 | 2 |
| ⓔ | 1 | 0 | 0 | 0 |

(가)　　　(나)

이에 대한 설명으로 옳은 것만을 〈보기〉에서 있는 대로 고른 것은? (단, 제시된 염색체 비분리 이외의 돌연변이와 교차는 고려하지 않으며, ㉠~㉢은 중기의 세포이다. H, h, T, t 각각의 1개당 DNA 상대량은 1이다.)

〈보 기〉
ㄱ. (나)에서 상동 염색체의 비분리가 일어났다.
ㄴ. ㉢의 상염색체 수와 ⓔ의 총 염색체 수의 합은 45이다.
ㄷ. 세포 1개당 $\dfrac{\text{T의 DNA 상대량}}{\text{성 염 색 체 수}}$ 은 ㉠이 ⓐ의 2배이다.

① ㄱ　　② ㄴ　　③ ㄷ　　④ ㄱ, ㄷ　⑤ ㄴ, ㄷ

**58.** 사람의 특정 형질은 1번 염색체에 있는 3쌍의 대립유전자 A와 a, B와 b, D와 d에 의해 결정된다. 그림은 어떤 사람의 $G_1$기 세포 I로부터 생식세포가 형성되는 과정을, 표는 세포 ㉠~㉤에서 A, a, B, b, D의 DNA 상대량을 나타낸 것이다. 이 생식세포 형성 과정에서 염색체 비분리가 1회 일어났다. ㉠~㉤은 I~V를 순서 없이 나타낸 것이고, II와 III은 중기 세포이다.

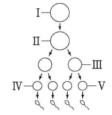

| 세포 | DNA 상대량 | | | | |
|---|---|---|---|---|---|
| | A | a | B | b | D |
| ㉠ | 2 | 0 | 0 | 2 | ⓐ |
| ㉡ | ? | ⓑ | 1 | 1 | ? |
| ㉢ | 0 | 2 | 2 | 0 | ? |
| ㉣ | ? | ? | ? | ? | 4 |
| ㉤ | ? | 1 | 1 | ? | 1 |

이에 대한 옳은 설명만을 〈보기〉에서 있는 대로 고른 것은? (단, 제시된 염색체 비분리 이외의 돌연변이와 교차는 고려하지 않으며, A, a, B, b, D, d 각각의 1개당 DNA 상대량은 1이다.)

〈보 기〉
ㄱ. ㉠은 III이다.
ㄴ. ⓐ+ⓑ=3이다.
ㄷ. V의 염색체 수는 24이다.

① ㄱ　　② ㄴ　　③ ㄷ　　④ ㄱ, ㄴ　⑤ ㄴ, ㄷ

**59.** 그림 (가)와 (나)는 핵상이 2n인 어떤 동물에서 암컷과 수컷의 생식세포 형성 과정을, 표는 세포 ㉠~㉣이 갖는 유전자 E, e, F, f, G, g의 DNA 상대량을 나타낸 것이다. E와 e, F와 f, G와 g는 각각 대립유전자이다. (가)와 (나)의 감수 1분열에서 성염색체 비분리가 각각 1회 일어났다. ㉠~㉣은 Ⅰ~Ⅳ를 순서 없이 나타낸 것이다. 이 동물의 성염색체는 암컷이 XX, 수컷이 XY이다.

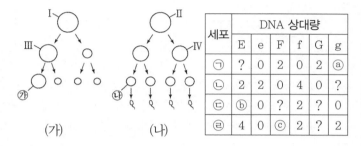

| 세포 | DNA 상대량 | | | | | |
|---|---|---|---|---|---|---|
| | E | e | F | f | G | g |
| ㉠ | ? | 0 | 2 | 0 | 2 | ⓐ |
| ㉡ | 2 | 2 | 0 | 4 | 0 | ? |
| ㉢ | ⓑ | 0 | ? | 2 | ? | 0 |
| ㉣ | 4 | 0 | ⓒ | 2 | ? | 2 |

(가)          (나)

이에 대한 설명으로 옳은 것만을 〈보기〉에서 있는 대로 고른 것은? (단, 제시된 염색체 비분리 이외의 돌연변이와 교차는 고려하지 않으며, Ⅰ~Ⅳ는 중기의 세포이다. E, e, F, f, G, g 각각의 1개당 DNA 상대량은 같다.)

―― 〈보 기〉 ――
ㄱ. ㉢은 Ⅲ이다.
ㄴ. ⓐ+ⓑ+ⓒ = 6이다.
ㄷ. 성염색체 수는 ㉮ 세포와 ㉯ 세포가 같다.

① ㄱ    ② ㄴ    ③ ㄷ    ④ ㄱ, ㄴ    ⑤ ㄴ, ㄷ

**60.** 다음은 유전자형이 AaBbDd인 어떤 동물의 감수 분열에 대한 자료이다.

○ A와 a, B와 b, D와 d는 각각 세 형질에 대한 대립유전자이며, 이 중 두 형질에 대한 유전자는 같은 염색체에 있다.

○ 그림은 세포 Ⅰ로부터 정자가 형성되는 과정을, 표는 세포 ㉠~㉣의 세포 1개당 대립유전자 A, a, B, b, D, d의 DNA 상대량을 나타낸 것이다.

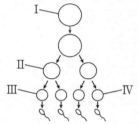

| 세포 | DNA 상대량 | | | | | |
|---|---|---|---|---|---|---|
| | A | a | B | b | D | d |
| ㉠ | 1 | ? | ⓐ | ⓑ | 1 | 1 |
| ㉡ | 0 | 2 | 2 | ? | ? | 0 |
| ㉢ | 1 | ⓒ | 1 | 1 | ? | 1 |
| ㉣ | ? | ? | ⓓ | 2 | 2 | ? |

○ 감수 1분열과 2분열에서 염색체 비분리가 각각 1회씩 일어났으며, ㉠~㉣은 각각 Ⅰ~Ⅳ 중 하나이다.

이에 대한 설명으로 옳은 것만을 〈보기〉에서 있는 대로 고른 것은? (단, 제시된 염색체 비분리 이외의 돌연변이와 교차는 고려하지 않으며, A, a, B, b, D, d 각각의 1개당 DNA 상대량은 1이다.)

―― 〈보 기〉 ――
ㄱ. ㉡은 Ⅱ이다.
ㄴ. ⓐ + ⓑ = ⓒ + ⓓ이다.
ㄷ. Ⅰ에서 A와 b는 같은 염색체에 있다.

① ㄱ    ② ㄴ    ③ ㄱ, ㄴ    ④ ㄱ, ㄷ    ⑤ ㄴ, ㄷ

## 61.
다음은 사람 P의 정자 형성 과정에 대한 자료이다.

○ 그림은 P의 세포 Ⅰ로부터 정자가 형성되는 과정을, 표는 세포 ㉠~㉣에서 세포 1개당 대립유전자 A, a, B, b, D, d의 DNA 상대량을 나타낸 것이다. A는 a와, B는 b와, D는 d와 각각 대립유전자이고, ㉠~㉣은 Ⅰ~Ⅳ를 순서 없이 나타낸 것이다.

| 세포 | DNA 상대량 | | | | | |
|---|---|---|---|---|---|---|
| | A | a | B | b | D | d |
| ㉠ | 0 | ? | ⓐ | 0 | 0 | 0 |
| ㉡ | ⓑ | 2 | 0 | 1 | ? | 1 |
| ㉢ | ? | 1 | 2 | ⓒ | ? | 1 |
| ㉣ | 0 | ? | 4 | ? | 2 | ⓓ |

○ Ⅰ은 $G_1$기 세포이며, Ⅰ에는 중복이 일어난 염색체가 1개만 존재한다. Ⅰ이 Ⅱ가 되는 과정에서 DNA는 정상적으로 복제되었다.

○ 이 정자 형성 과정의 감수 1분열에서는 상염색체에서 비분리가 1회, 감수 2분열에서는 성염색체에서 비분리가 1회 일어났다.

이에 대한 설명으로 옳은 것만을 〈보기〉에서 있는 대로 고른 것은? (단, 제시된 중복과 염색체 비분리 이외의 돌연변이와 교차는 고려하지 않으며, Ⅱ와 Ⅲ은 중기의 세포이다. A, a, B, b, D, d 각각의 1개당 DNA 상대량은 1이다.)

――――――〈보 기〉――――――
ㄱ. ⓐ + ⓑ + ⓒ + ⓓ = 5이다.
ㄴ. P에서 a는 성염색체에 있다.
ㄷ. Ⅳ에는 중복이 일어난 염색체가 있다.

① ㄱ    ② ㄴ    ③ ㄱ, ㄷ    ④ ㄴ, ㄷ    ⑤ ㄱ, ㄴ, ㄷ

---

## 62.
다음은 사람의 유전 형질 (가)에 대한 자료이다.

○ 서로 다른 3개의 상염색체에 있는 3쌍의 대립유전자 A와 a, B와 b, D와 d에 의해 결정된다.

○ 표는 사람 P의 세포 Ⅰ~Ⅲ 각각에 들어있는 A, a, B, b, D, d의 DNA 상대량을 나타낸 것이다. ㉠과 ㉡은 1과 2를 순서 없이 나타낸 것이다.

| 세포 | DNA 상대량 | | | | | |
|---|---|---|---|---|---|---|
| | A | a | B | b | D | d |
| Ⅰ | ㉠ | 1 | 0 | 2 | ? | ㉠ |
| Ⅱ | 1 | 0 | ? | ㉡ | ㉠ | 0 |
| Ⅲ | ? | ㉡ | 0 | ? | 0 | ㉡ |

○ Ⅰ~Ⅲ 중 2개에는 돌연변이가 일어난 염색체가 없고, 나머지에는 중복이 일어나 대립유전자 ⓐ의 DNA 상대량이 증가한 염색체가 있다. ⓐ는 A와 b 중 하나이다.

이에 대한 설명으로 옳은 것만을 〈보기〉에서 있는 대로 고른 것은? (단, 제시된 돌연변이 이외의 돌연변이와 교차는 고려하지 않으며, A, a, B, b, D, d 각각의 1개당 DNA 상대량은 1이다.)

――――――〈보 기〉――――――
ㄱ. ㉠은 2이다.
ㄴ. ⓐ는 b이다.
ㄷ. P에서 (가)의 유전자형은 AaBbDd이다.

① ㄱ    ② ㄴ    ③ ㄷ    ④ ㄱ, ㄴ    ⑤ ㄴ, ㄷ

**63.** 다음은 어떤 가족의 유전 형질 (가)와 (나)에 대한 자료이다.

- ○ (가)는 대립유전자 H와 h에 의해, (나)는 대립유전자 R와 r에 의해 결정된다. H는 h에 대해, R은 r에 대해 각각 완전 우성이다.
- ○ (가)와 (나)의 유전자는 모두 X 염색체에 있다.
- ○ (가)는 아버지와 아들 ⓐ에게서만, (나)는 ⓐ에게서만 발현되었다.
- ○ 그림은 아버지의 G₁기 세포 Ⅰ로부터 정자가 형성되는 과정을, 표는 세포 ㉠~㉣에서 세포 1개당 H와 R의 DNA 상대량을 나타낸 것이다. ㉠~㉣은 Ⅰ~Ⅳ를 순서 없이 나타낸 것이다.

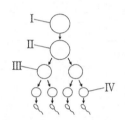

| 세포 | DNA 상대량 | |
|---|---|---|
| | H | R |
| ㉠ | 1 | 0 |
| ㉡ | ? | 1 |
| ㉢ | 2 | ? |
| ㉣ | 0 | ? |

- ○ 그림과 같이 Ⅱ에서 전좌가 일어나 X 염색체에 있는 2개의 ㉮ 중 하나가 22번 염색체로 옮겨졌다. ㉮는 H와 R 중 하나이다.
- ○ ⓐ는 Ⅲ으로부터 형성된 정자와 정상 난자가 수정되어 태어났다.

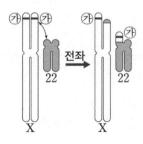

이에 대한 옳은 설명만을 〈보기〉에서 있는 대로 고른 것은? (단, 제시된 돌연변이 이외의 돌연변이와 교차는 고려하지 않으며, H와 R 각각의 1개당 DNA 상대량은 1이다.)

─── 〈보 기〉 ───

ㄱ. ㉠은 Ⅲ이다.
ㄴ. ㉮는 R이다.
ㄷ. ⓐ는 H와 h를 모두 갖는다.

① ㄱ    ② ㄴ    ③ ㄷ    ④ ㄱ, ㄷ    ⑤ ㄴ, ㄷ

**64.** 그림 (가)와 (나)는 각각 어떤 남자와 여자의 생식세포 형성 과정을, 표는 세포 ⓐ~ⓔ의 총 염색체 수와 X 염색체 수를 나타낸 것이다. (가)의 감수 1분열에서는 7번 염색체에서 비분리가 1회, 감수 2분열에서는 1개의 성염색체에서 비분리가 1회 일어났다. (나)의 감수 1분열에서는 21번 염색체에서 비분리가 1회, 감수 2분열에서는 1개의 성염색체에서 비분리가 1회 일어났다. ⓐ~ⓔ는 Ⅰ~Ⅴ를 순서 없이 나타낸 것이다.

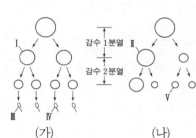

| 세포 | 총 염색체 수 | X 염색체 수 |
|---|---|---|
| ⓐ | 22 | 1 |
| ⓑ | 24 | 0 |
| ⓒ | 24 | 1 |
| ⓓ | 25 | 0 |
| ⓔ | ㉠ | 2 |

이에 대한 설명으로 옳은 것만을 〈보기〉에서 있는 대로 고른 것은? (단, 제시된 염색체 비분리 이외의 돌연변이는 고려하지 않으며, Ⅰ과 Ⅱ는 중기의 세포이다.)

─── 〈보 기〉 ───

ㄱ. ㉠=25이다.
ㄴ. Ⅲ의 Y 염색체 수는 2이다.
ㄷ. Ⅳ에는 7번 염색체가 있다.

① ㄱ    ② ㄴ    ③ ㄱ, ㄴ    ④ ㄱ, ㄷ    ⑤ ㄴ, ㄷ

**65.** 다음은 어떤 가족의 유전 형질 (가)~(다)에 대한 자료이다.

○ (가)는 대립유전자 A와 a에 의해, (나)는 대립유전자 B와 b에 의해, (다)는 대립유전자 D와 d에 의해 결정된다.

○ (가)~(다)의 유전자 중 2개는 서로 다른 상염색체에, 나머지 1개는 X 염색체에 있다.

○ 표는 아버지의 정자 Ⅰ과 Ⅱ, 어머니의 난자 Ⅲ과 Ⅳ, 딸의 체세포 Ⅴ가 갖는 A, a, B, b, D, d의 DNA 상대량을 나타낸 것이다.

| 구분 | 세포 | DNA 상대량 | | | | | |
|---|---|---|---|---|---|---|---|
| | | A | a | B | b | D | d |
| 아버지의 정자 | Ⅰ | 1 | 0 | ? | 0 | 0 | ? |
| | Ⅱ | 0 | 1 | 0 | 0 | ? | 1 |
| 어머니의 난자 | Ⅲ | ? | 1 | 0 | ? | ㉠ | 0 |
| | Ⅳ | 0 | ? | 1 | ? | 0 | ? |
| 딸의 체세포 | Ⅴ | 1 | ? | ? | ㉡ | ? | 0 |

○ Ⅰ과 Ⅱ 중 하나는 염색체 비분리가 1회 일어나 형성된 ⓐ <u>염색체 수가 비정상적인 정자</u>이고, 나머지 하나는 정상 정자이다. Ⅲ과 Ⅳ 중 하나는 염색체 비분리가 1회 일어나 형성된 ⓑ <u>염색체 수가 비정상적인 난자</u>이고, 나머지 하나는 정상 난자이다.

○ Ⅴ는 ⓐ와 ⓑ가 수정되어 태어난 딸의 체세포이며, 이 가족 구성원의 핵형은 모두 정상이다.

이에 대한 설명으로 옳은 것만을 〈보기〉에서 있는 대로 고른 것은? (단, 제시된 염색체 비분리 이외의 돌연변이는 고려하지 않으며, A, a, B, b, D, d 각각의 1개당 DNA 상대량은 1이다.)

〈보 기〉
ㄱ. (나)의 유전자는 X 염색체에 있다.
ㄴ. ㉠+㉡ = 2이다.
ㄷ. $\dfrac{\text{아버지의 체세포 1개당 B의 DNA 상대량}}{\text{어머니의 체세포 1개당 D의 DNA 상대량}} = \dfrac{1}{2}$ 이다.

① ㄱ   ② ㄴ   ③ ㄱ, ㄷ   ④ ㄴ, ㄷ   ⑤ ㄱ, ㄴ, ㄷ

**66.** 다음은 사람의 유전 형질 (가)~(다)에 대한 자료이다.

○ (가)~(다)의 유전자는 서로 다른 2개의 상염색체에 있다.

○ (가)는 대립유전자 A와 a에 의해, (나)는 대립유전자 B와 b에 의해, (다)는 대립유전자 D와 d에 의해 결정된다.

○ P의 유전자형은 AaBbDd이고, Q의 유전자형은 AabbDd이며, P와 Q의 핵형은 모두 정상이다.

○ 표는 P의 세포 Ⅰ~Ⅲ과 Q의 세포 Ⅳ~Ⅵ 각각에 들어 있는 A, a, B, b, D, d의 DNA 상대량을 나타낸 것이다. ㉠~㉢은 0, 1, 2를 순서 없이 나타낸 것이다.

| 사람 | 세포 | DNA 상대량 | | | | | |
|---|---|---|---|---|---|---|---|
| | | A | a | B | b | D | d |
| P | Ⅰ | 0 | 1 | ? | ㉢ | 0 | ㉡ |
| | Ⅱ | ㉠ | ㉡ | ㉠ | ? | ㉠ | ? |
| | Ⅲ | ? | ㉡ | 0 | ㉢ | ㉢ | ㉡ |
| Q | Ⅳ | ㉢ | ? | ? | 2 | ㉢ | ㉢ |
| | Ⅴ | ㉡ | ㉢ | 0 | ㉠ | ㉢ | ? |
| | Ⅵ | ㉠ | ? | ? | ㉠ | ㉡ | ㉠ |

○ 세포 ⓐ와 ⓑ 중 하나는 염색체의 일부가 결실된 세포이고, 나머지 하나는 염색체 비분리가 1회 일어나 형성된 염색체 수가 비정상적인 세포이다. ⓐ는 Ⅰ~Ⅲ 중 하나이고, ⓑ는 Ⅳ~Ⅵ 중 하나이다.

○ Ⅰ~Ⅵ 중 ⓐ와 ⓑ를 제외한 나머지 세포는 모두 정상 세포이다.

이에 대한 설명으로 옳은 것만을 〈보기〉에서 있는 대로 고른 것은? (단, 제시된 돌연변이 이외의 돌연변이와 교차는 고려하지 않으며, A, a, B, b, D, d 각각의 1개당 DNA 상대량은 1이다.)

〈보 기〉
ㄱ. (가)의 유전자와 (다)의 유전자는 같은 염색체에 있다.
ㄴ. Ⅳ는 염색체 수가 비정상적인 세포이다.
ㄷ. ⓐ에서 a의 DNA 상대량은 ⓑ에서 d의 DNA 상대량과 같다.

① ㄱ   ② ㄴ   ③ ㄷ   ④ ㄱ, ㄴ   ⑤ ㄱ, ㄷ

**67.** 다음은 어떤 가족의 유전 형질 (가)에 대한 자료이다.

○ (가)를 결정하는 데 관여하는 3개의 유전자는 모두 상염색체에 있으며, 3개의 유전자는 각각 대립유전자 H와 H*, R와 R*, T와 T*를 갖는다.

○ 그림은 아버지와 어머니의 체세포 각각에 들어 있는 일부 염색체와 유전자를 나타낸 것이다. 아버지와 어머니의 핵형은 모두 정상이다.

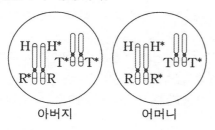

아버지          어머니

○ 아버지의 생식세포 형성 과정에서 ㉠이 1회 일어나 형성된 정자 P와 어머니의 생식세포 형성 과정에서 ㉡이 1회 일어나 형성된 난자 Q가 수정되어 자녀 ⓐ가 태어났다. ㉠과 ㉡은 염색체 비분리와 염색체 결실을 순서 없이 나타낸 것이다.

○ 그림은 ⓐ의 체세포 1개당 H*, R, T, T* DNA 상대량을 나타낸 것이다.

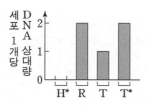

이에 대한 설명으로 옳은 것만을 〈보기〉에서 있는 대로 고른 것은? (단, 제시된 돌연변이 이외의 돌연변이와 교차는 고려하지 않으며, H, H*, R, R*, T, T* 각각의 1개당 DNA 상대량은 1이다.)

───── 〈보 기〉 ─────
ㄱ. 난자 Q에는 H가 있다.
ㄴ. 생식세포 형성 과정에서 염색체 비분리는 감수 2분열에서 일어났다.
ㄷ. ⓐ의 체세포 1개당 상염색체 수는 43이다.

① ㄱ      ② ㄴ      ③ ㄷ      ④ ㄱ, ㄴ      ⑤ ㄱ, ㄷ

**68.** 다음은 어떤 동물의 털색 유전에 대한 자료이다.

○ 털색의 표현형은 3가지이며, 상염색체에 존재하는 한 쌍의 대립유전자에 의해 털색이 결정된다.

○ 털색 대립유전자는, R, G, B 3가지이며, R은 G와 B에 대해, G는 B에 대해 완전 우성이다.

○ 붉은색 털 암컷 (가)와 녹색 털 수컷 (나)의 교배 결과는 다음과 같다.

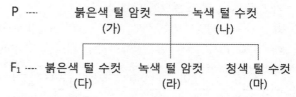

○ (라)가 태어날 때 (가)와 (나) 중 하나의 생식세포 형성 과정에서 염색체 돌연변이가 1회 일어났다.

○ (가)~(마)의 체세포 1개당 염색체 수는 모두 같다.

○ 표는 (가)~(마)에서 체세포 1개당 R, G, B의 DNA 상대량을 나타낸 것이다.

| 구분 | 대립유전자의 DNA 상대량 | | |
|------|------|------|------|
|      | R | G | B |
| (가) | 1 | ? | ㉠ |
| (나) | ? | 1 | ? |
| (다) | ㉡ | ? | ? |
| (라) | 0 | 2 | 1 |
| (마) | 0 | 0 | 2 |

이에 대한 설명으로 옳은 것만을 〈보기〉에서 있는 대로 고른 것은? (단, 제시된 돌연변이 이외의 다른 돌연변이와 교차는 고려하지 않으며, R, G, B 각각의 1개당 DNA 상대량은 1이다.)

───── 〈보 기〉 ─────
ㄱ. ㉠+㉡=2이다.
ㄴ. 이 동물의 털색 유전은 단일 인자 유전이다.
ㄷ. (나)의 감수 분열 과정에서 염색체 비분리가 일어나 형성된 생식세포가 수정되어 (라)가 태어났다.

① ㄱ      ② ㄷ      ③ ㄱ, ㄴ      ④ ㄴ, ㄷ      ⑤ ㄱ, ㄴ, ㄷ

## 69.

다음은 어떤 가족의 유전 형질 ㉠과 적록 색맹에 대한 자료이다.

○ ㉠을 결정하는 3개의 유전자는 각각 대립유전자 A와 a, B와 b, D와 d를 가지며, 이 중 2개의 유전자는 X 염색체에, 다른 1개는 상염색체에 존재한다.

○ ㉠의 표현형은 유전자형에서 대문자로 표시되는 대립유전자의 수에 의해서만 결정되며, 이 대립유전자의 수가 다르면 ㉠의 표현형이 다르다.

○ 표는 가족 구성원의 적록 색맹 여부와 ㉠의 유전자형에서 대문자로 표시되는 대립유전자의 수를 나타낸 것이다.

| 구성원 | 아버지 | 어머니 | 자녀1 | 자녀2 | 자녀3 |
|---|---|---|---|---|---|
| 성별 | 남 | 여 | 남 | ? | 여 |
| 적록 색맹 | 색맹 | 정상 | 색맹 | 정상 | ? |
| ㉠의 유전자형에서 대문자로 표시되는 대립유전자의 수 | 3 | 2 | 0 | 2 | 7 |

○ 자녀 2는 난자 ⓐ와 정상 정자가, 자녀 3은 난자 ⓑ와 정상 정자가 수정되어 태어났다. ⓐ와 ⓑ는 각각 감수 분열 시 성염색체 비분리가 1회씩 일어나 염색체 수에 이상이 생긴 난자이다.

이에 대한 설명으로 옳은 것만을 〈보기〉에서 있는 대로 고른 것은? (단, 제시된 비분리 이외의 돌연변이와 교차는 고려하지 않는다.)

─── 〈보 기〉 ───
ㄱ. 자녀 2는 클라인펠터 증후군이다.
ㄴ. ⓑ가 형성될 때 감수 2분열에서 염색체 비분리가 일어났다.
ㄷ. 자녀 3의 동생이 태어날 때, 이 아이의 ㉠과 적록 색맹에 대한 표현형이 아버지와 모두 같을 확률은 $\frac{1}{8}$이다.

① ㄱ　　② ㄷ　　③ ㄱ, ㄴ　　④ ㄴ, ㄷ　　⑤ ㄱ, ㄴ, ㄷ

## 70.

다음은 어떤 가족의 유전 형질 (가)에 대한 자료이다.

○ (가)를 결정하는 3개의 유전자는 각각 대립유전자 A와 a, B와 b, D와 d를 가진다.

○ (가)의 표현형은 유전자형에서 대문자로 표시되는 대립유전자의 수에 의해서만 결정되며, 이 대립유전자의 수가 다르면 표현형이 다르다.

○ (가)의 유전자형이 AaBbDd인 부모 사이에서 아이가 태어날 때, 이 아이에게서 나타날 수 있는 (가)의 표현형은 최대 5가지이다.

○ 감수 분열 시 염색체 비분리가 1회 일어나 ⓐ 염색체 수가 비정상적인 난자가 형성되었다. ⓐ와 정상 정자가 수정되어 아이가 태어났고, 이 아이는 자녀 1과 2 중 한 명이다.

○ 표는 이 가족 구성원 중 자녀 1과 2의 (가)에 대한 유전자형에서 대문자로 표시되는 대립유전자의 수를 나타낸 것이다.

| 구성원 | 대문자로 표시되는 대립유전자의 수 |
|---|---|
| 자녀 1 | 4 |
| 자녀 2 | 7 |

이에 대한 설명으로 옳은 것만을 〈보기〉에서 있는 대로 고른 것은? (단, 제시된 염색체 비분리 이외의 돌연변이와 교차는 고려하지 않는다.)

─── 〈보 기〉 ───
ㄱ. (가)의 유전은 다인자 유전이다.
ㄴ. 아버지에서 A, B, D를 모두 갖는 정자가 형성될 수 있다.
ㄷ. ⓐ의 형성 과정에서 염색체 비분리는 감수 2분열에서 일어났다.

① ㄱ　　② ㄴ　　③ ㄱ, ㄷ　　④ ㄴ, ㄷ　　⑤ ㄱ, ㄴ, ㄷ

## 71.
다음은 어떤 가족의 유전 형질 ㉠에 대한 자료이다.

○ ㉠을 결정하는 데 관여하는 3개의 유전자는 모두 상염색체에 있으며, 3개의 유전자는 각각 대립유전자 A와 a, B와 b, D와 d를 갖는다.

○ ㉠의 표현형은 유전자형에서 대문자로 표시되는 대립유전자의 수에 의해서만 결정되며, 이 대립유전자의 수가 다르면 표현형이 다르다.

○ 표 (가)는 이 가족 구성원의 ㉠에 대한 유전자형에서 대문자로 표시되는 대립유전자의 수를, (나)는 아버지로부터 형성된 정자 Ⅰ~Ⅲ이 갖는 A, a, B, D의 DNA 상대량을 나타낸 것이다. Ⅰ~Ⅲ 중 1개는 세포 P의 감수 1분열에서 염색체 비분리가 1회, 나머지 2개는 세포 Q의 감수 2분열에서 염색체 비분리가 1회 일어나 형성된 정자이다. P와 Q는 모두 $G_1$기 세포이다.

| 구성원 | 대문자로 표시되는 대립유전자의 수 |
|---|---|
| 아버지 | 3 |
| 어머니 | 3 |
| 자녀 1 | 8 |

(가)

| 정자 | A | a | B | D |
|---|---|---|---|---|
| Ⅰ | 0 | ? | 1 | 0 |
| Ⅱ | 1 | 1 | 1 | 1 |
| Ⅲ | 2 | ? | ? | ? |

(나)

○ Ⅰ~Ⅲ 중 1개의 정자와 정상 난자가 수정되어 자녀 1이 태어났다. 자녀 1을 제외한 나머지 가족 구성원의 핵형은 모두 정상이다.

이에 대한 설명으로 옳은 것만을 〈보기〉에서 있는 대로 고른 것은? (단, 제시된 염색체 비분리 이외의 돌연변이와 교차는 고려하지 않으며, A, a, B, b, D, d 각각의 1개당 DNA 상대량은 1이다.)

─── 〈보 기〉 ───
ㄱ. Ⅰ은 감수 2분열에서 염색체 비분리가 일어나 형성된 정자이다.

ㄴ. 자녀 1의 체세포 1개당 $\dfrac{\text{B의 DNA 상대량}}{\text{A의 DNA 상대량}} = 1$이다.

ㄷ. 자녀 1의 동생이 태어날 때, 이 아이에게서 나타날 수 있는 ㉠의 표현형은 최대 5가지이다.

① ㄱ　　② ㄴ　　③ ㄷ　　④ ㄱ, ㄴ　　⑤ ㄱ, ㄷ

## 72.
다음은 어떤 가족의 유전 형질 (가)에 대한 자료이다.

○ (가)는 21번 염색체에 있는 2쌍의 대립유전자 H와 h, T와 t에 의해 결정된다. (가)의 표현형은 유전자형에서 대문자로 표시되는 대립유전자의 수에 의해서만 결정되며, 이 대립 유전자의 수가 다르면 표현형이 다르다.

○ 어머니의 난자 형성 과정에서 21번 염색체 비분리가 1회 일어나 염색체 수가 비정상적인 난자 Q가 형성되었다. Q와 아버지의 정상 정자가 수정되어 @가 태어났으며, 부모의 핵형은 모두 정상이다.

○ 어머니의 (가)의 유전자형은 HHTt이고, @의 (가)의 유전자형에서 대문자로 표시되는 대립유전자의 수는 4이다.

○ @의 동생이 태어날 때, 이 아이에게서 나타날 수 있는 (가)의 표현형은 최대 2가지이고, ㉠의 아이가 가질 수 있는 (가)의 유전자형은 최대 4가지이다.

이에 대한 설명으로 옳은 것만을 〈보기〉에서 있는 대로 고른 것은? (단, 제시된 염색체 비분리 이외의 돌연변이와 교차는 고려하지 않는다.)

─── 〈보 기〉 ───
ㄱ. 아버지의 (가)의 유전자형에서 대문자로 표시되는 대립유전자의 수는 2이다.

ㄴ. ㉠ 중에는 HhTt가 있다.

ㄷ. 염색체 비분리는 감수 1분열에서 일어났다.

① ㄱ　　② ㄷ　　③ ㄱ, ㄷ　　④ ㄴ, ㄷ　　⑤ ㄱ, ㄴ, ㄷ

# PART 2

21문항

## 01.

사람의 유전 형질 (가)는 대립유전자 H와 h에 의해, (나)는 T와 t에 의해 결정된다. (가)와 (나)를 결정하는 유전자 중 하나는 X 염색체에, 나머지 하나는 상염색체에 있다. 그림은 G$_1$기의 세포 Q로부터 정자가 형성되는 과정을, 표는 세포 ㉠~㉢의 세포 1개당 H, t의 DNA 상대량을 나타낸 것이다. ㉠~㉢은 Ⅰ~Ⅲ을 순서 없이 나타낸 것이다. 이 정자 형성 과정에서 대립유전자 ⓐ가 대립유전자 ⓑ로 바뀌는 돌연변이가 1회 일어나 ⓑ를 갖는 세포가 형성되었다. ⓐ와 ⓑ는 (가)와 (나) 중 한 가지 형질을 결정하는 서로 다른 대립유전자이다.

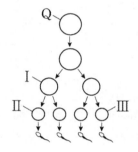

| 세포 | DNA 상대량 | |
|---|---|---|
| | H | t |
| ㉠ | 2 | 0 |
| ㉡ | 0 | 1 |
| ㉢ | 1 | 1 |

이에 대한 설명으로 옳은 것을 〈보기〉에서 있는 대로 고르고, □에 알맞은 말을 채우시오. (단, 제시된 돌연변이 이외의 돌연변이와 교차는 고려하지 않으며, H, h, T, t 각각의 1개당 DNA 상대량은 1이다.)

───── 〈보 기〉 ─────

ㄱ. Ⅱ는 □이다. (* ㉠~㉢ 중 하나)

ㄴ. ⓐ와 ⓑ는 각각 □와 □이다.

ㄷ. (가)를 결정하는 유전자는 상염색체에 있다.

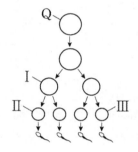

| 세포 | DNA 상대량 | |
|---|---|---|
| | H | t |
| ㉠ | 2 | 0 |
| ㉡ | 0 | 1 |
| ㉢ | 1 | 1 |

## 02.

사람의 유전 형질 ⓐ, ⓑ, ⓒ, ⓓ는 각각 1쌍의 대립유전자 A와 a, B와 b, D와 d, E와 e에 의해 결정된다. 표는 세포 ㉠~㉣의 세포 1개당 A, a, B, b, D, d, E, e의 DNA 상대량을 나타낸 것이다. ㉠~㉣은 어떤 사람 P의 G$_1$기 세포로부터 생식세포가 형성되는 과정에서 관찰되는 서로 다른 세포들이고, 이 과정에서 감수 1분열과 감수 2분열에서 염색체 비분리가 각각 1회씩 일어났다.

| 세포 | DNA 상대량 | | | | | | | |
|---|---|---|---|---|---|---|---|---|
| | A | a | B | b | D | d | E | e |
| ㉠ | 1 | ? | 1 | 1 | 0 | ? | 0 | 1 |
| ㉡ | 1 | 0 | 1 | 1 | 2 | ? | ? | ? |
| ㉢ | ? | 1 | 1 | ? | ? | 0 | 0 | ⓐ |
| ㉣ | 0 | 1 | 0 | ? | 0 | ? | ? | 1 |

이에 대한 설명으로 옳은 것을 〈보기〉에서 있는 대로 고르고, □에 알맞은 말을 채우시오. (단, A, a, B, b, D, d, E, e 각각의 1개당 DNA 상대량은 1이고, 제시된 염색체 비분리 이외의 돌연변이와 교차는 고려하지 않는다.)

───── 〈보 기〉 ─────

ㄱ. P의 성별은 □이다.

ㄴ. ⓐ은 □이다.

ㄷ. 성염색체에서 감수 2분열 비분리가 일어났다.

| 세포 | DNA 상대량 | | | | | | | |
|---|---|---|---|---|---|---|---|---|
| | A | a | B | b | D | d | E | e |
| ㉠ | 1 | ? | 1 | 1 | 0 | ? | 0 | 1 |
| ㉡ | 1 | 0 | 1 | 1 | 2 | ? | ? | ? |
| ㉢ | ? | 1 | 1 | ? | ? | 0 | 0 | ⓐ |
| ㉣ | 0 | 1 | 0 | ? | 0 | ? | ? | 1 |

## 03.

다음은 어떤 가족의 유전병 ㉠~㉢에 대한 자료이다.

○ ㉠은 대립유전자 H와 H*에 의해, ㉡은 대립유전자 R와 R*에 의해, ㉢은 대립유전자 T와 T*에 의해 결정된다. H는 H*에 대해, R는 R*에 대해, T는 T*에 대해 각각 완전 우성이다.

○ ㉠~㉢을 결정하는 유전자는 모두 X 염색체에 있다.

○ 감수 분열 시 부모 중 한 사람에게서만 염색체 비분리가 1회 일어나 ⓐ 염색체 수가 비정상적인 생식세포가 형성되었다. ⓐ가 정상 생식세포와 수정되어 아이가 태어났다. 이 아이는 자녀 2~4 중 하나이며, 클라인펠터 증후군을 나타낸다. 이 아이를 제외한 나머지 구성원의 핵형은 모두 정상이다.

○ 표는 구성원의 성별과 ㉠~㉢의 발현 여부를 나타낸 것이다.

| 구성원 | 성별 | ㉠ | ㉡ | ㉢ |
|---|---|---|---|---|
| 아버지 | 남 | ○ | ? | ○ |
| 어머니 | 여 | ? | ? | × |
| 자녀1 | 여 | × | × | ㉮ |
| 자녀2 | 남 | × | ○ | ○ |
| 자녀3 | 남 | × | ○ | × |
| 자녀4 | 남 | ○ | ○ | × |

(○: 발현됨, ×: 발현 안 됨)

이에 대한 설명으로 옳은 것을 〈보기〉에서 있는 대로 고르고, □에 알맞은 말을 채우시오. (단, 제시된 염색체 비분리 이외의 돌연변이와 교차는 고려하지 않는다.)

─────── 〈보 기〉 ───────

ㄱ. 어머니의 유전자형은 HH*RR*TT*이다.

ㄴ. ㉮는 □이다.

ㄷ. 클라인펠터 증후군을 나타내는 구성원은 □이다. (* □는 자녀 2~4 중 한 명)

## 04.

사람의 유전 형질 ⓐ는 3쌍의 대립유전자 A와 a, B와 b, D와 d에 의해 결정되며, 세 유전자는 모두 서로 다른 염색체에 존재한다. 표는 사람 I의 세포 (가)~(라)가 갖는 유전자 A, a, B, b, D, d의 DNA 상대량을 나타낸 것이다. (가)~(라)는 I의 $G_1$기 세포 P로부터 생식세포가 형성되는 과정에서 관찰되는 서로 다른 세포들이고, 이 과정에서 염색체 비분리가 1회 일어났다.

| 세포 | DNA 상대량 | | | | | |
|---|---|---|---|---|---|---|
| | A | a | B | b | D | d |
| (가) | ㉠ | ? | 0 | 0 | 0 | ㉡ |
| (나) | 0 | ? | 2 | 0 | ? | 1 |
| (다) | ? | 0 | ㉢ | ? | 2 | 2 |
| (라) | 1 | ? | 0 | 0 | ? | ? |

이에 대한 설명으로 옳은 것을 〈보기〉에서 있는 대로 고르고, □에 알맞은 말을 채우시오. (단, 제시된 염색체 비분리 이외의 돌연변이와 교차는 고려하지 않으며, A, a, B, b, D, d 각각의 1개당 DNA 상대량은 1이다.)

─────── 〈보 기〉 ───────

ㄱ. 비분리는 감수 □분열에서 일어났다. (* □는 1 또는 2)

ㄴ. ㉠+㉡+㉢=□이다.

ㄷ. (가)로부터 형성된 생식세포가 정상 생식세포와 수정되어 태어난 아이는 항상 여자이다.

## 복습용

| 세포 | DNA 상대량 | | | | | |
|---|---|---|---|---|---|---|
| | A | a | B | b | D | d |
| (가) | ㉠ | ? | 0 | 0 | 0 | ㉡ |
| (나) | 0 | ? | 2 | 0 | ? | 1 |
| (다) | ? | 0 | ㉢ | ? | 2 | 2 |
| (라) | 1 | ? | 0 | 0 | ? | ? |

**05.** 다음은 어떤 가족의 유전 형질 (가)~(다)에 대한 자료이다.

---

○ (가)는 대립유전자 H와 h에 의해, (나)는 대립유전자 R와 r에 의해, (다)는 대립유전자 T와 t에 의해 결정된다. H는 h에 대해, R은 r에 대해, T는 t에 대해 각각 완전 우성이다.

○ (가)~(다)를 결정하는 유전자는 모두 X 염색체에 있다.

○ 아버지와 어머니 중 한 사람의 생식세포 형성 과정에서 대립유전자 ㉠이 대립유전자 ㉡으로 바뀌는 돌연변이가 1회 일어나 ㉡을 갖는 생식세포가 형성되었다. ⓐ 이 생식세포가 정상 생식세포와 수정되어 자녀 1~3 중 한 명이 태어났다. ㉠과 ㉡은 같은 형질을 결정하는 서로 다른 대립유전자이다.

○ 표는 구성원의 성별과 (가)~(다)의 발현 여부를 나타낸 것이다.

| 구성원 | 성별 | (가) | (나) | (다) |
|--------|------|------|------|------|
| 아버지 | 남 | ? | ? | ? |
| 어머니 | 여 | ○ | ? | × |
| 자녀 1 | 남 | ○ | × | ○ |
| 자녀 2 | 여 | × | × | ○ |
| 자녀 3 | 남 | × | ○ | ○ |

(○ : 발현됨, × : 발현 안 됨)

---

이에 대한 설명으로 옳은 것을 〈보기〉에서 있는 대로 고르고, □에 알맞은 말을 채우시오. (단, 제시된 돌연변이 이외의 돌연변이와 교차는 고려하지 않는다.)

---
〈보 기〉

ㄱ. ㉡은 우성 형질이다.

ㄴ. ⓐ는 자녀 □이다.

ㄷ. ㉠과 ㉡은 각각 □와 □이다.

---

**06.** 다음은 어떤 집안의 유전 형질 (가)에 대한 자료이다.

---

○ (가)는 상염색체에 있는 1쌍의 대립유전자에 의해 결정되며, 대립유전자에는 A, B, D, E가 있다.

○ (가)에 대한 표현형은 4가지이며, A는 B, D, E에 대해, B는 D, E에 대해, D는 E에 대해 각각 완전 우성이다.

○ 그림은 구성원 1~9의 가계도를, 표는 6, 8, 9의 체세포 1개당 A의 DNA 상대량을 나타낸 것이다. ㉠~㉢은 0, 1, 2를 순서 없이 나타낸 것이다.

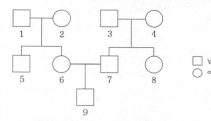

| 구성원 | A의 DNA 상대량 |
|--------|------|
| 6 | ㉠ |
| 8 | ㉡ |
| 9 | ㉢ |

□ 남자
○ 여자

○ 1~9의 유전자형은 각각 서로 다르다.

○ 3, 4, 7, 9의 표현형은 모두 다르고, 5, 6, 7, 8의 표현형도 모두 다르다.

○ 1의 생식세포 형성 과정에서 대립유전자 ⓐ가 대립유전자 ⓑ로 바뀌는 돌연변이가 1회 일어나 ⓑ를 갖는 생식세포가 형성되었다. 이 생식세포가 정상 생식세포와 수정되어 아이가 태어났다. 이 아이는 5와 6 중 하나이고, ⓐ와 ⓑ는 각각 A, B, D, E 중 하나이다.

---

〈보기〉에서 □에 알맞은 말을 채우시오. (단, 제시된 돌연변이 이외의 돌연변이와 교차는 고려하지 않으며, A, B, D, E 각각의 1개당 DNA 상대량은 1이다.)

---
〈보 기〉

ㄱ. 구성원 8의 (가)에 대한 유전자형은 □이다.

ㄴ. 1~9에 없는 유전자형은 □이다.

ㄷ. ⓑ는 □이다. (* □는 A, B, D, E 중 하나)

---

**07.** 그림 (가)와 (나)는 각각 핵형이 정상인 어떤 남자와 여자의 생식세포 형성 과정을, 표는 세포 @~ⓔ가 갖는 대립유전자 A, a, B, b, D, d의 DNA 상대량을 나타낸 것이다. A와 a, B와 b, D와 d는 각각 대립유전자이다. (가)와 (나) 중 하나에서는 감수 1분열에서 성염색체 비분리가 1회, 다른 하나는 감수 2분열에서 성염색체 비분리가 1회 일어났다. I ~ V는 @~ⓔ를 순서 없이 나타낸 것이다.

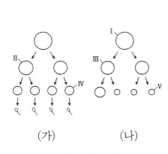

| 세포 | DNA 상대량 | | | | | |
|---|---|---|---|---|---|---|
| | A | a | B | b | D | d |
| @ | 2 | 0 | 2 | ? | 0 | ? |
| ⓑ | 0 | 2 | ? | 2 | 1 | 0 |
| ⓒ | 2 | ? | 0 | 2 | 0 | ? |
| ⓓ | 2 | ? | 2 | ? | ? | ? |
| ⓔ | ? | 0 | ? | 0 | 0 | 1 |

(가)          (나)

이에 대한 설명으로 옳은 것을 〈보기〉에서 있는 대로 고르고, □에 알맞은 말을 채우시오. (단, 제시된 염색체 비분리 이외의 돌연변이와 교차는 고려하지 않으며, I ~ Ⅲ은 중기의 세포이다. A, a, B, b, D, d 각각의 1개당 DNA 상대량은 1이다.)

─────〈보 기〉─────
ㄱ. I은 □이다. (* □는 @~ⓔ 중 하나)
ㄴ. (나)에서 감수 2분열 비분리가 일어났다.
ㄷ. Ⅱ로부터 형성된 생식세포와 Ⅲ으로부터 형성된 생식세포가 수정되어 태어난 아이의 핵형은 정상이다.

**08.** 다음은 어떤 집안의 유전 형질 (가)에 대한 자료이다.

○ (가)는 2쌍의 대립유전자 A와 a, B와 b에 의해 결정되고, 2쌍의 유전자 중 한 쌍은 상염색체에, 다른 한 쌍은 X 염색체에 존재한다.
○ (가)의 표현형은 유전자형에서 대문자로 표시되는 대립유전자의 수에 의해서만 결정되며, 이 대립유전자의 수가 다르면 표현형이 다르다.
○ 그림은 구성원 1~9의 가계도를 나타낸 것이다.

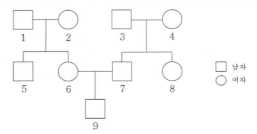

□ 남자
○ 여자

○ 표는 가계도 구성원의 (가)에 대한 유전자형에서 대문자로 표시되는 대립유전자의 수를 나타낸 것이다. @~ⓓ는 각각 서로 다르다.

| 구성원 | 대문자로 표시되는 대립유전자의 수 |
|---|---|
| 1, 4, 8 | @ |
| 2, 3, 6 | ⓑ |
| 5, 7 | ⓒ |
| 9 | ⓓ |

○ 1에는 a가 없고, 2에는 b가 없다.
○ 6의 생식세포 형성 과정에서 대립유전자 ㉠이 대립유전자 ㉡으로 바뀌는 돌연변이가 1회 일어나 ㉡을 갖는 생식세포가 형성되었다. 이 생식세포가 정상 생식세포와 수정되어 9가 태어났다. ㉠과 ㉡은 상염색체에 있는 서로 다른 대립유전자이다.

이에 대한 설명으로 옳은 것을 〈보기〉에서 있는 대로 고르고, □에 알맞은 말을 채우시오. (단, 제시된 돌연변이 이외의 돌연변이와 교차는 고려하지 않는다.)

─────〈보 기〉─────
ㄱ. A는 상염색체에 존재한다.
ㄴ. @, ⓑ, ⓒ, ⓓ는 각각 □, □, □, □이다.
ㄷ. 6의 (가)에 대한 유전자형은 □이다.

## 09.

표는 어떤 남자 Ⅰ과 여자 Ⅱ의 생식세포 ⓐ~ⓕ가 갖는 총 염색체 수와 X 염색체 수를 나타낸 것이다. ⓐ~ⓕ는 Ⅰ의 $G_1$기 세포 A와 Ⅱ의 $G_1$기 세포 B의 감수 2분열 결과 형성된 서로 다른 세포이다. A와 B의 감수 분열 과정 중 염색체 비분리가 감수 1분열에서 각각 1회씩, 감수 2분열에서 각각 1회씩 일어났고, 성염색체 비분리는 각각 1회씩만 일어났다. ⓐ~ⓕ 중 3개는 Ⅰ의 세포이고, 나머지 3개는 Ⅱ의 세포이며, ⓛ은 ⊙보다 크다.

| 세포 | 총 염색체 수 | X 염색체 수 |
|---|---|---|
| ⓐ | 24 | ⊙ |
| ⓑ | 23 | ⓛ |
| ⓒ | 23 | ? |
| ⓓ | 21 | ? |
| ⓔ | ? | 2 |
| ⓕ | 22 | 1 |

이에 대한 설명으로 옳은 것을 〈보기〉에서 있는 대로 고르고, □에 알맞은 말을 채우시오. (단, 제시된 염색체 비분리 이외의 돌연변이는 고려하지 않는다.)

─── 〈보 기〉 ───

ㄱ. ⓑ는 □의 세포이다. (* □는 Ⅰ과 Ⅱ 중 하나)

ㄴ. ⊙+ⓛ=□이다.

ㄷ. Ⅰ에서 성염색체 비분리는 감수 2분열에서 일어났다.

## 10.

다음은 어떤 가족의 유전 형질 (가)와 (나)에 대한 자료이다.

○ (가)는 대립유전자 H와 H*에 의해, (나)는 대립유전자 T와 T*에 의해 결정되며, H는 H*에 대해, T는 T*에 대해 각각 완전 우성이다.

○ (가)를 결정하는 유전자와 (나)를 결정하는 유전자는 모두 X 염색체에 있다.

○ 감수 분열 시 부모 중 한 사람에게서만 성염색체 비분리가 1회 일어나 ⓐ 염색체 수가 비정상적인 생식세포가 형성되었다. ⓐ가 정상 생식세포와 수정되어 자녀 1이 태어났으며, 이 아이는 클라인펠터 증후군을 나타낸다. 이 아이를 제외한 나머지 구성원의 핵형은 모두 정상이다.

○ 표는 가족 구성원에서 (가)와 (나)의 발현 여부와 체세포 1개당 ⓗ와 ⓣ의 DNA 상대량을 나타낸 것이다. ⊙~ⓔ은 아버지, 어머니, 자녀 1, 자녀 2를 순서 없이 나타낸 것이고, 자녀 2는 여자이다. ⓗ는 H와 H* 중 하나이고, ⓣ는 T와 T* 중 하나이다.

| 구성원 | 형질 | | DNA 상대량 | |
|---|---|---|---|---|
| | (가) | (나) | ⓗ | ⓣ |
| ⊙ | ? | × | 2 | ? |
| ⓛ | × | × | ? | 1 |
| ⓒ | ? | ? | 0 | 1 |
| ⓔ | ○ | ○ | 2 | 2 |

(○: 발현됨, ×: 발현 안 됨)

이에 대한 설명으로 옳은 것을 〈보기〉에서 있는 대로 고르고, □에 알맞은 말을 채우시오. (단, 제시된 염색체 비분리 이외의 돌연변이와 교차는 고려하지 않으며, H, H*, T, T* 각각의 1개당 DNA 상대량은 1이다.)

─── 〈보 기〉 ───

ㄱ. ⓒ은 □이다. (* □는 아버지, 어머니, 자녀 1, 자녀 2 중 하나)

ㄴ. ⓗ는 □이다. (* □는 H와 H* 중 하나)

ㄷ. ⓐ는 상동 염색체의 비분리가 일어나 형성된 난자이다.

**11.** 사람의 유전 형질 ⓧ, ⓨ, ⓩ는 각각 1쌍의 대립유전자 H와 h, R와 r, T와 t에 의해 결정된다. 그림 (가)와 (나)는 각각 핵형이 정상인 어떤 남자와 여자의 생식세포 형성 과정을, 표는 세포 ⓐ~ⓔ가 갖는 대립유전자 H, h, R, r, T, t의 DNA 상대량을 나타낸 것이다. (가)와 (나)에서 염색체 비분리가 각각 1회씩 일어났으며, (가)와 (나)에서 감수 2분열 결과 형성된 세포를 총 염색체 수를 기준으로 분류할 때, 총 염색체 수가 23인 세포의 수가 가장 많다. ⓐ~ⓔ는 Ⅰ~Ⅴ를 순서 없이 나타낸 것이고, Ⅳ로부터 형성된 정자와 Ⅴ로부터 형성된 난자가 수정되어 태어난 아이의 핵형은 정상이다.

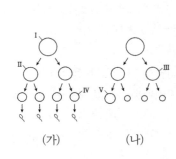

| 세포 | DNA 상대량 | | | | | |
|---|---|---|---|---|---|---|
| | H | h | R | r | T | t |
| ⓐ | ? | 0 | 2 | ? | ? | 2 |
| ⓑ | 0 | 2 | ㉠ | 0 | ? | 2 |
| ⓒ | 2 | ? | 0 | 2 | 2 | ? |
| ⓓ | 2 | ㉡ | 2 | 2 | 0 | 2 |
| ⓔ | ? | ? | ? | ㉢ | ? | 0 |

(가)　　　　(나)

이에 대한 설명으로 옳은 것을 〈보기〉에서 있는 대로 고르고, □에 알맞은 말을 채우시오. (단, 제시된 염색체 비분리 이외의 돌연변이와 교차는 고려하지 않으며, H, h, R, r, T, t 각각의 1개당 DNA 상대량은 1이다. Ⅰ~Ⅲ은 중기의 세포이다. )

─〈보기〉─
ㄱ. ㉠+㉡+㉢=□이다.
ㄴ. ⓑ는 □이다. (* □는 Ⅰ~Ⅴ 중 하나)
ㄷ. Ⅱ에서 R와 t는 같은 염색체에 있다.

**12.** 다음은 어떤 가족의 유전 형질 (가)~(다)에 대한 자료이다.

○ (가)는 대립유전자 A와 a에 의해, (나)는 대립유전자 B와 b에 의해, (다)는 대립유전자 D와 d에 의해 결정된다.
○ 표는 아버지의 정자 Ⅰ과 Ⅱ, 어머니의 난자 Ⅲ과 Ⅳ, 자녀의 체세포 Ⅴ가 갖는 A, a, B, b, D, d의 DNA 상대량을 나타낸 것이다.

| 구분 | 세포 | DNA 상대량 | | | | | |
|---|---|---|---|---|---|---|---|
| | | A | a | B | b | D | d |
| 아버지의 정자 | Ⅰ | 0 | ⓧ | 0 | 1 | ? | 1 |
| | Ⅱ | ? | 0 | ? | 0 | 0 | ? |
| 어머니의 난자 | Ⅲ | ? | ? | ⓨ | 0 | ? | ? |
| | Ⅳ | ? | 0 | 0 | 0 | ? | 1 |
| 자녀의 체세포 | Ⅴ | 0 | ? | 1 | ? | 0 | ⓩ |

○ Ⅴ는 ⓐ Ⅰ과 Ⅱ 중 하나의 세포와 ⓑ Ⅲ과 Ⅳ 중 하나의 세포가 수정되어 태어난 자녀의 체세포이다.
○ ⓐ와 ⓑ 중 하나의 형성 과정에서만 대립유전자 ㉠이 대립유전자 ㉡으로 바뀌는 돌연변이가 1회 일어나 ㉡을 갖는 생식세포이다. ㉠과 ㉡은 같은 형질을 결정하는 서로 다른 대립유전자이다.

〈보기〉에서 □에 알맞은 말을 채우시오. (단, 제시된 돌연변이 이외의 돌연변이와 교차는 고려하지 않으며, A, a, B, b, D, d 각각의 1개당 DNA 상대량은 1이다.)

─〈보기〉─
ㄱ. ⓐ와 ⓑ는 각각 □와 □이다.
ㄴ. ㉠과 ㉡은 각각 □와 □이다.
ㄷ. ⓧ+ⓨ+ⓩ = □이다.

**13.** 다음은 어떤 집안의 유전 형질 (가)와 (나)에 대한 자료이다.

○ (가)는 대립유전자 H와 h에 의해, (나)는 대립유전자 T와 t에 의해 결정된다. H는 h에 대해, T는 t에 대해 각각 완전 우성이다.

○ 가계도는 구성원 ⓐ를 제외한 구성원 1~9에게서 (가)와 (나)의 발현 여부를 나타낸 것이다.

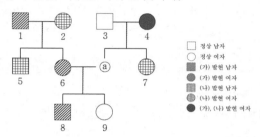

| 정상 남자 |
|---|
| 정상 여자 |
| (가) 발현 남자 |
| (가) 발현 여자 |
| (나) 발현 남자 |
| (나) 발현 여자 |
| (가), (나) 발현 여자 |

○ 표는 구성원 2, ⓐ, 8에서 체세포 1개당 H와 t, h와 T의 DNA 상대량을 각각 더한 값을 나타낸 것이다. ⊙~⑩은 0, 1, 2, 3, 4를 순서 없이 나타낸 것이다.

| 구성원 | 2 | ⓐ | 8 |
|---|---|---|---|
| H와 t의 DNA 상대량을 더한 값 | ⊙ | ⓛ | ⓒ |
| h와 T의 DNA 상대량을 더한 값 | ⓔ | ? | ⓛ |

○ 6과 ⓐ 중 한 명의 생식세포 형성 과정에서 대립유전자 ㉮가 대립유전자 ㉯로 바뀌는 돌연변이가 1회 일어나 ㉯를 갖는 생식세포가 형성되었다. 이 생식세포가 정상 생식세포와 수정되어 아이가 태어났다. 이 아이는 8과 9 중 한 명이고, ㉮와 ㉯는 (가)와 (나) 중 한 가지 형질을 결정하는 서로 다른 대립유전자이다.

〈보기〉에서 □에 알맞은 말을 채우시오. (단, 제시된 돌연변이 이외의 돌연변이와 교차는 고려하지 않으며, H, h, T, t 각각의 1개당 DNA 상대량은 1이다.)

─── 〈보 기〉 ───
ㄱ. ⑩은 □이다. (* □는 0, 1, 2, 3, 4 중 하나)
ㄴ. ㉮는 □이다. (* □는 H, h, T, t 중 하나)
ㄷ. 9의 동생이 태어날 때, 이 아이에게서 (가)와 (나) 중 (가)만 발현될 확률은 □이다.

**14.** 다음은 어떤 집안의 유전 형질 (가)와 (나)에 대한 자료이다.

○ (가)는 대립유전자 H와 h에 의해, (나)는 대립유전자 T와 t에 의해 결정된다. H는 h에 대해, T는 t에 대해 각각 완전 우성이다.

○ 가계도는 구성원 ⓐ와 ⓑ를 제외한 구성원 1~7에게서 (가)와 (나)의 발현 여부를 나타낸 것이다.

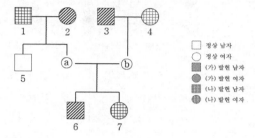

| 정상 남자 |
|---|
| 정상 여자 |
| (가) 발현 남자 |
| (가) 발현 여자 |
| (나) 발현 남자 |
| (나) 발현 여자 |

○ 표는 구성원 5, ⓐ, ⓑ에서 체세포 1개당 ⊙과 ⓛ의 DNA 상대량을 각각 더한 값(⊙+ⓛ)을 나타낸 것이다. ⊙+ⓛ은 h+T와 H+t 중 하나이다.

| 구성원 | 5 | ⓐ | ⓑ |
|---|---|---|---|
| ⊙+ⓛ | 2 | 1 | 0 |

○ ⓑ의 생식세포 형성 과정에서 대립유전자 ㉮가 대립유전자 ㉯로 바뀌는 돌연변이가 1회 일어나 ㉯를 갖는 생식세포가 형성되었다. 이 생식세포가 정상 생식세포와 수정되어 아이가 태어났다. 이 아이는 6과 7 중 한 명이고, ㉮와 ㉯는 (가)와 (나) 중 한 가지 형질을 결정하는 서로 다른 대립유전자이다.

이에 대한 설명으로 옳은 것만을 〈보기〉에서 있는 대로 고르고, □에 알맞은 말을 채우시오. (단, 제시된 돌연변이 이외의 돌연변이와 교차는 고려하지 않으며, H, h, T, t 각각의 1개당 DNA 상대량은 1이다.)

─── 〈보 기〉 ───
ㄱ. ⊙+ⓛ은 h+T이다.
ㄴ. ㉮는 □이다. (* □는 H, h, T, t 중 하나)
ㄷ. 7의 동생이 태어날 때, 이 아이에게서 (가)와 (나) 중 (가)만 발현될 확률은 □이다.

**15.** 사람의 유전 형질 ㉮는 1쌍의 대립유전자에 의해 결정되며, 대립유전자에는 A, B, D가 있다. ㉯는 E와 e에 의해 결정된다. 표는 사람 Ⅰ의 세포 (가)~(다)와 사람 Ⅱ의 세포 (라)~(바)에서 유전자 ㉠~㉢의 유무를 나타낸 것이다. ㉠~㉢은 A, B, D, E, e를 순서 없이 나타낸 것이다. (나)와 (다) 중 하나의 형성되는 과정에서 대립유전자 ⓐ가 ⓑ로 바뀌는 돌연변이가 1회 일어나 ⓑ를 갖게 되었고, (마)와 (바) 중 하나의 형성되는 과정에서 대립유전자 ⓑ가 ⓐ로 바뀌는 돌연변이가 1회 일어나 ⓐ를 갖게 되었다. ⓐ와 ⓑ는 ㉮와 ㉯ 중 한 가지 형질을 결정하는 서로 다른 대립유전자이고, (나), (다), (마), (바)는 모두 생식세포이다.

| 유전자 | Ⅰ의 세포 | | | Ⅱ의 세포 | | |
|---|---|---|---|---|---|---|
| | (가) | (나) | (다) | (라) | (마) | (바) |
| ㉠ | ○ | ? | ○ | ○ | × | ? |
| ㉡ | ○ | × | × | × | ? | × |
| ㉢ | ? | ○ | ? | ○ | × | ○ |
| ㉣ | ○ | × | ? | ? | ○ | × |
| ㉤ | ? | ○ | ○ | × | ? | ? |

(○ : 있음, × : 없음)

이에 대한 설명으로 옳은 것만을 〈보기〉에서 있는 대로 고르고, □에 알맞은 말을 채우시오. (단, 제시된 돌연변이 이외의 돌연변이와 교차는 고려하지 않는다.)

───── 〈보 기〉 ─────
ㄱ. (라)의 핵상은 □이다.
ㄴ. ⓐ와 ⓑ는 각각 □와 □이다.
ㄷ. (나)와 정상 생식세포가 수정되어 태어난 아이는 항상 여자이다.

**16.** 다음은 어떤 가족의 유전 형질 X와 Y에 대한 자료이다.

○ X를 결정하는 데 관여하는 3개의 유전자와 Y를 결정하는 데 관여하는 1개의 유전자는 서로 다른 상염색체에 있으며, 4개의 유전자는 각각 대립유전자 A와 a, B와 b, D와 d, E와 e를 갖는다.

○ X의 표현형은 유전자형에서 ⓐ, ⓑ, ⓒ를 더한 값에 따라 결정되며, ⓐ, ⓑ, ⓒ를 더한 값이 다르면 표현형이 다르다. Y의 표현형은 ⓓ의 수에 따라 결정되며, ⓓ의 수가 다르면 표현형이 다르다. ⓐ, ⓑ, ⓒ, ⓓ는 A, D, E를 순서 없이 나타낸 것이다.

○ 표 (가)는 이 가족 구성원의 X에 대한 유전자형에서 대문자로 표시되는 대립유전자의 수(ⓐ+ⓑ+ⓒ)와 Y에 대한 유전자형에서 대문자로 표시되는 대립유전자의 수(ⓓ)를, (나)는 아버지로부터 형성된 정자 Ⅰ~Ⅲ이 갖는 A, B, D, E의 DNA 상대량을 나타낸 것이다. Ⅰ~Ⅲ 중 1개는 세포 P의, ㉠ 나머지 2개는 세포 Q의 감수 분열 결과 형성된 정자이다. P의 감수 분열 과정에서 상동 염색체 비분리가 Q의 감수 분열 과정에서 염색 분체 비분리가 각각 1회씩 일어났다. P와 Q는 모두 G₁기 세포이고, ⓧ+ⓨ+ⓩ=7이다.

| 구성원 | ⓐ+ⓑ+ⓒ | ⓓ |
|---|---|---|
| 아버지 | ⓧ | ? |
| 어머니 | 3 | 1 |
| 자녀 1 | 8 | ? |

(가)

| 정자 | DNA 상대량 | | | |
|---|---|---|---|---|
| | A | B | D | E |
| Ⅰ | 0 | 2 | 1 | ⓨ |
| Ⅱ | 0 | 1 | ? | ? |
| Ⅲ | 1 | 2 | ⓩ | 0 |

(나)

○ Ⅰ~Ⅲ 중 1개의 정자와 정상 난자가 수정되어 자녀 1이 태어났다. 자녀 1을 제외한 나머지 가족 구성원의 핵형은 모두 정상이다.

이에 대한 설명으로 옳은 것을 〈보기〉에서 있는 대로 고르고, □에 알맞은 말을 채우시오. (단, 제시된 염색체 비분리 이외의 돌연변이와 교차는 고려하지 않으며, A, a, B, b, D, d, E, e 각각의 1개당 DNA 상대량은 1이다.)

───── 〈보 기〉 ─────
ㄱ. ㉠은 모두 감수 2분열에서 염색체 비분리가 1회 일어나 형성된 정자이다.
ㄴ. 아버지의 X와 Y에 대한 유전자형은 □이다.
ㄷ. 자녀 1의 동생이 태어날 때, 이 아이에게서 나타날 수 있는 X와 Y의 표현형은 최대 □가지이다.

**17.** 사람의 유전 형질 ⓐ, ⓑ, ⓒ는 각각 대립유전자 A와 a, B와 b, D와 d에 의해 결정된다. ⓐ를 결정하는 유전자는 21번 염색체에, ⓑ와 ⓒ는 성염색체에 존재한다. 그림 (가)와 (나)는 각각 어떤 남자와 여자의 생식세포 형성 과정을, 표는 세포 ㉮~㉺가 갖는 유전자 ㉠~㉻의 DNA 상대량을 나타낸 것이다. ㉮~㉺는 Ⅰ~Ⅴ를 순서 없이, ㉡~㉻는 a, B, b, D, d를 순서 없이 나타낸 것이다. ㉠은 A이다. (가)의 감수 1분열에서 21번 염색체의 비분리가 1회, (나)의 감수 1분열에서 성염색체의 비분리가 1회 일어났다.

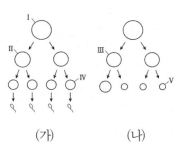

(가)          (나)

| 세포 | DNA 상대량 | | | | | |
|---|---|---|---|---|---|---|
| | ㉠ | ㉡ | ㉢ | ㉣ | ㉤ | ㉥ |
| ㉮ | 2 | 0 | 2 | 2 | 0 | 2 |
| ㉯ | ? | 0 | ⓧ | 1 | ? | 0 |
| ㉰ | ⓨ | ? | 2 | ? | 2 | 0 |
| ㉱ | 2 | ? | 2 | 0 | ? | 2 |
| ㉲ | 0 | ? | ⓩ | ? | 0 | 1 |

〈보기〉에서 □에 알맞은 말을 채우시오. (단, 제시된 염색체 비분리 이외의 돌연변이와 교차는 고려하지 않으며, A, a, B, b, D, d 각각의 1개당 DNA 상대량은 1이다. Ⅰ~Ⅲ은 중기의 세포이다.)

─〈보 기〉─

ㄱ. a는 □이다. (* □는 ㉡~㉥ 중 하나)

ㄴ. ㉱는 □이다. (* □는 Ⅰ~Ⅴ 중 하나)

ㄷ. ⓧ+ⓨ+ⓩ=□이다.

---

**18.** 다음은 어떤 집안의 유전 형질 ㉠~㉢에 대한 자료이다.

- ㉠은 대립유전자 H와 h에 의해, ㉡은 R와 r에 의해, ㉢은 T와 t에 의해 결정된다. H는 h에 대해, R은 r에 대해, T는 t에 대해 각각 완전 우성이다.
- ㉠~㉢의 유전자는 모두 X 염색체에 있다.
- 가계도는 구성원 ⓧ와 ⓨ를 제외한 구성원 1~8에게서 ㉠~㉢ 중 ㉠과 ㉡의 발현 여부를 나타낸 것이다.

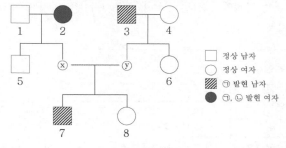

□ 정상 남자
○ 정상 여자
▨ ㉠ 발현 남자
● ㉠, ㉡ 발현 여자

- 1, 3, 4, 5, 7에서는 ㉢이 발현되었고, 2, 6, 8에서는 ㉢이 발현되지 않았다.
- 5와 ⓧ, 6과 ⓨ, 7과 8 각각에서 한 명은 정상 난자와 정상 정자가 수정되어 태어났다. ⓐ 나머지 1명은 부모 중 한 사람의 생식세포 형성 과정에서 대립유전자가 같은 형질을 결정하는 다른 대립유전자로 바뀌는 돌연변이가 1회 일어나 다른 대립유전자를 갖는 생식세포가 형성되었고, 이 생식세포가 정상 생식세포와 수정되어 태어났다. 1과 2, 3과 4, ⓧ와 ⓨ의 생식세포 형성 과정에서 돌연변이가 일어난 유전자가 결정하는 형질은 모두 다르다.

이에 대한 설명으로 옳은 것을 〈보기〉에서 있는 대로 고르고, □에 알맞은 말을 채우시오. (단, 제시된 돌연변이 이외의 돌연변이와 교차는 고려하지 않는다.)

─〈보 기〉─

ㄱ. ⓧ는 여자다.

ㄴ. 5, 6, 7 중 ⓐ는 □명이다.

ㄷ. 8의 동생이 태어날 때, 이 아이의 ㉠~㉢에 대한 표현형이 ⓧ와 같을 확률은 □이다.

## 19.

사람의 유전 형질 ⓧ는 3쌍의 대립유전자 A와 a, B와 b, D와 d에 의해 결정되며, 세 유전자는 모두 다른 염색체에 존재한다. 표는 어떤 사람 Ⅰ의 $G_1$기 세포 P의 감수 분열 과정에서 나타나는 서로 다른 세포 (가)~(다)와 Ⅱ의 $G_1$기 세포 Q의 감수 분열 과정에서 나타나는 서로 다른 세포 (라)~(바)에서 유전자 ㉠~㉥의 유무를 나타낸 것이다. ㉠~㉥은 A, a, B, b, D, d를 순서 없이 나타낸 것이다. P의 분열 과정에서 18번 염색체 비분리가 1회, Q의 분열 과정에서 21번 염색체 비분리가 1회 일어났고, (라)~(바)의 핵상은 모두 다르다.

| 유전자 | Ⅰ의 세포 | | | Ⅱ의 세포 | | |
|---|---|---|---|---|---|---|
| | (가) | (나) | (다) | (라) | (마) | (바) |
| ㉠ | ○ | × | ○ | ○ | ○ | ○ |
| ㉡ | ○ | × | ? | × | ○ | × |
| ㉢ | × | ? | × | × | ? | ○ |
| ㉣ | ○ | × | ? | ○ | ? | × |
| ㉤ | × | ○ | ○ | ○ | × | × |
| ㉥ | ○ | × | ○ | × | ? | × |

(○ : 있음, × : 없음)

이에 대한 설명으로 옳은 것을 〈보기〉에서 있는 대로 고르고, □에 알맞은 말을 채우시오. (단, 제시된 염색체 비분리 이외의 돌연변이는 고려하지 않는다.)

〈보 기〉

ㄱ. Ⅰ의 성별은 □이다.
ㄴ. ㉢의 대립유전자는 □이다.
ㄷ. (마)로부터 형성된 생식세포와 정상 생식세포가 수정되어 태어난 아이는 다운 증후군의 염색체 이상을 보인다.

## 20.

다음은 어떤 집안의 유전 형질 ㉠~㉢에 대한 자료이다.

- ㉠은 대립유전자 H와 h에 의해, ㉡은 R와 r에 의해, ㉢은 T와 t에 의해 결정된다. H는 h에 대해, R은 r에 대해, T는 t에 대해 각각 완전 우성이다.
- ㉠~㉢의 유전자 중 2개는 X 염색체에, 나머지 1개는 상염색체에 있다.
- 가계도는 구성원 ⓧ와 ⓨ를 제외한 구성원 1~8에게서 ㉠~㉢ 중 ㉠과 ㉡의 발현 여부를 나타낸 것이다.

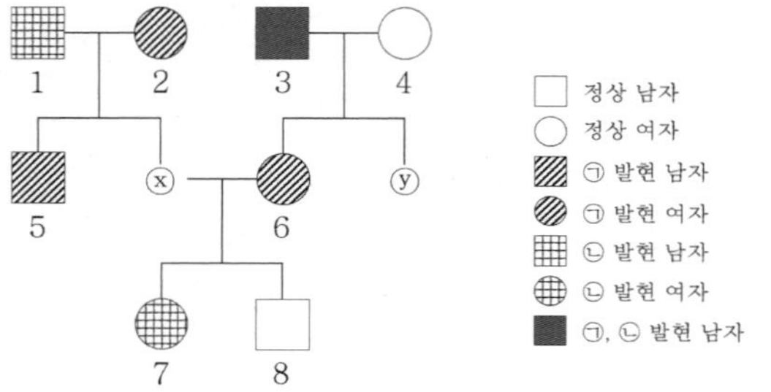
1
2
3
4
5
ⓧ
6
ⓨ
7
8
정상 남자
정상 여자
㉠ 발현 남자
㉠ 발현 여자
㉡ 발현 남자
㉡ 발현 여자
㉠, ㉡ 발현 남자

- 1, 2, 6에서는 ㉢이 발현되었고, 3, 7에서는 ㉢이 발현되지 않았다. ⓧ와 ⓨ를 포함한 이 가족 구성원 중 ㉢이 발현된 구성원과 발현되지 않은 구성원의 수는 같다.
- 이 가계도 구성원의 핵형은 모두 정상이며, ⓧ와 ⓨ의 ㉠~㉢에 대한 표현형은 모두 같다.
- 5와 ⓧ, 6과 ⓨ, 7과 8 각각에서 한 명은 정상 난자와 정상 정자가 수정되어 태어났다. ⓐ 나머지 1명은 염색체 수가 비정상적인 난자와 염색체 수가 비정상적인 정자가 수정되어 태어났으며, 이 난자와 정자 형성 과정에서 각각 성염색체 비분리가 1회씩 일어났다.

이에 대한 설명으로 옳은 것을 〈보기〉에서 있는 대로 고르고, □에 알맞은 말을 채우시오. (단, 제시된 염색체 비분리 이외의 돌연변이와 교차는 고려하지 않는다.)

〈보 기〉

ㄱ. ㉢을 결정하는 유전자는 X 염색체에 있다.
ㄴ. ⓧ, 6, 7 중 ⓐ는 □명이다.
ㄷ. 8의 동생이 태어날 때, 이 아이의 ㉠~㉢에 대한 표현형이 ⓧ와 같을 확률은 □이다.

**21.** 다음은 어떤 가족의 유전 형질 (가)에 대한 자료이다.

---

○ (가)는 3쌍의 대립유전자 H와 h, R와 r, T와 t에 의해 결정되며, 2쌍은 21번 염색체에, 나머지 1쌍은 7번 염색체에 있다. (가)의 표현형은 유전자형에서 대문자로 표시되는 대립유전자의 수에 의해서만 결정되며, 이 대립유전자의 수가 다르면 표현형이 다르다.

○ 아버지의 생식세포 형성 과정에서 $G_1$기 때 21번 염색체에 있는 대립유전자 ㉠이 7번 염색체로 이동하는 돌연변이가 1회 일어나 7번 염색체에 ㉠이 있는 정자 P가 형성되었고, 어머니의 생식세포 형성 과정에서 염색체 비분리가 1회 일어나 염색체 수가 비정상적인 난자 Q가 형성되었다. P와 Q가 수정되어 ⓐ가 태어났으며, 부모의 핵형은 모두 정상이고, ㉠은 H, h, R, r, T, t 중 하나이다.

○ 아버지의 (가)의 유전자형은 HHRrTt이고, ⓐ의 (가)의 유전자형에서 대문자로 표시되는 대립유전자의 수는 9이다.

○ 표는 어머니에게서 특정 대립유전자를 갖는 생식세포의 형성 가능 여부를 나타낸 것이다. ㉮와 ㉯는 '가능'과 '불가능'을 순서 없이 나타낸 것이다.

| 생식세포 | 유전자 | 형성 여부 |
|:---:|:---:|:---:|
| I | H, r | ㉮ |
| II | H, t | ㉮ |
| III | R, t | ㉯ |
| IV | h, R | ㉯ |

---

□에 알맞은 말을 채우시오. (단, 제시된 돌연변이 이외의 돌연변이와 교차는 고려하지 않는다.)

― 〈보 기〉 ―

ㄱ. ㉠은 □이다.

ㄴ. ㉮는 □이다. (* □는 '가능' 또는 '불가능')

ㄷ. ⓐ의 (가)에 대한 유전자형은 □이다.

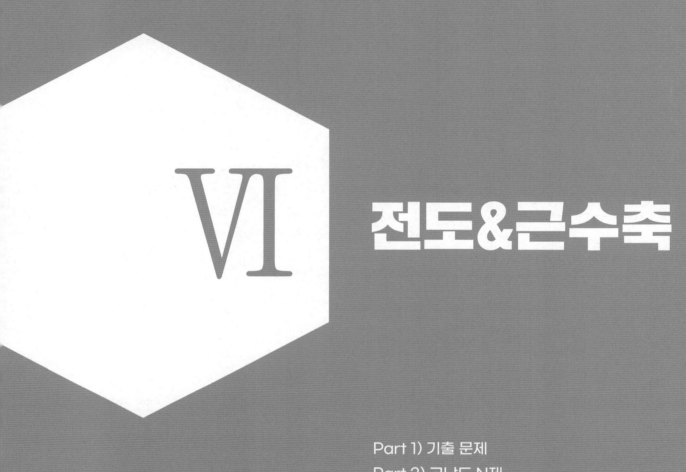

# VI

# 전도&근수축

# 전도와 관련된 실전 개념 정리

① 문제에서 제시된 전체 시간은 흥분이 특정 지점까지 도달하는 데 걸린 시간과 막전위가 변하는 시간으로 나누어 생각합니다.
(전체 시간) = (도달 시간) + (막전위 변화 시간)

이를 활용하면 두 지점에서 (막전위 변화 시간)이 같은 경우, (도달 시간)이 같음을 알 수 있습니다.
이때, 자극을 준 지점으로부터 두 지점의 거리 비가 a:b라면, 도달 시간이 같기 위해선 속도 비가 a:b여야 함을 알 수 있습니다.
(* 거리 = 속력×시간입니다.)
이 부분은 '거리비 속도비'라 불리며 자주 쓰이는 논리이므로 알아두시기 바랍니다.

② 일반적으로 전체 시간은 일정합니다.
따라서 자극을 준 지점에서 가까운 지점일수록 도달 시간이 짧아지므로 막전위 변화 시간은 길어집니다.
즉, 전체 시간이 같을 때, 막전위 그래프에서 오른쪽에 있는 지점일수록 자극이 먼저 도달한 지점입니다.

또한, 전도하는 데 걸린 시간만큼 막전위 그래프 시간이 줄어듭니다.
이를 통해 막전위 그래프에서의 시간 간격을 전도 시간으로 치환하여 생각할 수 있어야 합니다.

③ 문제에서 전체 시간이 바뀌더라도, 자극을 준 지점과 막전위 측정 지점이 같다면 (도달 시간)은 동일합니다.
따라서 막전위 그래프에서 시간만 바뀜을 꼭 인지해주세요. 굉장히 자주 쓰이는 논리입니다.

④ 특정 막전위가 탈분극 지점에 있는지, 재분극 지점에 있는지 판단하는 것은 기본 중의 기본입니다.
이에 관한 내용은 본 교재의 8번 문항 Comment에 수록해두었으므로 참고바랍니다.

# 근수축과 관련된 실전 개념 정리

① 해설의 편의를 위해 용어를 다음과 같이 나타내겠습니다.

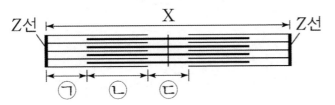

위와 같이 구간을 나눴을 때,
㉠은 Za, ㉡은 Zb, ㉢은 Zc로 표기하겠습니다.
㉠+㉡은 Zab입니다.

또한, 일반적으로 X는 좌우 대칭으로 출제되므로
액틴 필라멘트'만' 있는 구간 전체는 2Za,
액틴 필라멘트와 마이오신 필라멘트가 겹친 구간 전체는 2Zb,
X에서 액틴 필라멘트가 있는 구간은 2Zab 등으로 표기하겠습니다.

② Za, Zb, Zc 각각의 길이 변화량은 x, −x, 2x입니다.
수축이라면 x가 음수이고, 이완이라면 x가 양수입니다.
(* 자세한 과정은 45번 문항 Comment를 참고해주세요.)

특수한 조건으로 특정 시점일 때, 2Za = Zc라는 조건이 주어질 때가 있는데,
변화량을 고려하면 위 조건이 있을 때는 시점에 관계 없이 항상 2Za = Zc라는 점도 알 수 있습니다.

③ 구간의 길이 변화가 분수로 제시될 때, 시점에 관계 없이 값이 같은 경우가 있습니다.
이는 특정 시점에서 두 지점의 길이 비와 해당 지점의 길이 변화량 비가 같은 경우임은 인지하고 계시는 게 좋습니다. (* 가비의 리 / 사설 문항에서 자주 출제됩니다.)

④ 문제를 푸실 때 주의하셔야 할 점
1) 그림을 잘 보세요. 그림에 길이가 표시되거나 H대의 절반만 그려주거나 할 때, 이 부분을 놓치면 풀 수 없습니다.
2) 일부 사설 문항에서는 액틴 필라멘트가 Za, Zb 각각보다 길거나 같아야 하고, 마이오신 필라멘트의 길이가 Zb, Zc보다 길어야 함 등을 이용해 부등식으로 푸는 문항도 출제됩니다.

⑤ 특정 지점의 단면 문항을 해석하는 문항은 해당 문항 해설지에 자세히 수록해두었습니다.
먼저 낯선 문항의 상태로 스스로 고민해보신 후 보시기 바랍니다.

# PART 1

88문항

## 01.

그림은 민말이집 신경 축삭돌기의 일부를, 표는 그림의 두 지점 X나 Y 중 한 곳만을 자극하여 흥분의 전도가 1회 일어날 때, 네 지점 ($d_1$~$d_4$)에서 동시에 측정한 막전위를 나타낸 것이다. 휴지 전위는 −70mV이다.

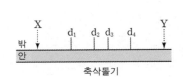

| 지점 | 막전위(mV) |
|------|-----------|
| $d_1$ | −70 |
| $d_2$ | +30 |
| $d_3$ | −80 |
| $d_4$ | −70 |

이에 대한 설명으로 옳은 것만을 〈보기〉에서 있는 대로 고른 것은?

─── 〈보 기〉 ───

ㄱ. 흥분의 전도는 X에서 Y로 진행된다.

ㄴ. $d_2$에서 $Na^+$ 농도는 축삭돌기 안에서보다 밖에서 높다.

ㄷ. $d_3$에서 $K^+$는 축삭돌기 안으로 확산된다.

① ㄱ   ② ㄴ   ③ ㄱ, ㄴ   ④ ㄱ, ㄷ   ⑤ ㄴ, ㄷ

## 02.

다음은 어떤 민말이집 신경의 흥분 전도에 대한 자료이다.

○ 이 신경의 흥분 전도 속도는 2cm/ms이다.

○ 그림 (가)는 이 신경의 지점 $P_1$~$P_3$ 중 ㉠ $P_2$에 역치 이상의 자극을 1회 주고 경과된 시간이 3ms일 때 $P_3$에서의 막전위를, (나)는 $P_1$~$P_3$에서 활동 전위가 발생하였을 때 각 지점에서의 막전위 변화를 나타낸 것이다.

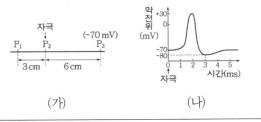

(가)                    (나)

㉠일 때, 이에 대한 설명으로 옳은 것만을 〈보기〉에서 있는 대로 고른 것은? (단, 이 신경에서 흥분 전도는 1회 일어났다.)

─── 〈보 기〉 ───

ㄱ. $P_1$에서 탈분극이 일어나고 있다.

ㄴ. $P_2$에서의 막전위는 −70mV이다.

ㄷ. $P_3$에서 $Na^+ - K^+$ 펌프를 통해 $K^+$이 세포 밖으로 이동한다.

① ㄱ   ② ㄷ   ③ ㄱ, ㄴ   ④ ㄱ, ㄷ   ⑤ ㄴ, ㄷ

## 03.
다음은 신경 A와 B의 흥분의 전도에 대한 자료이다.

○ 그림은 민말이집 신경 A와 B의 P지점으로부터 $d_1 \sim d_3$ 까지의 거리를, 표는 A와 B의 P지점에 역치 이상의 자극을 동시에 1회 주고 경과된 시간이 5ms일 때 $d_1 \sim d_3$에서 각각 측정한 막전위를 나타낸 것이다. A와 B에서 흥분의 전도는 각각 1회 일어났다.

○ A와 B는 흥분의 전도 속도가 다르며, A와 B 중 한 신경에서의 흥분의 전도는 1ms당 2cm씩 이동한다.

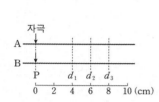

| 신경 | 5ms일 때 측정한 막전위(mV) | | |
|---|---|---|---|
| | $d_1$ | $d_2$ | $d_3$ |
| A | −80 | ? | ? |
| B | −70 | −80 | ? |

○ A와 B 각각에서 활동 전위가 발생하였을 때, 그림과 같은 막전위 변화가 나타난다.

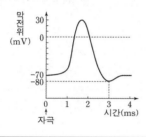

이 자료에 대한 설명으로 옳은 것만을 〈보기〉에서 있는 대로 고른 것은? (단, 휴지 전위는 −70mV이다.)

─── 〈보 기〉 ───
ㄱ. 흥분의 전도 속도는 A보다 B에서 빠르다.
ㄴ. 5ms일 때, A의 $d_2$에서 탈분극이 일어나고 있다.
ㄷ. 5ms일 때, $d_3$에서 $\dfrac{\text{A의 막전위}}{\text{B의 막전위}}$ 의 값은 1보다 크다.

① ㄱ    ② ㄴ    ③ ㄱ, ㄴ    ④ ㄱ, ㄷ    ⑤ ㄴ, ㄷ

## 04.
그림 (가)는 어떤 민말이집 신경의 P와 Q 중 한 지점에 역치 이상의 자극을 1회 주고 경과된 시간이 5ms일 때 $d_1 \sim d_4$에서 각각 측정한 막전위를 나타낸 것이고, (나)는 이 신경에서 활동 전위가 발생하였을 때 각 지점에서의 막전위 변화를 나타낸 것이다.

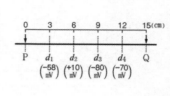 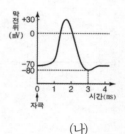

(가)                    (나)

이에 대한 설명으로 옳은 것만을 〈보기〉에서 있는 대로 고른 것은? (단, 이 신경에서 흥분의 전도는 1회 일어났으며, 휴지 전위는 −70mV이다.)

─── 〈보 기〉 ───
ㄱ. 자극을 준 지점은 Q이다.
ㄴ. 이 신경에서 흥분의 전도는 1ms당 2cm씩 이동한다.
ㄷ. 5ms일 때 $d_2$에서 $K^+$의 농도는 세포 안보다 세포 밖이 높다.

① ㄱ    ② ㄷ    ③ ㄱ, ㄴ    ④ ㄴ, ㄷ    ⑤ ㄱ, ㄴ, ㄷ

## 05.

그림 (가)는 민말이집 신경 A와 B의 축삭 돌기 일부를, (나)는 지점 $P_1$~$P_3$에서 활동 전위가 발생하였을 때 막전위 변화를 나타낸 것이다. $P_1$에 역치 이상의 자극을 1회 주고 경과된 시간이 4ms일 때 A의 $P_2$와 B의 $P_3$에서 막전위는 모두 −80mV이다.

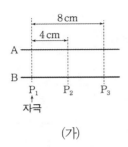
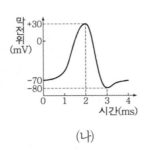

(가)                              (나)

이에 대한 옳은 설명만을 〈보기〉에서 있는 대로 고른 것은? (단, A와 B에서 흥분 전도는 각각 1회만 일어났다.)

─────── 〈보 기〉 ───────
ㄱ. 자극을 준 후 4ms일 때 A의 $P_3$에서 막전위는 −70mV 이다.
ㄴ. 자극을 준 후 2ms일 때 B의 $P_2$에서 $Na^+$이 세포 안으로 유입된다.
ㄷ. 흥분 전도 속도는 B가 A보다 빠르다.

① ㄱ   ② ㄷ   ③ ㄱ, ㄴ   ④ ㄱ, ㄷ   ⑤ ㄴ, ㄷ

## 06.

그림 (가)는 민말이집 신경 A와 B에 역치 이상의 자극을 동시에 1회 주고 경과된 시간이 $t_1$일 때 지점 $P_1$~$P_4$에서 측정한 막전위를, (나)는 $P_1$~$P_4$에서 활동 전위가 발생하였을 때 각 지점에서의 막전위 변화를 나타낸 것이다. B의 흥분 전도 속도는 3cm/ms이다.

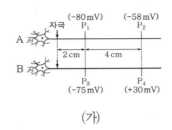
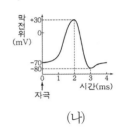

(가)                              (나)

이에 대한 옳은 설명만을 〈보기〉에서 있는 대로 고른 것은? (단, A와 B에서 흥분의 전도는 각각 1회 일어났고, 휴지 전위는 −70mV이다.)

─────── 〈보 기〉 ───────
ㄱ. $t_1$은 4ms이다.
ㄴ. A의 흥분 전도 속도는 2cm/ms이다.
ㄷ. $t_1$일 때 $P_2$에서 $Na^+$ 통로를 통해 $Na^+$이 유입된다.

① ㄱ   ② ㄷ   ③ ㄱ, ㄴ   ④ ㄴ, ㄷ   ⑤ ㄱ, ㄴ, ㄷ

## 07.
다음은 민말이집 신경 (가)와 (나)의 흥분 전도에 대한 자료이다.

○ 그림은 (가)와 (나)의 지점 $d_1$으로부터 세 지점 $d_2 \sim d_4$까지의 거리를, 표는 ㉠ (가)와 (나)의 $d_1$에 역치 이상의 자극을 동시에 1회 주고 경과된 시간이 4ms일 때 $d_2 \sim d_4$에서의 막전위를 나타낸 것이다.

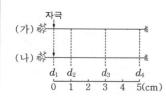

| 신경 | 4ms일 때 막전위(mV) | | |
|---|---|---|---|
| | $d_2$ | $d_3$ | $d_4$ |
| (가) | -80 | -60 | ⓐ |
| (나) | -70 | -60 | ⓑ |

○ (가)와 (나)의 흥분 전도 속도는 각각 1cm/ms와 2cm/ms 중 하나이다.

○ (가)와 (나) 각각에서 활동 전위가 발생하였을 때, 각 지점에서의 막전위 변화는 그림과 같다.

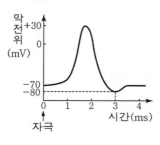

이에 대한 설명으로 옳은 것만을 〈보기〉에서 있는 대로 고른 것은? (단, (가)와 (나)에서 흥분의 전도는 각각 1회 일어났고, 휴지 전위는 -70mV이다.)

―――――― 〈보 기〉 ――――――
ㄱ. (가)의 흥분 전도 속도는 1cm/ms이다.
ㄴ. ⓐ와 ⓑ는 같다.
ㄷ. ㉠이 3ms일 때 (나)의 $d_3$에서 재분극이 일어나고 있다.

① ㄱ   ② ㄴ   ③ ㄱ, ㄷ   ④ ㄴ, ㄷ   ⑤ ㄱ, ㄴ, ㄷ

## 08.
그림 (가)는 민말이집 신경 A와 B를, (나)는 A와 B의 P 지점에 역치 이상의 자극을 동시에 1회 주고 일정 시간이 지난 후 $t_1$일 때 세 지점 $Q_1 \sim Q_3$에서 측정한 막전위를 나타낸 것이다. Ⅰ~Ⅲ은 각각 $Q_1 \sim Q_3$에서 측정한 막전위 중 하나이다. 흥분의 전도 속도는 A보다 B에서 빠르다.

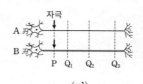

| 신경 | $t_1$일 때 측정한 막전위(mV) | | |
|---|---|---|---|
| | Ⅰ | Ⅱ | Ⅲ |
| A | +30 | -54 | -60 |
| B | -44 | -80 | +2 |

(가)                              (나)

이에 대한 설명으로 옳은 것만을 〈보기〉에서 있는 대로 고른 것은? (단, A와 B에서 흥분의 전도는 각각 1회 일어났고, 휴지 전위는 -70mV이다.)

―――――― 〈보 기〉 ――――――
ㄱ. Ⅲ은 $Q_3$에서 측정한 막전위이다.
ㄴ. $t_1$일 때 A의 $Q_3$에서 재분극이 일어나고 있다.
ㄷ. $t_1$일 때 B의 $Q_2$에서 $Na^+$이 세포 밖으로 확산된다.

① ㄱ   ② ㄴ   ③ ㄱ, ㄴ   ④ ㄱ, ㄷ   ⑤ ㄴ, ㄷ

## 09.
다음은 민말이집 신경 A와 B의 흥분 전도에 대한 자료이다.

○ 그림은 A와 B의 축삭 돌기 일부를, 표는 A와 B의 동일한 지점에 역치 이상의 자극을 동시에 1회 주고 일정 시간이 지난 후 $t_1$일 때 네 지점 $d_1 \sim d_4$에서 측정한 막전위를 나타낸 것이다. 자극을 준 지점은 P와 Q 중 하나이다. Ⅰ~Ⅲ은 각각 $d_1 \sim d_3$ 중 하나이고, Ⅳ는 $d_4$이다. 흥분의 전도 속도는 B에서가 A에서보다 빠르다.

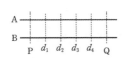

| 신경 | $t_1$일 때 측정한 막전위(mV) | | | |
|---|---|---|---|---|
| | Ⅰ | Ⅱ | Ⅲ | Ⅳ |
| A | 0 | +15 | −65 | −70 |
| B | +15 | −45 | +20 | −80 |

○ A와 B의 $d_1 \sim d_4$에서 활동 전위가 발생하였을 때, 각 지점에서의 막전위 변화는 그림과 같다.

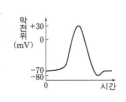

이에 대한 설명으로 옳은 것만을 〈보기〉에서 있는 대로 고른 것은? (단, A와 B에서 흥분의 전도는 각각 1회 일어났고, 휴지 전위는 −70mV이다.)

─── 〈 보 기 〉 ───
ㄱ. Ⅱ는 $d_1$이다.
ㄴ. 자극을 준 지점은 Q이다.
ㄷ. $t_1$일 때, B의 $d_2$에서 탈분극이 일어나고 있다.

① ㄱ  ② ㄴ  ③ ㄱ, ㄴ  ④ ㄱ, ㄷ  ⑤ ㄴ, ㄷ

## 10.
다음은 신경 A와 B의 흥분 전도에 대한 자료이다.

○ 그림은 민말이집 신경 A와 B의 $d_1$ 지점으로부터 $d_2 \sim d_4$까지의 거리를, 표는 A와 B의 $d_1$ 지점에 역치 이상의 자극을 동시에 1회 주고 일정 시간이 지난 후 $t_1$일 때 네 지점 $d_1 \sim d_4$에서 측정한 막전위를 나타낸 것이다. Ⅰ~Ⅲ은 각각 $d_1 \sim d_3$에서 측정한 막전위 중 하나이고, Ⅳ는 $d_4$에서 측정한 막전위이다.

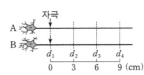

| 신경 | $t_1$일 때 측정한 막전위(mV) | | | |
|---|---|---|---|---|
| | Ⅰ | Ⅱ | Ⅲ | Ⅳ |
| A | −55 | −80 | +30 | −65 |
| B | −20 | −80 | −10 | ㉠ |

○ A와 B에서 흥분의 전도 속도는 각각 2cm/ms, 3cm/ms이다.

○ A와 B의 $d_1 \sim d_4$에서 활동 전위가 발생하였을 때, 각 지점에서의 막전위 변화는 그림과 같다.

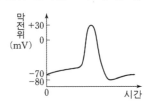

이에 대한 설명으로 옳은 것만을 〈보기〉에서 있는 대로 고른 것은? (단, A와 B에서 흥분의 전도는 각각 1회 일어났고, 휴지 전위는 −70mV이다.)

─── 〈 보 기 〉 ───
ㄱ. Ⅲ은 $d_2$에서 측정한 막전위이다.
ㄴ. $t_1$일 때, A의 $d_3$에서의 막전위와 ㉠은 같다.
ㄷ. $t_1$일 때, B의 $d_3$에서 $Na^+$이 세포 안으로 유입된다.

① ㄱ  ② ㄷ  ③ ㄱ, ㄴ  ④ ㄴ, ㄷ  ⑤ ㄱ, ㄴ, ㄷ

**11.** 다음은 민말이집 신경 A와 B의 흥분 전도에 대한 자료이다.

○ 그림은 A와 B의 일부를, 표는 A와 B의 지점 $d_1$에 역치 이상의 자극을 동시에 1회 주고 경과된 시간이 $t_1$, $t_2$, $t_3$, $t_4$일 때 지점 $d_2$에서 측정한 막전위를 나타낸 것이다. Ⅰ~Ⅳ는 $t_1$~$t_4$를 순서 없이 나타낸 것이다.

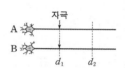

| 신경 | $d_2$에서 측정한 막전위(mV) | | | |
|---|---|---|---|---|
| | Ⅰ | Ⅱ | Ⅲ | Ⅳ |
| A | −60 | −80 | +20 | +10 |
| B | +20 | +10 | −65 | −60 |

○ A와 B에서 활동 전위가 발생하였을 때, 각 지점에서의 막전위 변화는 그림과 같다.

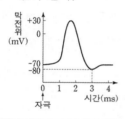

이에 대한 설명으로 옳은 것만을 〈보기〉에서 있는 대로 고른 것은? (단, A와 B에서 흥분의 전도는 각각 1회 일어났고, 휴지 전위는 −70mV이다. 자극을 준 후 경과된 시간은 $t_1 < t_2 < t_3 < t_4$이다.)

― 〈보 기〉 ―

ㄱ. Ⅲ은 $t_1$이다.

ㄴ. $t_2$일 때, B의 $d_2$에서 재분극이 일어나고 있다.

ㄷ. 흥분의 전도 속도는 A에서가 B에서보다 빠르다.

① ㄱ  ② ㄴ  ③ ㄷ  ④ ㄱ, ㄷ  ⑤ ㄴ, ㄷ

---

**12.** 다음은 민말이집 신경 A와 B의 흥분 전도에 대한 자료이다.

○ 그림은 A와 B에서 지점 $d_1$~$d_4$의 위치를, 표는 A의 $d_1$과 B의 $d_3$에 역치 이상의 자극을 동시에 1회 주고 경과한 시간이 $t_1$~$t_4$일 때 A의 ㉠과 B의 ㉡에서 측정한 막전위를 나타낸 것이다. ㉠과 ㉡은 $d_2$와 $d_4$를 순서 없이 나타낸 것이고, $t_1$~$t_4$는 1ms, 2ms, 4ms, 5ms를 순서 없이 나타낸 것이다.

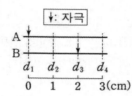

| 신경 | 지점 | 막전위(mV) | | | |
|---|---|---|---|---|---|
| | | $t_1$ | $t_2$ | $t_3$ | $t_4$ |
| A | ㉠ | ? | ? | ⓐ | +20 | ? |
| B | ㉡ | −80 | −70 | ? | ⓑ |

○ A와 B의 흥분 전도 속도는 모두 1cm/ms이다.

○ A와 B 각각에서 활동 전위가 발생하였을 때, 각 지점에서의 막전위 변화는 그림과 같다.

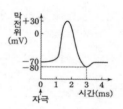

이에 대한 옳은 설명만을 〈보기〉에서 있는 대로 고른 것은? (단, A와 B에서 흥분 전도는 각각 1회 일어났고, 휴지 전위는 −70mV이다.)

― 〈보 기〉 ―

ㄱ. $t_3$은 5ms이다.

ㄴ. ㉡은 $d_4$이다.

ㄷ. ⓐ와 ⓑ는 모두 −70이다.

① ㄱ  ② ㄴ  ③ ㄱ, ㄴ  ④ ㄱ, ㄷ  ⑤ ㄴ, ㄷ

**13.** 그림은 신경 세포 (가)와 (나)의 일부를, 표는 (가)와 (나)의 P 지점에 역치 이상의 자극을 동시에 1회 주고 일정 시간이 지난 후 $t_1$일 때 두 지점 A, B에서 측정한 막전위를 나타낸 것이다. (가)와 (나) 중 하나는 민말이집 신경이고, 다른 하나는 말이집 신경이다.

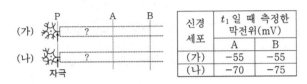

| 신경 세포 | $t_1$일 때 측정한 막전위(mV) | |
|---|---|---|
| | A | B |
| (가) | −55 | −55 |
| (나) | −70 | −75 |

이에 대한 설명으로 옳은 것만을 〈보기〉에서 있는 대로 고른 것은? (단, (가)와 (나)에서 흥분의 전도는 각각 1회 일어났고, 휴지 전위는 −70mV이며, 말이집 유무를 제외한 나머지 조건은 동일하다.)

〈보 기〉
ㄱ. (가)는 민말이집 신경이다.
ㄴ. $t_1$일 때 (가)의 A 지점에서 탈분극이 일어나고 있다.
ㄷ. $t_1$일 때 (나)의 B 지점에서 $K^+$의 농도는 세포 밖이 안보다 높다.

① ㄱ   ② ㄴ   ③ ㄷ   ④ ㄱ, ㄴ   ⑤ ㄱ, ㄷ

**14.** 다음은 민말이집 신경 A의 흥분 전도에 대한 자료이다.

○ 그림은 A의 지점 $d_1 \sim d_4$의 위치를 나타낸 것이다. A는 1개의 뉴런이다.

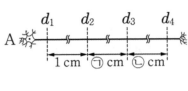

○ 표 (가)는 $d_2$에 역치 이상의 자극 Ⅰ을 주고 경과된 시간이 4ms일 때 $d_1 \sim d_4$에서의 막전위를, (나)는 $d_3$에 역치 이상의 자극 Ⅱ를 주고 경과된 시간이 4ms일 때 $d_1 \sim d_4$에서의 막전위를 나타낸 것이다. A에서 활동 전위가 발생하였을 때, 각 지점에서의 막전위 변화는 그림과 같다.

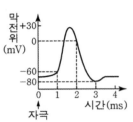

(가)
| 지점 | $d_1$ | $d_2$ | $d_3$ | $d_4$ |
|---|---|---|---|---|
| 막전위(mV) | −80 | ? | ? | −60 |

(나)
| 지점 | $d_1$ | $d_2$ | $d_3$ | $d_4$ |
|---|---|---|---|---|
| 막전위(mV) | −60 | 0 | ? | ? |

이에 대한 설명으로 옳은 것만을 〈보기〉에서 있는 대로 고른 것은? (단, Ⅰ과 Ⅱ에 의해 흥분의 전도가 각각 1회 일어났고, 휴지 전위는 −70mV이다.)

〈보 기〉
ㄱ. ⓛ이 ⊙보다 크다.
ㄴ. A의 흥분 전도 속도는 1cm/ms이다.
ㄷ. $d_1$에 역치 이상의 자극을 주고 경과된 시간이 5ms일 때 $d_4$에서 탈분극이 일어나고 있다.

① ㄱ   ② ㄴ   ③ ㄷ   ④ ㄱ, ㄴ   ⑤ ㄴ, ㄷ

**15.** 그림은 민말이집 신경 (가)와 (나)를, 표는 (가)와 (나)에 동일한 자극을 동시에 1회 주고 일정 시간이 지난 후 $t_1$일 때 축삭돌기의 세 지점 ㉠~㉢에서 측정한 막전위를 각각 나타낸 것이다. (가)와 (나)에서 흥분의 전도는 각각 1회 일어나고, 휴지 전위는 $-70mV$이다. (가)와 (나) 중 하나에만 시냅스가 있으며, 이 외의 조건은 동일하다.

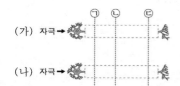

| 신경 | $t_1$일 때 측정한 막전위(mV) | | |
|---|---|---|---|
| | ㉠ | ㉡ | ㉢ |
| (가) | -80 | +6 | -70 |
| (나) | -80 | -72 | +30 |

이에 대한 옳은 설명만을 〈보기〉에서 있는 대로 고른 것은?

───── 〈보 기〉 ─────

ㄱ. (나)에 시냅스가 있다.

ㄴ. $t_1$일 때 (나)의 ㉡에서 $K^+$ 농도는 세포 안에서보다 세포 밖에서가 낮다.

ㄷ. $t_1$ 이후에 (가)의 ㉢에서 세포막을 통한 $Na^+$의 이동은 없다.

① ㄱ　　② ㄴ　　③ ㄱ, ㄴ　　④ ㄱ, ㄷ　　⑤ ㄴ, ㄷ

**16.** 그림 (가)는 민말이집 신경 ㉠과 ㉡에서 지점 $P_1$~$P_4$를, (나)는 $P_1$~$P_4$에서 활동 전위가 발생하였을 때 막전위 변화를 나타낸 것이다. $P_2$에 자극을 1회 주고 경과된 시간이 8ms일 때 $P_1$과 $P_3$에서의 막전위는 모두 $-80mV$이며, $P_3$에 자극을 1회 주고 경과된 시간이 4ms일 때 $P_4$에서의 막전위는 $+30mV$이다.

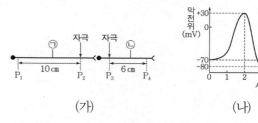

(가)　　　　　　　(나)

이에 대한 옳은 설명만을 〈보기〉에서 있는 대로 고른 것은? (단, 자극을 주었을 때 흥분의 전도는 1회만 일어났고, 휴지 전위는 $-70mV$이다.)

───── 〈보 기〉 ─────

ㄱ. 흥분의 전도 속도는 ㉠이 ㉡보다 느리다.

ㄴ. $P_4$에서 $Na^+$의 막투과도는 $P_2$에 역치 이상의 자극을 주고 경과한 시간이 8ms일 때가 10ms일 때보다 높다.

ㄷ. $P_3$에 역치 이상의 자극을 주고 경과한 시간이 6ms일 때 $\dfrac{P_4에서의\ 막전위}{P_2에서의\ 막전위}$ 는 1보다 크다.

① ㄱ　　② ㄷ　　③ ㄱ, ㄴ　　④ ㄴ, ㄷ　　⑤ ㄱ, ㄴ, ㄷ

**17.** 다음은 민말이집 신경 A와 B의 흥분 전도에 대한 자료이다.

○ 그림은 A와 C의 지점 $d_1$으로부터 세 지점 $d_2 \sim d_4$까지의 거리를, 표는 ㉠ A와 C의 $d_1$에 역치 이상의 자극을 동시에 1회 주고 경과된 시간이 6ms일 때 $d_2 \sim d_4$에서 측정한 막전위를 나타낸 것이다.

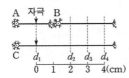

| 신경 | 6 ms일 때 측정한 막전위(mV) | | |
|---|---|---|---|
| | $d_2$ | $d_3$ | $d_4$ |
| B | −80 | ? | +10 |
| C | ? | −80 | ? |

○ B와 C의 흥분 전도 속도는 각각 1cm/ms, 2cm/ms 중 하나이다.
○ A∼C 각각에서 활동 전위가 발생하였을 때, 각 지점에서의 막전위 변화는 그림과 같다.

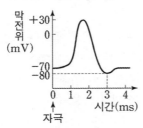

이에 대한 설명으로 옳은 것만을 〈보기〉에서 있는 대로 고른 것은? (단, A, B, C에서 흥분의 전도는 각각 1회 일어났고, 휴지 전위는 −70mV이다.)

─── 〈 보 기 〉 ───
ㄱ. $d_1$에서 발생한 흥분은 B의 $d_4$보다 C의 $d_4$에 먼저 도달한다.
ㄴ. ㉠이 4ms일 때, C의 $d_3$에서 $Na^+$이 세포 안으로 유입된다.
ㄷ. ㉠이 5ms일 때, B의 $d_2$에서 탈분극이 일어나고 있다.

① ㄱ  ② ㄴ  ③ ㄷ  ④ ㄱ, ㄴ  ⑤ ㄴ, ㄷ

**18.** 다음은 민말이집 신경 A∼D의 흥분 전도와 전달에 대한 자료이다.

○ 그림은 A, C, D의 지점 $d_1$으로부터 두 지점 $d_2$, $d_3$까지의 거리를, 표는 ㉠ A, C, D의 $d_1$에 역치 이상의 자극을 동시에 1회 주고 경과된 시간이 5ms일 때 $d_2$와 $d_3$에서의 막전위를 나타낸 것이다.

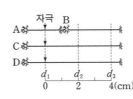

| 신경 | 5 ms일 때 막전위(mV) | |
|---|---|---|
| | $d_2$ | $d_3$ |
| B | −80 | ⓐ |
| C | ? | −80 |
| D | +30 | ? |

○ B와 C의 흥분 전도 속도는 같다.
○ A∼D 각각에서 활동 전위가 발생하였을 때, 각 지점에서의 막전위의 변화는 그림과 같다.

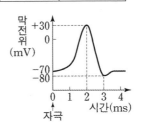

이에 대한 설명으로 옳은 것만을 〈보기〉에서 있는 대로 고른 것은? (단, A∼D에서 흥분의 전도는 각각 1회 일어났고, 휴지 전위는 −70mV이다.)

─── 〈 보 기 〉 ───
ㄱ. 흥분의 전도 속도는 C에서가 D에서보다 빠르다.
ㄴ. ⓐ는 +30이다.
ㄷ. ㉠이 3ms일 때 C의 $d_3$에서 탈분극이 일어나고 있다.

① ㄱ  ② ㄷ  ③ ㄱ, ㄴ  ④ ㄴ, ㄷ  ⑤ ㄱ, ㄴ, ㄷ

## 19.
다음은 민말이집 신경 (가)와 (나)의 흥분 이동에 대한 자료이다.

○ 그림은 (가)와 (나)의 지점 $d_1 \sim d_4$의 위치를, (표)는 (가)와 (나)의 ⓐ $d_1$에 역치 이상의 자극을 동시에 1회 주고 경과한 시간이 4ms일 때 $d_2 \sim d_4$에서 측정한 막전위를 나타낸 것이다. (가)와 (나) 중 한 신경에서만 $d_2 \sim d_4$ 사이에 하나의 시냅스가 있으며, 시냅스 전 뉴런과 시냅스 후 뉴런의 흥분 전도 속도는 서로 같다.

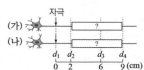

| 신경 | 4ms일 때 측정한 막전위(mV) | | |
|---|---|---|---|
| | $d_2$ | $d_3$ | $d_4$ |
| (가) | ㉠ | +21 | ? |
| (나) | −80 | ? | ㉡ |

○ (가)와 (나)를 구성하는 뉴런의 흥분 전도 속도는 각각 2cm/ms, 4cm/ms 중 하나이다.

○ (가)와 (나)의 $d_1 \sim d_4$에서 활동 전위가 발생하였을 때, 각 지점에서의 막전위 변화는 그림과 같다. 휴지 전위는 −70mV이다.

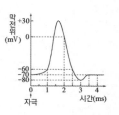

이에 대한 설명으로 옳은 것만을 〈보기〉에서 있는 대로 고른 것은? (단, (가)와 (나)를 구성하는 뉴런에서 흥분의 전도는 각각 1회 일어났고, 제시된 조건 이외의 다른 조건은 동일하다.)

〈보 기〉

ㄱ. ㉠과 ㉡은 모두 −70이다.

ㄴ. 시냅스는 (가)의 $d_2$와 $d_3$ 사이에 있다.

ㄷ. ⓐ가 5ms일 때 (나)의 $d_3$에서 재분극이 일어나고 있다.

① ㄱ    ② ㄷ    ③ ㄱ, ㄴ    ④ ㄴ, ㄷ    ⑤ ㄱ, ㄴ, ㄷ

## 20.
다음은 민말이집 신경 (가)와 (나)의 흥분 이동에 대한 자료이다.

○ 그림은 (가)와 (나)의 지점 $d_1 \sim d_4$의 위치를, 표는 (가)와 (나)의 동일한 지점에 역치 이상의 자극을 동시에 1회 주고 일정 시간이 지난 후 $t_1$일 때 $d_1 \sim d_4$에서 측정한 막전위를 나타낸 것이다. 네 지점 $d_1 \sim d_4$ 중 한 지점에 자극을 주었으며, (나)에는 $d_1 \sim d_4$ 사이에 하나의 시냅스가 있다.

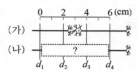

| 신경 | $t_1$일 때 측정한 막전위(mV) | | | |
|---|---|---|---|---|
| | $d_1$ | $d_2$ | $d_3$ | $d_4$ |
| (가) | ? | −80 | +23 | −68 |
| (나) | −70 | ? | +10 | −61 |

○ (가)와 (나)를 구성하는 뉴런의 흥분 전도 속도는 서로 같고, (가)와 (나)에서 흥분의 전달 속도는 서로 같다.

○ (가)와 (나)의 $d_1 \sim d_4$에서 활동 전위가 발생하였을 때 각 지점에서의 막전위 변화는 그림과 같다. 휴지 전위는 −70mV이다.

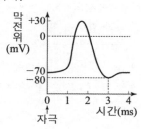

이에 대한 설명으로 옳은 것만을 〈보기〉에서 있는 대로 고른 것은? (단, (가)와 (나)의 시냅스 이후 뉴런에서 흥분의 전도는 각각 1회 일어났고, 시냅스의 위치 이외의 다른 조건은 동일하다.)

〈보 기〉

ㄱ. 자극을 준 지점은 $d_2$이다.

ㄴ. (나)에서 시냅스는 $d_3$와 $d_4$ 사이에 있다.

ㄷ. $t_1$일 때 (나)의 $d_3$에서 재분극이 일어나고 있다.

① ㄱ    ② ㄴ    ③ ㄷ    ④ ㄱ, ㄴ    ⑤ ㄱ, ㄷ

**21.** 다음은 민말이집 신경 A~C의 흥분 전도와 전달에 대한 자료이다.

○ 그림은 A, B, C의 지점 $d_1$~$d_6$의 위치를, 표는 A의 $d_1$과 C의 $d_2$에 역치 이상의 자극을 동시에 1회 주고 경과된 시간이 4ms와 5ms일 때 $d_3$~$d_6$에서의 막전위를 순서 없이 나타낸 것이다.

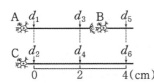

| 시간(ms) | $d_3$~$d_6$에서의 막전위(mV) |
|---|---|
| 4 | ㉠, −70, 0, +10 |
| 5 | −80, −70, −60, −50 |

○ A와 B의 흥분 전도 속도는 모두 ⓐcm/ms, C의 흥분 전도 속도는 ⓑcm/ms이다. ⓐ와 ⓑ는 각각 1과 2 중 하나이다.

○ A~C에서 활동 전위가 발생하였을 때, 각 지점에서의 막전위 변화는 그림과 같다.

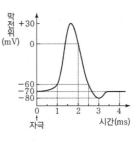

이에 대한 설명으로 옳은 것만을 〈보기〉에서 있는 대로 고른 것은? (단, A~C에서 흥분의 전도는 각각 1회 일어났고, 휴지 전위는 −70mV이다.)

─── 〈보 기〉 ───

ㄱ. ⓐ는 1이다.

ㄴ. ㉠은 −80이다.

ㄷ. 4ms일 때 B의 $d_5$에서는 탈분극이 일어나고 있다.

① ㄱ ② ㄴ ③ ㄱ, ㄷ ④ ㄴ, ㄷ ⑤ ㄱ, ㄴ, ㄷ

**22.** 다음은 민말이집 신경 A~C의 흥분 전도와 전달에 대한 자료이다.

○ 그림은 A~C의 지점 $d_1$~$d_5$의 위치를, 표는 ㉠ A~C의 P에 역치 이상의 자극을 동시에 1회 주고 경과된 시간이 4ms일 때 $d_1$~$d_5$에서의 막전위를 나타낸 것이다. P는 $d_1$~$d_5$ 중 하나이고, (가)~(다) 중 두 곳에만 시냅스가 있다. Ⅰ~Ⅲ은 $d_2$~$d_4$를 순서 없이 나타낸 것이다.

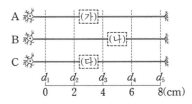

| 신경 | 4ms일 때 막전위(mV) | | | | |
|---|---|---|---|---|---|
| | $d_1$ | Ⅰ | Ⅱ | Ⅲ | $d_5$ |
| A | ? | ? | +30 | +30 | −70 |
| B | +30 | −70 | ? | +30 | ? |
| C | ? | ? | ? | −80 | +30 |

○ A~C 중 2개의 신경은 각각 두 뉴런으로 구성되고, 각 뉴런의 흥분 전도 속도는 ⓐ로 같다. 나머지 1개의 신경의 흥분 전도 속도는 ⓑ이다. ⓐ와 ⓑ는 서로 다르다.

○ A~C 각각에서 활동 전위가 발생하였을 때, 각 지점에서의 막전위 변화는 그림과 같다.

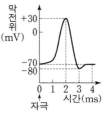

이에 대한 설명으로 옳은 것만을 〈보기〉에서 있는 대로 고른 것은? (단, A~C에서 흥분의 전도는 각각 1회 일어났고, 휴지 전위는 −70mV이다.)

─── 〈보 기〉 ───

ㄱ. Ⅱ는 $d_2$이다.

ㄴ. ⓐ는 1cm/ms이다.

ㄷ. ㉠이 5ms일 때 B의 $d_5$에서의 막전위는 −80mV이다.

① ㄱ ② ㄴ ③ ㄱ, ㄷ ④ ㄴ, ㄷ ⑤ ㄱ, ㄴ, ㄷ

**23.** 다음은 민말이집 신경 A와 B의 흥분 전도에 대한 자료이다.

○ 그림은 신경 A와 B의 $d_1$ 지점으로부터 $d_2 \sim d_5$까지의 거리를 나타낸 것이다. A와 B에서의 흥분 전도 속도는 각각 1cm/ms와 2cm/ms이다.

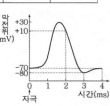

○ 표는 A와 B에서 $d_1 \sim d_5$ 중 동일한 지점에 역치 이상의 자극을 동시에 1회 주고 경과한 시간이 4ms일 때 $d_1 \sim d_5$에서 측정한 막전위를 나타낸 것이다. Ⅰ~Ⅴ는 $d_1 \sim d_5$를 순서 없이 나타낸 것이다.

| 신경 | 4ms일 때 측정한 막전위(mV) | | | | |
|---|---|---|---|---|---|
| | Ⅰ | Ⅱ | Ⅲ | Ⅳ | Ⅴ |
| A | ? | −70 | +10 | −70 | −80 |
| B | −80 | ㉠ | ? | −70 | ? |

○ A와 B 각각에서 활동 전위가 발생하였을 때, 각 지점에서의 막전위 변화는 그림과 같다.

이에 대한 옳은 설명만을 〈보기〉에서 있는 대로 고른 것은? (단, A와 B에서 흥분 전도는 각각 1회 일어났고, 휴지 전위는 −70mV이다.)

〈보 기〉

ㄱ. 자극을 준 지점은 $d_2$이다.

ㄴ. 4ms일 때, $d_4$에서 $\dfrac{\text{B의 막전위}}{\text{A의 막전위}}$의 값은 1보다 크다.

ㄷ. 6ms일 때, $d_1$에서 A의 막전위는 ㉠과 같다.

① ㄱ  ② ㄷ  ③ ㄱ, ㄴ  ④ ㄴ, ㄷ  ⑤ ㄱ, ㄴ, ㄷ

---

**24.** 다음은 신경 A와 B의 흥분 전도에 대한 자료이다.

○ 그림은 민말이집 신경 A와 B의 지점 $d_1 \sim d_5$의 위치를, 표는 A와 B의 동일한 지점에 역치 이상의 자극을 동시에 1회 주고 경과된 시간이 3ms일 때 각 지점에서 측정한 막전위를 나타낸 것이다. Ⅰ~Ⅴ는 $d_1 \sim d_5$를 순서 없이 나타낸 것이다.

○ 자극을 준 지점은 $d_1 \sim d_5$ 중 하나이고, A와 B의 흥분 전도 속도는 각각 2cm/ms, 3cm/ms이다.

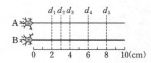

| 신경 | 3ms일 때 측정한 막전위(mV) | | | | |
|---|---|---|---|---|---|
| | Ⅰ | Ⅱ | Ⅲ | Ⅳ | Ⅴ |
| A | +10 | ? | −80 | ? | +10 |
| B | −40 | +30 | ㉠ | +10 | ? |

○ A와 B 각각에서 활동 전위가 발생하였을 때, 각 지점에서의 막전위 변화는 그림과 같다.

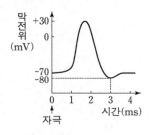

이에 대한 설명으로 옳은 것만을 〈보기〉에서 있는 대로 고른 것은? (단, A와 B에서 흥분의 전도는 각각 1회 일어났고, 휴지 전위는 −70mV이다.)

〈보 기〉

ㄱ. ㉠은 −80이다.

ㄴ. 자극을 준 지점은 $d_3$이다.

ㄷ. 3ms일 때, B의 $d_2$에서 탈분극이 일어나고 있다.

① ㄱ  ② ㄴ  ③ ㄱ, ㄴ  ④ ㄱ, ㄷ  ⑤ ㄴ, ㄷ

**25.** 다음은 민말이집 신경 A~C의 흥분 전도에 대한 자료이다.

○ 그림은 A~C의 지점 $d_1$로부터 세 지점 $d_2$~$d_4$까지의 거리를, 표는 ㉠ 각 신경의 $d_1$에 역치 이상의 자극을 동시에 1회 주고 경과된 시간이 3ms일 때 $d_1$~$d_4$에서 측정한 막전위를 나타낸 것이다. I~III은 A~C를 순서 없이 나타낸 것이다.

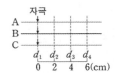

| 신경 | 3 ms일 때 측정한 막전위(mV) | | | |
|---|---|---|---|---|
| | $d_1$ | $d_2$ | $d_3$ | $d_4$ |
| I | −80 | ? | −60 | ? |
| II | ? | −80 | ? | −70 |
| III | ? | ? | +30 | −60 |

○ A의 흥분 전도 속도는 2cm/ms이다.

○ 그림 (가)는 A와 B의 $d_1$~$d_4$에서, (나)는 C의 $d_1$~$d_4$에서 활동 전위가 발생하였을 때 각 지점에서의 막전위 변화를 나타낸 것이다.

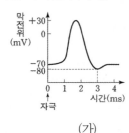　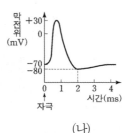

(가)　　　　　(나)

이 자료에 대한 설명으로 옳은 것만을 〈보기〉에서 있는 대로 고른 것은? (단, A~C에서 흥분의 전도는 각각 1회 일어났고, 휴지 전위는 −70mV이다.)

─〈보 기〉─

ㄱ. 흥분의 전도 속도는 C에서가 A에서보다 빠르다.

ㄴ. ㉠이 3ms일 때 I의 $d_2$에서 $K^+$은 $K^+$ 통로를 통해 세포 밖으로 확산된다.

ㄷ. ㉠이 5ms일 때 B의 $d_4$와 C의 $d_4$에서 측정한 막전위는 같다.

① ㄱ　　② ㄴ　　③ ㄱ, ㄷ　　④ ㄴ, ㄷ　　⑤ ㄱ, ㄴ, ㄷ

**26.** 다음은 민말이집 신경 A와 B의 흥분 전도에 대한 자료이다.

○ 그림은 A와 B의 지점 $d_1$~$d_4$의 위치를, 표는 ㉠ A와 B의 지점 X에 역치 이상의 자극을 동시에 1회 주고 경과한 시간이 2ms, 3ms, 5ms, 7ms일 때 $d_2$에서 측정한 막전위를 나타낸 것이다. X는 $d_1$과 $d_4$ 중 하나이고, I~IV는 2ms, 3ms, 5ms, 7ms를 순서 없이 나타낸 것이다.

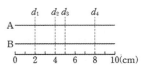

| 신경 | $d_2$에서 측정한 막전위(mV) | | | |
|---|---|---|---|---|
| | I | II | III | IV |
| A | ? | −60 | ? | −80 |
| B | −60 | −80 | ? | −70 |

○ A와 B의 흥분 전도 속도는 각각 1cm/ms와 2cm/ms 중 하나이다.

○ A와 B 각각에서 활동 전위가 발생하였을 때, 각 지점에서의 막전위 변화는 그림과 같다.

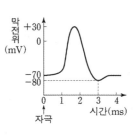

이에 대한 설명으로 옳은 것만을 〈보기〉에서 있는 대로 고른 것은? (단, A와 B에서 흥분의 전도는 각각 1회 일어났고, 휴지 전위는 −70mV이다.)

─〈보 기〉─

ㄱ. II는 3ms이다.

ㄴ. B의 흥분 전도 속도는 2cm/ms이다.

ㄷ. ㉠이 4ms일 때 A의 $d_3$에서의 막전위는 −60mV이다.

① ㄱ　　② ㄴ　　③ ㄷ　　④ ㄱ, ㄴ　　⑤ ㄴ, ㄷ

**27.** 다음은 민말이집 신경 A와 B의 흥분 전도에 대한 자료이다.

○ 그림 (가)는 A와 B의 지점 $d_1$~$d_5$의 위치를, (나)는 A와 B에서 활동 전위가 발생하였을 때, 각 지점에서의 막전위 변화를 나타낸 것이다.

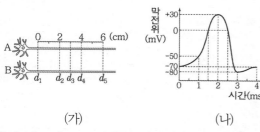

(가)                    (나)

○ 흥분 전도 속도는 A에서 2cm/ms, B에서 3cm/ms이다.

○ 표는 ⓐ A와 B의 $d_1$에 역치 이상의 자극을 동시에 1회 주고 경과된 시간이 4ms일 때와 ㉠ms일 때, 지점 Ⅰ~Ⅴ의 막전위를 나타낸 것이다. Ⅰ~Ⅴ는 $d_1$~$d_5$를 순서 없이 나타낸 것이다.

| 구분 | | 막전위(mV) | | | | |
|---|---|---|---|---|---|---|
| | | Ⅰ | Ⅱ | Ⅲ | Ⅳ | Ⅴ |
| 4ms일 때 | A | −80 | ? | −50 | −70 | +30 |
| | B | ? | −80 | +30 | −70 | ? |
| ㉠ms일 때 | A | ? | −80 | 0 | −70 | 0 |
| | B | ? | ? | 0 | ? | ? |

이에 대한 옳은 설명만을 〈보기〉에서 있는 대로 고른 것은? (단, A와 B에서 흥분 전도는 각각 1회 일어났고, 휴지 전위는 −70mV이다.)

───── 〈보 기〉 ─────

ㄱ. ㉠은 4.5이다.

ㄴ. ⓐ가 4ms일 때, A의 $d_3$에서 탈분극이 일어나고 있다.

ㄷ. ⓐ가 ㉠ms일 때, $\dfrac{\text{A의 Ⅰ에서의 막전위}}{\text{B의 Ⅳ에서의 막전위}}$ 는 1보다 작다.

① ㄱ  ② ㄴ  ③ ㄱ, ㄴ  ④ ㄱ, ㄷ  ⑤ ㄴ, ㄷ

**28.** 다음은 민말이집 신경 A와 B의 흥분 전도에 대한 자료이다.

○ 그림 (가)는 A와 B의 지점 $d_1$으로부터 세 지점 $d_2$~$d_4$까지의 거리를, (나)는 A와 B 각각에서 활동 전위가 발생하였을 때 각 지점에서의 막전위 변화를 나타낸 것이다.

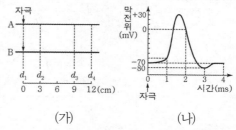

(가)                    (나)

○ A와 B의 흥분 전도 속도는 각각 1cm/ms와 3cm/ms 중 하나이다.

○ 표는 A와 B의 $d_1$에 역치 이상의 자극을 동시에 주고, 경과된 시간이 $t_1$일 때와 $t_2$일 때 $d_2$~$d_4$에서 측정한 막전위를 나타낸 것이다.

| 신경 | $t_1$일 때 측정한 막전위(mV) | | | $t_2$일 때 측정한 막전위(mV) | | |
|---|---|---|---|---|---|---|
| | $d_2$ | $d_3$ | $d_4$ | $d_2$ | $d_3$ | $d_4$ |
| A | ? | −70 | ? | −80 | ? | −70 |
| B | −70 | 0 | −60 | −70 | ? | 0 |

이에 대한 설명으로 옳은 것만을 〈보기〉에서 있는 대로 고른 것은? (단, A와 B에서 흥분의 전도는 각각 1회 일어났고, 휴지 전위는 −70mV이다.)

───── 〈보 기〉 ─────

ㄱ. $t_1$은 5ms이다.

ㄴ. B의 흥분 전도 속도는 1cm/ms이다.

ㄷ. $t_2$일 때 B의 $d_3$에서 탈분극이 일어나고 있다.

① ㄱ  ② ㄴ  ③ ㄱ, ㄷ  ④ ㄴ, ㄷ  ⑤ ㄱ, ㄴ, ㄷ

## 29.

표는 어떤 뉴런의 지점 $d_1$과 $d_2$ 중 한 지점에 역치 이상의 자극을 1회 주고 경과된 시간이 $t_1$, $t_2$, $t_3$일 때 $d_1$과 $d_2$에서의 막전위를, 그림은 $d_1$과 $d_2$에서 활동 전위가 발생하였을 때 각 지점에서의 막전위 변화를 나타낸 것이다. ㉠과 ㉡은 0과 $-38$을 순서 없이 나타낸 것이고, $t_1 < t_2 < t_3$ 이다.

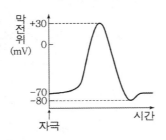

| 경과된 시간 | 막전위(mV) | |
|:---:|:---:|:---:|
| | $d_1$ | $d_2$ |
| $t_1$ | $-10$ | $-33$ |
| $t_2$ | ㉠ | ㉡ |
| $t_3$ | $-80$ | $+25$ |

이에 대한 옳은 설명만을 〈보기〉에서 있는 대로 고른 것은? (단, 흥분 전도는 1회 일어났고, 휴지 전위는 $-70$mV이다.)

〈보 기〉
ㄱ. 자극을 준 지점은 $d_1$이다.
ㄴ. ㉠은 0이다.
ㄷ. $t_1$일 때 $d_2$에서 재분극이 일어나고 있다.

① ㄱ    ② ㄴ    ③ ㄱ, ㄷ    ④ ㄴ, ㄷ    ⑤ ㄱ, ㄴ, ㄷ

## 30.

다음은 민말이집 신경 A의 흥분 전도에 대한 자료이다.

○ 그림은 A의 지점 $d_1$로부터 네 지점 $d_2 \sim d_5$까지의 거리를, 표는 $d_1$과 $d_5$ 중 한 지점에 역치 이상의 자극을 1회 주고 경과된 시간이 4ms, 5ms, 6ms일 때 Ⅰ과 Ⅱ에서의 막전위를 나타낸 것이다. Ⅰ과 Ⅱ는 각각 $d_2$와 $d_4$ 중 하나이다.

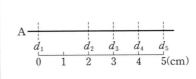

| 시간 | 막전위(mV) | |
|:---:|:---:|:---:|
| | Ⅰ | Ⅱ |
| 4ms | ? | $+30$ |
| 5ms | $-60$ | ⓐ |
| 6ms | $+30$ | $-70$ |

○ A에서 활동 전위가 발생하였을 때, 각 지점에서의 막전위 변화는 그림과 같다.

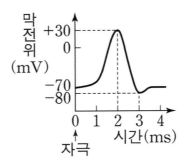

이에 대한 설명으로 옳은 것만을 〈보기〉에서 있는 대로 고른 것은? (단, A에서 흥분의 전도는 1회 일어났고, 휴지 전위는 $-70$mV이다.)

〈보 기〉
ㄱ. A의 흥분 전도 속도는 2cm/ms이다.
ㄴ. ⓐ는 $-80$이다.
ㄷ. 4ms일 때 $d_3$에서 탈분극이 일어나고 있다.

① ㄱ    ② ㄴ    ③ ㄱ, ㄷ    ④ ㄴ, ㄷ    ⑤ ㄱ, ㄴ, ㄷ

**31.** 다음은 민말이집 신경 A의 흥분 전도에 대한 자료이다.

○ 그림은 A의 지점 $d_1 \sim d_4$의 위치를, 표는 ㉠ $d_1 \sim d_4$ 중 한 지점에 역치 이상의 자극을 1회 주고 경과된 시간이 2~5ms일 때 A의 어느 한 지점에서 측정한 막전위를 나타낸 것이다. Ⅰ ~ Ⅳ는 $d_1 \sim d_4$를 순서 없이 나타낸 것이다.

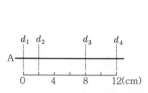

| 구분 | 2~5ms일 때 측정한 막전위(mV) | | | |
|---|---|---|---|---|
| | 2ms | 3ms | 4ms | 5ms |
| Ⅰ | −60 | | | |
| Ⅱ | | ? | | |
| Ⅲ | | | −60 | |
| Ⅳ | | | | −80 |

○ A에서 활동 전위가 발생하였을 때, 각 지점에서의 막전위 변화는 그림과 같다.

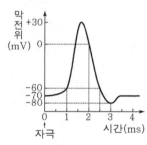

이 자료에 대한 설명으로 옳은 것만을 〈보기〉에서 있는 대로 고른 것은? (단, A에서 흥분의 전도는 1회 일어났고, 휴지 전위는 −70mV이다.)

───────── 〈보 기〉 ─────────

ㄱ. Ⅳ는 $d_1$이다.

ㄴ. A의 흥분 전도 속도는 2cm/ms이다.

ㄷ. ㉠이 3ms일 때 $d_4$에서 재분극이 일어나고 있다.

① ㄱ    ② ㄴ    ③ ㄱ, ㄷ    ④ ㄴ, ㄷ    ⑤ ㄱ, ㄴ, ㄷ

**32.** 다음은 민말이집 신경 A와 B의 흥분 전도와 전달에 대한 자료이다.

○ 그림은 A와 B의 지점 $d_1 \sim d_4$의 위치를 나타낸 것이다. B는 2개의 뉴런으로 구성되어 있고, ㉠~㉢ 중 한 곳에만 시냅스가 있다.

○ 표는 A와 B의 $d_3$에 역치 이상의 자극을 동시에 1회 주고 경과된 시간이 $t_1$일 때 $d_1 \sim d_4$에서의 막전위를 나타낸 것이다. Ⅰ ~ Ⅳ는 $d_1 \sim d_4$를 순서 없이 나타낸 것이다.

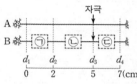

| 신경 | $t_1$일 때 막전위(mV) | | | |
|---|---|---|---|---|
| | Ⅰ | Ⅱ | Ⅲ | Ⅳ |
| A | −80 | 0 | ? | 0 |
| B | 0 | −60 | ? | ? |

○ B를 구성하는 두 뉴런의 흥분 전도 속도는 1cm/ms로 같다.

○ A와 B 각각에서 활동 전위가 발생하였을 때, 각 지점에서의 막전위 변화는 그림과 같다.

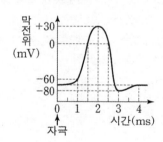

이에 대한 설명으로 옳은 것만을 〈보기〉에서 있는 대로 고른 것은? (단, A와 B에서 흥분의 전도는 각각 1회 일어났고, 휴지 전위는 −70mV이다.)

───────── 〈보 기〉 ─────────

ㄱ. $t_1$은 5ms이다.

ㄴ. 시냅스는 ㉢에 있다.

ㄷ. $t_1$일 때, A의 Ⅱ에서 탈분극이 일어나고 있다.

① ㄱ    ② ㄴ    ③ ㄱ, ㄷ    ④ ㄴ, ㄷ    ⑤ ㄱ, ㄴ, ㄷ

**33.** 다음은 민말이집 신경 A~C의 흥분 전도와 전달에 대한 자료이다.

○ 그림은 A와 B의 지점 $d_1$으로부터 $d_2$~$d_5$까지의 거리를, 표는 A와 B의 $d_1$에 역치 이상의 자극을 동시에 1회 주고 경과된 시간이 ⓐms일 때 A의 $d_2$와 $d_5$, B의 $d_2$, C의 $d_3$~$d_5$에서의 막전위를 나타낸 것이다. ⓐ는 4와 5 중 하나이다.

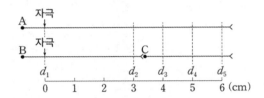

| ⓐms일 때 막전위(mV) | | | | | |
|---|---|---|---|---|---|
| A의 $d_2$ | A의 $d_5$ | B의 $d_2$ | C의 $d_3$ | C의 $d_4$ | C의 $d_5$ |
| −80 | ㉠ | −70 | +30 | ㉡ | −70 |

○ A~C의 흥분 전도 속도는 서로 다르며 각각 1cm/ms, 1.5cm/ms, 3cm/ms 중 하나이다.

○ A~C 각각에서 활동 전위가 발생했을 때 각 지점에서의 막전위 변화는 그림과 같다.

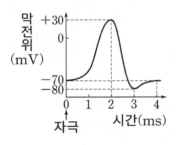

이에 대한 옳은 설명만을 〈보기〉에서 있는 대로 고른 것은? (단, A ~ C에서 흥분의 전도는 각각 1회 일어났고, 휴지 전위는 −70mV이다.)

─── 〈보 기〉 ───
ㄱ. ⓐ는 5이다.
ㄴ. ㉠과 ㉡은 같다.
ㄷ. 흥분 전도 속도는 B가 A의 2배이다.

① ㄱ  ② ㄷ  ③ ㄱ, ㄴ  ④ ㄴ, ㄷ  ⑤ ㄱ, ㄴ, ㄷ

**34.** 다음은 민말이집 신경 A~C의 흥분 전도에 대한 자료이다.

○ 그림은 A~C의 지점 $d_1$~$d_4$의 위치를 나타낸 것이다. A~C의 흥분 전도 속도는 각각 서로 다르다.

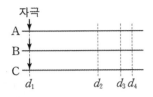

○ 그림은 A~C 각각에서 활동 전위가 발생하였을 때 각 지점에서의 막전위 변화를, 표는 ⓐ A~C의 $d_1$에 역치 이상의 자극을 동시에 1회 주고 경과된 시간이 4ms일 때 $d_2$~$d_4$에서의 막전위가 속하는 구간을 나타낸 것이다. I~III은 $d_2$~$d_4$를 순서 없이 나타낸 것이고, ⓐ일 때 각 지점에서의 막전위는 구간 ㉠~㉢ 중 하나에 속한다.

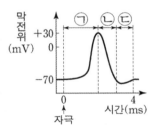

| 신경 | 4ms일 때 막전위가 속하는 구간 | | |
|---|---|---|---|
| | I | II | III |
| A | ㉡ | ? | ㉢ |
| B | ? | ㉠ | ? |
| C | ㉡ | ㉢ | ㉡ |

이에 대한 설명으로 옳은 것만을 〈보기〉에서 있는 대로 고른 것은? (단, A~C에서 흥분의 전도는 각각 1회 일어났고, 휴지 전위는 −70mV이다.)

─── 〈보 기〉 ───
ㄱ. ⓐ일 때 A의 II에서의 막전위는 ㉢에 속한다.
ㄴ. ⓐ일 때 B의 $d_3$에서 재분극이 일어나고 있다.
ㄷ. A~C 중 C의 흥분 전도 속도가 가장 빠르다.

① ㄱ  ② ㄴ  ③ ㄷ  ④ ㄱ, ㄴ  ⑤ ㄱ, ㄷ

**35.** 다음은 민말이집 신경 (가)와 (나)의 흥분 전도에 대한 자료이다.

○ 그림은 (가)와 (나)의 지점 $d_1 \sim d_5$의 위치를, 표는 ⓐ (가)와 (나)의 지점 X에 역치 이상의 자극을 동시에 1회 주고 경과된 시간이 4ms일 때 $d_2$, A, B에서의 막전위를 나타낸 것이다. X는 $d_1$과 $d_5$중 하나이고, A와 B는 $d_3$과 $d_4$를 순서 없이 나타낸 것이다. ㉠~㉢은 0, -70, -80을 순서 없이 나타낸 것이다.

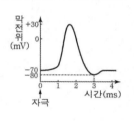

| 신경 | 4ms일 때 막전위(mV) | | |
|---|---|---|---|
| | $d_2$ | A | B |
| (가) | ㉠ | ㉡ | ㉢ |
| (나) | ㉡ | ㉢ | ㉠ |

○ 흥분 전도 속도는 (나)에서가 (가)에서의 2배이다.

○ (가)와 (나) 각각에서 활동 전위가 발생하였을 때, 각 지점에서의 막전위 변화는 그림과 같다.

이에 대한 설명으로 옳은 것만을 〈보기〉에서 있는 대로 고른 것은? (단, (가)와 (나)에서 흥분의 전도는 각각 1회 일어났고, 휴지 전위는 -70 mV이다.)

─── 〈보 기〉 ───

ㄱ. X는 $d_5$이다.

ㄴ. ㉠은 -80이다.

ㄷ. ⓐ가 5 ms일 때 (나)의 B에서 탈분극이 일어나고 있다.

① ㄱ  ② ㄴ  ③ ㄷ  ④ ㄱ, ㄷ  ⑤ ㄴ, ㄷ

---

**36.** 다음은 민말이집 신경 A와 B의 흥분 전도와 전달에 대한 자료이다.

○ 그림은 A와 B의 지점 $d_1 \sim d_4$의 위치를, 표는 ㉠ A와 B의 지점 X에 역치 이상의 자극을 동시에 1 회 주고 경과된 시간이 3ms일 때 $d_1 \sim d_4$에서의 막전위를 나타낸 것이다. X는 $d_1 \sim d_4$ 중 하나이고, Ⅰ~Ⅳ는 $d_1 \sim d_4$를 순서 없이 나타낸 것이다.

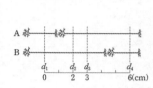

| 신경 | 3ms일 때 막전위(mV) | | | |
|---|---|---|---|---|
| | Ⅰ | Ⅱ | Ⅲ | Ⅳ |
| A | +30 | ? | -70 | ㉮ |
| B | ? | -80 | ? | +30 |

○ A를 구성하는 두 뉴런의 흥분 전도 속도는 ⓐ로 같고, B를 구성하는 두 뉴런의 흥분 전도 속도는 ⓑ로 같다. ⓐ와 ⓑ는 1cm/ms 와 2cm/ms를 순서 없이 나타낸 것이다.

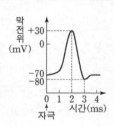

○ A와 B 각각에서 활동 전위가 발생하였을 때, 각 지점에서의 막전위 변화는 그림과 같다.

이에 대한 설명으로 옳은 것만을 〈보기〉에서 있는 대로 고른 것은? (단, A와 B에서 흥분의 전도는 각각 1 회 일어났고, 휴지 전위는 -70 mV이다.)

─── 〈보 기〉 ───

ㄱ. X는 $d_3$이다.

ㄴ. ㉮는 -70이다.

ㄷ. ㉠이 5ms일 때 A의 Ⅲ에서 재분극이 일어나고 있다.

① ㄱ  ② ㄴ  ③ ㄷ  ④ ㄱ, ㄴ  ⑤ ㄴ, ㄷ

## 37.

다음은 민말이집 신경 A와 B의 흥분 이동에 대한 자료이다.

○ 그림은 민말이집 신경 A와 B에서 지점 $d_1$~$d_4$의 위치를, 표는 $d_1$에 역치 이상의 자극을 1회 주고 경과된 시간이 각각 11ms, @ms일 때, $d_3$와 $d_4$에서 측정한 막전위를 나타낸 것이다.

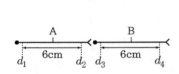

| 시간 | 막전위 (mV) | |
|---|---|---|
| (ms) | $d_3$ | $d_4$ |
| 11 | −80 | ? |
| @ | ? | +30 |

○ ㉠ $d_2$에 역치 이상의 자극을 1회 주고 경과된 시간이 8 ms일 때 $d_3$의 막전위는 +30mV이다.

○ B의 흥분 전도 속도는 2cm/ms이다.

○ A와 B의 $d_1$~$d_4$에서 활동 전위가 발생하였을 때, 각 지점에서의 막전위 변화는 그림과 같다. 휴지 전위는 −70 mV이다.

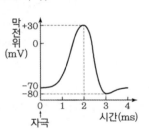

이에 대한 옳은 설명만을 〈보기〉에서 있는 대로 고른 것은? (단, $d_1$과 $d_2$에 준 자극에 의해 A와 B에서 흥분의 전도는 각각 1회 일어났고, 제시된 조건 이외의 다른 조건은 동일하다.)

─── 〈보 기〉 ───
ㄱ. @는 15이다.
ㄴ. A의 흥분 전도 속도는 3cm/ms이다.
ㄷ. ㉠이 10 ms일 때 $d_4$에서 탈분극이 일어나고 있다.

① ㄱ    ② ㄴ    ③ ㄷ    ④ ㄱ, ㄴ    ⑤ ㄴ, ㄷ

## 38.

다음은 민말이집 신경 A와 B의 흥분 전도와 전달에 대한 자료이다.

○ 그림은 A와 B에서 지점 $d_1$~$d_4$의 위치를, 표는 ㉠ $d_2$에 역치 이상의 자극을 1회 주고 경과된 시간이 4ms와 @ms일 때 $d_3$과 $d_4$의 막전위를 나타낸 것이다.

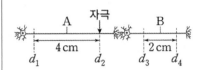

| 시간 | 막전위(mV) | |
|---|---|---|
| (ms) | $d_3$ | $d_4$ |
| 4 | +30 | ? |
| @ | ? | −80 |

○ A와 B의 흥분 전도 속도는 각각 2cm/ms이다.

○ A와 B 각각에서 활동 전위가 발생했을 때, 각 지점의 막전위 변화는 그림과 같다.

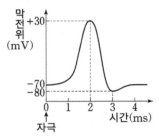

이에 대한 설명으로 옳은 것만을 〈보기〉에서 있는 대로 고른 것은? (단, A와 B에서 흥분의 전도는 각각 1회 일어났고, 휴지 전위는 −70mV이다.)

─── 〈보 기〉 ───
ㄱ. @는 6이다.
ㄴ. ㉠이 5ms일 때 $d_4$의 막전위는 +30mv이다.
ㄷ. ㉠이 3ms일 때 $d_1$과 $d_3$에서 모두 탈분극이 일어나고 있다.

① ㄱ    ② ㄷ    ③ ㄱ, ㄴ    ④ ㄴ, ㄷ    ⑤ ㄱ, ㄴ, ㄷ

**39.** 다음은 민말이집 신경 A의 흥분 전도와 전달에 대한 자료이다.

○ A는 2개의 뉴런으로 구성되고, 각 뉴런의 흥분 전도 속도는 ㉮로 같다. 그림은 A의 지점 $d_1 \sim d_5$의 위치를, 표는 ㉠ $d_1$에 역치 이상의 자극을 1회 주고 경과된 시간이 2ms, 4ms, 8ms일 때 $d_1 \sim d_5$에서의 막전위를 나타낸 것이다. Ⅰ~Ⅲ은 2ms, 4ms, 8ms를 순서 없이 나타낸 것이다.

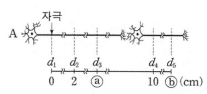

| 시간 | 막전위(mV) | | | | |
|---|---|---|---|---|---|
| | $d_1$ | $d_2$ | $d_3$ | $d_4$ | $d_5$ |
| Ⅰ | ? | −70 | ? | +30 | 0 |
| Ⅱ | +30 | ? | −70 | ? | ? |
| Ⅲ | ? | −80 | +30 | ? | ? |

○ A에서 활동 전위가 발생하였을 때, 각 지점에서의 막전위 변화는 그림과 같다.

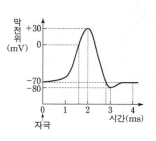

이에 대한 설명으로 옳은 것만을 〈보기〉에서 있는 대로 고른 것은? (단, A에서 흥분의 전도는 1회 일어났고, 휴지 전위는 −70mV이다.)

──── 〈보 기〉 ────
ㄱ. ㉮는 2cm/ms이다.
ㄴ. ⓐ는 4이다.
ㄷ. ㉠이 9ms일 때 $d_5$에서 재분극이 일어나고 있다.

① ㄱ  ② ㄷ  ③ ㄱ, ㄴ  ④ ㄴ, ㄷ  ⑤ ㄱ, ㄴ, ㄷ

**40.** 다음은 민말이집 신경 A와 B의 흥분 전도에 대한 자료이다.

○ 그림은 A와 B의 지점 $d_1 \sim d_4$의 위치를, 표는 A의 ㉠과 B의 ㉡에 역치 이상의 자극을 동시에 1회 주고 경과된 시간이 3ms일 때 $d_1 \sim d_4$에서의 막전위를 나타낸 것이다. ㉠과 ㉡은 각각 $d_1 \sim d_4$ 중 하나이다.

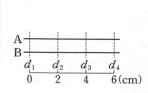

| 신경 | 3ms일 때 막전위(mV) | | | |
|---|---|---|---|---|
| | $d_1$ | $d_2$ | $d_3$ | $d_4$ |
| A | ⓒ | +10 | ⓐ | ⓑ |
| B | ⓑ | ⓐ | ⓒ | ⓐ |

○ A와 B의 흥분 전도 속도는 각각 1cm/ms와 2cm/ms 중 하나이다.
○ A와 B 각각에서 활동 전위가 발생하였을 때, 각 지점에서의 막전위 변화는 그림과 같다.

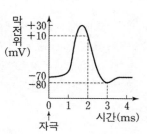

이에 대한 설명으로 옳은 것만을 〈보기〉에서 있는 대로 고른 것은? (단, A와 B에서 흥분의 전도는 각각 1회 일어났고, 휴지 전위는 −70 mV 이다.)

──── 〈보 기〉 ────
ㄱ. ㉡은 $d_1$이다.
ㄴ. A의 흥분 전도 속도는 2cm/ms 이다.
ㄷ. 3ms일 때 B의 $d_2$에서 재분극이 일어나고 있다.

① ㄱ  ② ㄴ  ③ ㄷ  ④ ㄱ, ㄷ  ⑤ ㄴ, ㄷ

**41.** 다음은 민말이집 신경 A와 B의 흥분 전도에 대한 자료이다.

○ 그림은 A와 B의 지점 $d_1$과 $d_2$의 위치를, 표는 A의 $d_1$과 B의 $d_2$에 역치 이상의 자극을 동시에 1회 준 후 시점 $t_1$과 $t_2$일 때 A와 B의 Ⅰ과 Ⅱ에서의 막전위를 나타낸 것이다. Ⅰ과 Ⅱ는 각각 $d_1$과 $d_2$ 중 하나이고, ㉠과 ㉡은 각각 $-10$과 $+20$ 중 하나이다. $t_2$는 $t_1$ 이후의 시점이다.

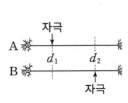

| 시점 | 막전위 (mV) | | | |
|---|---|---|---|---|
| | A의 Ⅰ | A의 Ⅱ | B의 Ⅰ | B의 Ⅱ |
| $t_1$ | ㉠ | $-70$ | ? | ㉡ |
| $t_2$ | ㉡ | ? | $-80$ | ㉠ |

○ 흥분 전도 속도는 B가 A보다 빠르다.
○ A와 B 각각에서 활동 전위가 발생하였을 때, 각 지점에서의 막전위 변화는 그림과 같다.

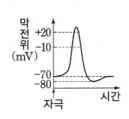

이에 대한 옳은 설명만을 〈보기〉에서 있는 대로 고른 것은? (단, A와 B에서 흥분 전도는 각각 1회 일어났고, 휴지 전위는 $-70$mV이다.)

── 〈보 기〉──
ㄱ. Ⅰ은 $d_1$이다.
ㄴ. ㉡은 $+20$이다.
ㄷ. $t_1$일 때 A의 $d_2$에서 탈분극이 일어나고 있다.

① ㄱ   ② ㄴ   ③ ㄷ   ④ ㄱ, ㄴ   ⑤ ㄴ, ㄷ

**42.** 다음은 민말이집 신경 Ⅰ~Ⅲ의 흥분 전도와 전달에 대한 자료이다.

○ 그림은 Ⅰ~Ⅲ의 지점 $d_1$~$d_5$의 위치를, 표는 ㉠ Ⅰ과 Ⅱ의 P에, Ⅲ의 Q에 역치 이상의 자극을 동시에 1회 주고 경과된 시간이 4ms일 때 $d_1$~$d_5$에서의 막전위를 나타낸 것이다. P와 Q는 각각 $d_1$~$d_5$ 중 하나이다.

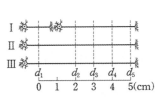

| 신경 | 4ms일 때 막전위 (mV) | | | | |
|---|---|---|---|---|---|
| | $d_1$ | $d_2$ | $d_3$ | $d_4$ | $d_5$ |
| Ⅰ | $-70$ | ⓐ | ? | ⓑ | ? |
| Ⅱ | ⓒ | ⓐ | ? | ⓒ | ⓑ |
| Ⅲ | ⓒ | $-80$ | ? | ⓐ | ? |

○ Ⅰ을 구성하는 두 뉴런의 흥분 전도 속도는 $2v$로 같고, Ⅱ와 Ⅲ의 흥분 전도 속도는 각각 $3v$와 $6v$이다.
○ Ⅰ~Ⅲ 각각에서 활동 전위가 발생하였을 때, 각 지점에서의 막전위 변화는 그림과 같다.

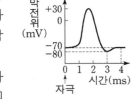

이에 대한 설명으로 옳은 것만을 〈보기〉에서 있는 대로 고른 것은? (단, Ⅰ~Ⅲ에서 흥분의 전도는 각각 1회 일어났고, 휴지 전위는 $-70$mV이다.)

── 〈보 기〉──
ㄱ. Q는 $d_4$이다.
ㄴ. Ⅱ의 흥분 전도 속도는 2cm/ms이다.
ㄷ. ㉠이 5ms일 때 Ⅰ의 $d_5$에서 재분극이 일어나고 있다.

① ㄱ   ② ㄴ   ③ ㄱ, ㄷ   ④ ㄴ, ㄷ   ⑤ ㄱ, ㄴ, ㄷ

**43.** 다음은 민말이집 신경 A와 B에 대한 자료이다.

○ 그림 (가)는 A와 B에서 지점 $p_1$~$p_4$의 위치를, (나)는 A와 B 각각에서 활동 전위가 발생하였을 때 각 지점에서의 막전위 변화를 나타낸 것이다.

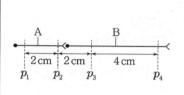

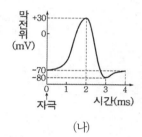

(가)                    (나)

○ 흥분 전도 속도는 A가 B의 2배이다.
○ ⓐ $p_2$에 역치 이상의 자극을 주고 경과된 시간이 4ms일 때 $p_1$에서의 막전위는 −80mV이다.
○ $p_2$에 준 자극으로 발생한 흥분이 $p_4$에 도달한 후, ⓑ $p_3$에 역치 이상의 자극을 주고 경과된 시간이 6ms일 때 $p_4$에서의 막전위는 ⊙ mV이다.

이에 대한 설명으로 옳은 것만을 〈보기〉에서 있는 대로 고른 것은? (단, $p_2$와 $p_3$에 준 자극에 의해 흥분의 전도는 각각 1회 일어났고, 휴지 전위는 −70mV이다.)

─── 〈보 기〉 ───
ㄱ. ⊙은 +30이다.
ㄴ. ⓐ가 3ms일 때 $p_3$에서 재분극이 일어나고 있다.
ㄷ. ⓑ가 5ms일 때 $p_1$과 $p_4$에서의 막전위는 같다.

① ㄱ  ② ㄴ  ③ ㄱ, ㄴ  ④ ㄱ, ㄷ  ⑤ ㄴ, ㄷ

**44.** 다음은 민말이집 신경 A의 흥분 전도에 대한 자료이다.

○ 그림은 A의 축삭 돌기에서 지점 $d_1$로부터 세 지점 $d_2$~$d_4$까지의 거리를 나타낸 것이다.

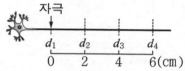

○ $d_1$에 역치 이상의 자극 Ⅰ을 주고 경과된 시간이 ⓐ일 때 $d_1$에 역치 이상의 자극 Ⅱ를 주었다.
○ 표는 ⊙ Ⅰ을 주고 경과된 시간이 5ms일 때 $d_1$~$d_4$에서 측정한 막전위를, 그림은 Ⅰ과 Ⅱ 각각에 의해 $d_1$~$d_4$에서 활동 전위가 발생하였을 때 각 지점에서의 막전위 변화를 나타낸 것이다.

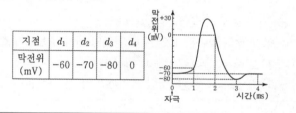

| 지점 | $d_1$ | $d_2$ | $d_3$ | $d_4$ |
|------|------|------|------|------|
| 막전위 (mV) | −60 | −70 | −80 | 0 |

이에 대한 설명으로 옳은 것만을 〈보기〉에서 있는 대로 고른 것은? (단, Ⅰ과 Ⅱ에 의해 흥분의 전도는 각각 1회 일어났고, 휴지 전위는 −70mV이다.)

─── 〈보 기〉 ───
ㄱ. ⓐ는 4ms이다.
ㄴ. A의 흥분 전도 속도는 3cm/ms이다.
ㄷ. ⊙일 때 $d_4$에서 재분극이 일어나고 있다.

① ㄱ  ② ㄷ  ③ ㄱ, ㄴ  ④ ㄱ, ㄷ  ⑤ ㄴ, ㄷ

## 45. 다음은 골격근의 수축 과정에 대한 자료이다.

○ 표는 골격근 수축 과정의 두 시점 ⓐ와 ⓑ일 때 근육 원섬유 마디 X의 길이를, 그림은 ⓑ일 때 X의 구조를 나타낸 것이다. X는 좌우 대칭이다.

| 시점 | X의 길이(μm) |
|------|------------|
| ⓐ | 2.4 |
| ⓑ | 3.2 |

○ ㉠은 X에서 액틴 필라멘트와 마이오신 필라멘트가 겹치는 두 구간 중 한 구간이다.

○ ⓑ일 때, A대의 길이는 1.6μm이다.

이에 대한 설명으로 옳은 것만을 〈보기〉에서 있는 대로 고른 것은?

― 〈 보 기 〉 ―

ㄱ. 구간 ㉠의 길이는 ⓑ일 때보다 ⓐ일 때가 0.4μm 더 길다.

ㄴ. ⓐ일 때 H대의 길이는 0.6μm이다.

ㄷ. ⓑ에서 ⓐ로 될 때 액틴 필라멘트의 길이는 짧아진다.

① ㄱ  ② ㄴ  ③ ㄱ, ㄴ  ④ ㄱ, ㄷ  ⑤ ㄴ, ㄷ

## 46. 표는 근육 이완 시와 수축 시 근육 원섬유 마디 X에서 (가)~(다)의 길이를 나타낸 것이다. (가)~(다)는 각각 A대, H대, I대에 해당하는 부분 중 하나이며, (다)에는 마이오신 필라멘트가 존재한다.

| 구분 | (가) | (나) | (다) |
|------|------|------|------|
| 이완 시 | ? | 0.4μm | 0.2μm |
| 수축 시 | 1.2μm | 0.2μm | ? |

이에 대한 설명으로 옳은 것만을 〈보기〉에서 있는 대로 고른 것은?

― 〈 보 기 〉 ―

ㄱ. (다)는 H대에 해당하는 부분이다.

ㄴ. 이완 시 근육 원섬유 마디 X의 길이는 1.4μm이다.

ㄷ. 전자 현미경으로 관찰했을 때 (가)보다 (나)가 밝게 보인다.

① ㄱ  ② ㄴ  ③ ㄱ, ㄷ  ④ ㄴ, ㄷ  ⑤ ㄱ, ㄴ, ㄷ

## 47. 다음은 근육 원섬유 마디에 대한 자료이다.

○ 그림은 근육 원섬유 마디 X의 구조를, 표는 시점 $t_1$과 $t_2$일 때 X의 부위별 길이를 나타낸 것이다.

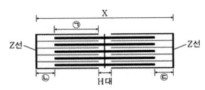

| 시점 | X의 길이 | ㉡+㉢의 길이 | H대의 길이 |
|------|---------|------------|-----------|
| $t_1$ | ? | 0.2 | 0.2 |
| $t_2$ | 2.2 | 0.6 | ? |

(단위 : μm)

○ 구간 ㉠은 액틴 필라멘트와 마이오신 필라멘트가 겹치는 부분이고, 구간 ㉡과 ㉢은 액틴 필라멘트만 있는 부분이다.

이에 대한 옳은 설명만을 〈보기〉에서 있는 대로 고른 것은?

― 〈 보 기 〉 ―

ㄱ. $t_1$일 때 X의 길이는 1.6μm이다.

ㄴ. $t_2$일 때 H대의 길이는 0.4μm이다.

ㄷ. 구간 ㉠의 길이는 $t_1$일 때보다 $t_2$일 때가 짧다.

① ㄴ  ② ㄷ  ③ ㄱ, ㄴ  ④ ㄱ, ㄷ  ⑤ ㄱ, ㄴ, ㄷ

**48.** 다음은 골격근의 구성과 수축 과정에 대한 자료이다.

○ 골격근은 근육 섬유 다발로 구성되고, 하나의 근육 섬유는 여러 개의 근육 원섬유를 가지고 있다.

○ 표는 골격근 수축 과정의 두 시점 ⓐ와 ⓑ에서 근육 원섬유 마디 X의 길이를, 그림은 ⓑ일 때 X의 구조를 나타낸 것이다. X는 좌우 대칭이다.

| 시점 | X의 길이(μm) |
|------|------------|
| ⓐ | 2.4 |
| ⓑ | 3.2 |

○ 구간 ㉠은 액틴 필라멘트만 있는 부분이고, ㉡은 액틴 필라멘트와 마이오신 필라멘트가 겹치는 부분이며, ㉢은 마이오신 필라멘트만 있는 부분이다.

○ ⓑ일 때 A대의 길이는 1.6μm이다.

이에 대한 설명으로 옳은 것만을 〈보기〉에서 있는 대로 고른 것은?

─── 〈보 기〉 ───
ㄱ. 근육 원섬유는 세포이다.

ㄴ. ⓐ일 때 H대의 길이는 0.4μm이다.

ㄷ. $\dfrac{㉡의\ 길이}{㉠의\ 길이\ +\ ㉢의\ 길이}$ 는 ⓑ일 때보다 ⓐ일 때가 작다.

① ㄱ　　② ㄴ　　③ ㄱ, ㄴ　　④ ㄱ, ㄷ　　⑤ ㄴ, ㄷ

**49.** 그림은 팔을 구부리는 과정을, 표는 이 과정에서 두 시점 (가)와 (나)일 때 근육 ㉠을 구성하는 근육 원섬유 마디 X의 A대와 I대 길이를 나타낸 것이다.

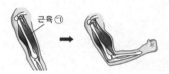

| 시점 | A대 | I대 |
|------|-----|-----|
| (가) | ⓐ | 1.0μm |
| (나) | 1.4μm | 0.6μm |

이에 대한 설명으로 옳은 것만을 〈보기〉에서 있는 대로 고른 것은?

─── 〈보 기〉 ───
ㄱ. ㉠은 가로무늬근이다.

ㄴ. ⓐ는 1.4μm이다.

ㄷ. X의 H대 길이는 (가)일 때보다 (나)일 때가 길다.

① ㄱ　　② ㄷ　　③ ㄱ, ㄴ　　④ ㄴ, ㄷ　　⑤ ㄱ, ㄴ, ㄷ

**50.** 그림 (가)는 근육 원섬유 마디 X의 구조를, (나)는 X의 길이와 Y의 길이 변화 관계를 나타낸 것이다. Y는 ㉠~㉢ 중 하나이고, X는 M선을 기준으로 좌우 대칭이다. X에서 마이오신 필라멘트의 길이는 1.6μm이다. ㉠은 액틴 필라멘트와 마이오신 필라멘트가 겹치는 구간이다.

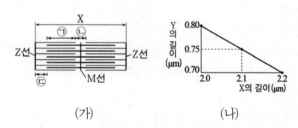

(가)　　　　　　　　　(나)

이에 대한 설명으로 옳은 것만을 〈보기〉에서 있는 대로 고른 것은?

─── 〈보 기〉 ───
ㄱ. X는 근육 섬유에 존재한다.

ㄴ. Y는 ㉡이다.

ㄷ. $\dfrac{(㉠+㉢)의\ 길이}{(㉠+㉡)의\ 길이}$ 는 X의 길이가 2.0μm일 때보다 2.2μm일 때 크다.

① ㄱ　　② ㄷ　　③ ㄱ, ㄴ　　④ ㄱ, ㄷ　　⑤ ㄴ, ㄷ

## 51. 다음은 근육 원섬유 마디 X에 대한 자료이다.

○ X는 좌우 대칭이다.
○ X의 길이는 시점 $t_1$일 때와 $t_2$일 때 각각 $2.0\mu m$와 $2.2\mu m$이다.
○ $t_1$일 때 X에서 A대의 길이는 $1.6\mu m$이다.
○ $t_1$일 때 X에서 @ 액틴 필라멘트와 마이오신 필라멘트가 겹치는 부위의 길이는 $1.4\mu m$이다

이에 대한 옳은 설명만을 〈보기〉에서 있는 대로 고른 것은?

― 〈보 기〉 ―

ㄱ. $t_1$일 때 X에서 H대의 길이는 $0.2\mu m$이다.
ㄴ. $t_2$일 때 @는 $1.6\mu m$이다.
ㄷ. $t_2$일 때 X에서 $\dfrac{\text{A대의 길이}}{\text{액틴 필라멘트만 있는 부위의 길이}} = \dfrac{16}{9}$이다.

① ㄱ   ② ㄴ   ③ ㄱ, ㄷ   ④ ㄴ, ㄷ   ⑤ ㄱ, ㄴ, ㄷ

## 52. 그림은 근육 원섬유 마디 X의 구조를, 표는 두 시점 $t_1$과 $t_2$일 때 X와 ㉠의 길이를 나타낸 것이다. X는 좌우 대칭이며, ㉠은 액틴 필라멘트와 마이오신 필라멘트가 겹치는 부분, ㉡은 액틴 필라멘트만 있는 부분이다.

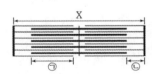

| 시점 | X | ㉠ |
|---|---|---|
| $t_1$ | $2.2\ \mu m$ | $0.7\ \mu m$ |
| $t_2$ | ? | $0.4\ \mu m$ |

이에 대한 옳은 설명만을 〈보기〉에서 있는 대로 고른 것은?

― 〈보 기〉 ―

ㄱ. $t_2$일 때 X의 길이는 $2.8\mu m$이다.
ㄴ. H대의 길이는 $t_2$일 때가 $t_1$일 때보다 $0.3\mu m$ 더 길다.
ㄷ. 전자 현미경으로 관찰하면 ㉠이 ㉡보다 밝게 보인다.

① ㄱ   ② ㄴ   ③ ㄷ   ④ ㄱ, ㄴ   ⑤ ㄴ, ㄷ

## 53. 다음은 골격근의 근육 원섬유 마디 X에 대한 자료이다.

○ 그림은 X의 구조를 나타낸 것이다. X는 좌우 대칭이고, ㉠은 X에서 액틴 필라멘트와 마이오신 필라멘트가 겹치는 두 구간 중 한 구간이다.

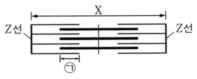

○ $t_1$일 때 X의 길이는 $3.2\mu m$이고, ㉠의 길이는 $0.2\mu m$이다.
○ $t_2$일 때 X에서 H대의 길이는 $0.2\mu m$이고, ㉠의 길이는 $0.7\mu m$이다.

이에 대한 설명으로 옳은 것만을 〈보기〉에서 있는 대로 고른 것은?

― 〈보 기〉 ―

ㄱ. X가 수축할 때 ATP가 소모된다.
ㄴ. $t_1$일 때 X에서 마이오신 필라멘트의 길이는 $1.6\mu m$이다.
ㄷ. $t_2$일 때 X의 길이는 $2.2\mu m$이다.

① ㄱ   ② ㄷ   ③ ㄱ, ㄴ   ④ ㄴ, ㄷ   ⑤ ㄱ, ㄴ, ㄷ

**54.** 다음은 골격근의 수축 과정에 대한 자료이다.

○ 표는 골격근 수축 과정의 두 시점 ⓐ와 ⓑ에서 근육 원섬유 마디 X의 길이를, 그림은 ⓑ일 때 X의 구조를 나타낸 것이다. X는 좌우 대칭이다.

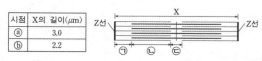

| 시점 | X의 길이($\mu$m) |
|---|---|
| ⓐ | 3.0 |
| ⓑ | 2.2 |

○ 구간 ㉠은 액틴 필라멘트만 있는 부분이고, ㉡은 액틴 필라멘트와 마이오신 필라멘트가 겹치는 부분이며, ㉢은 마이오신 필라멘트만 있는 부분이다.

○ ⓑ일 때 ㉢의 길이는 0.2$\mu$m이다.

이에 대한 설명으로 옳은 것만을 〈보기〉에서 있는 대로 고른 것은?

─── 〈보 기〉 ───

ㄱ. ⓐ일 때 H대의 길이는 1.0$\mu$m이다.

ㄴ. ㉡의 길이는 ⓑ일 때가 ⓐ일 때보다 0.4$\mu$m 더 길다.

ㄷ. $\dfrac{㉠의\ 길이 + ㉡의\ 길이}{㉢의\ 길이}$는 ⓑ일 때가 ⓐ일 때의 5배이다.

① ㄱ   ② ㄷ   ③ ㄱ, ㄴ   ④ ㄴ, ㄷ   ⑤ ㄱ, ㄴ, ㄷ

**55.** 다음은 어떤 동물의 골격근 수축 과정에 대한 자료이다.

○ 그림은 골격근 수축 과정의 두 시점 (가)와 (나)일 때 근육 원섬유 마디 X의 구조를 나타낸 것이다. X는 좌우 대칭이다.

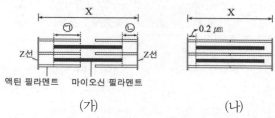

| (가) | (나) |
|---|---|

○ ㉠은 X에서 액틴 필라멘트와 마이오신 필라멘트가 겹치는 두 구간 중 한 구간이다. (가)에서 ㉠은 0.7$\mu$m이고, (나)에서 H대의 길이는 0$\mu$m이다.

○ ㉡은 X에서 액틴 필라멘트만 존재하는 두 구간 중 한 구간이다.

○ X의 길이는 (가)일 때가 (나)일 때보다 0.3$\mu$m 길다.

이에 대한 설명으로 옳은 것만을 〈보기〉에서 있는 대로 고른 것은?

─── 〈보 기〉 ───

ㄱ. (가)일 때 ㉡의 길이는 0.25$\mu$m이다.

ㄴ. (나)일 때 A대의 길이는 1.6$\mu$m이다.

ㄷ. (나)일 때 X의 길이는 2.1$\mu$m이다.

① ㄱ   ② ㄷ   ③ ㄱ, ㄴ   ④ ㄴ, ㄷ   ⑤ ㄱ, ㄴ, ㄷ

## 56.
다음은 근육 원섬유 마디 X에 대한 자료이다.

○ 그림은 어떤 ⓐ 골격근을 구성하는 근육 원섬유 마디 X
의 구조를 나타낸 것이다. X는 좌우 대칭이다.

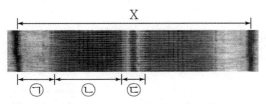

X

ㄱ ㄴ ㄷ

○ 구간 ㉠~㉢은 각각 액틴 필라멘트와 마이오신 필라멘
트가 겹치는 부분, 액틴 필라멘트만 있는 부분, 마이오
신 필라멘트만 있는 부분 중 하나이다.

○ X의 길이는 시점 $t_1$일 때 2.4$\mu m$, $t_2$일 때 2.8$\mu m$이다.

○ $t_1$일 때 ㉠~㉢ 각각의 길이의 합과 A대의 길이는 모두
1.4$\mu m$이다.

이에 대한 옳은 설명만을 〈보기〉에서 있는 대로 고른 것은?

――――――― 〈보 기〉 ―――――――

ㄱ. 아세틸콜린이 분비되는 뉴런이 ⓐ에 연결되어 있다.

ㄴ. $t_2$일 때 ㉠의 길이와 ㉡의 길이의 차는 0.2$\mu m$이다.

ㄷ. $\dfrac{㉢의\ 길이}{㉠의\ 길이}$ 는 $t_1$일 때가 $t_2$일 때보다 크다.

① ㄱ  ② ㄴ  ③ ㄱ, ㄴ  ④ ㄱ, ㄷ  ⑤ ㄴ, ㄷ

## 57.
표는 골격근의 근육 원섬유 마디 X가 수축하는 과정에서
두 시점 ⓐ와 ⓑ일 때 X의 길이와 A대의 길이를, 그림은 X의 한 지
점에서 관찰되는 단면을 나타낸 것이다.

| 시점 | X의 길이($\mu m$) | A대의 길이($\mu m$) |
|------|------|------|
| ⓐ | 2.2 | ? |
| ⓑ | 2.0 | 1.6 |

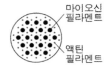

마이오신 필라멘트

액틴 필라멘트

이에 대한 설명으로 옳은 것만을 〈보기〉에서 있는 대로 고른 것은?

――――――― 〈보 기〉 ―――――――

ㄱ. ⓐ일 때 마이오신 필라멘트의 길이는 1.8$\mu m$이다.

ㄴ. 그림은 H대에서 관찰되는 단면이다.

ㄷ. I대의 길이는 ⓐ일 때보다 ⓑ일 때가 짧다.

① ㄱ  ② ㄴ  ③ ㄷ  ④ ㄱ, ㄷ  ⑤ ㄴ, ㄷ

**58.** 그림 (가)는 골격근을 구성하는 근육 원섬유 마디 X의 구조를, (나)는 근육 운동 시 $t_1 \sim t_3$에서 측정된 ⓐ~ⓒ의 길이를 나타낸 것이다. X에서 ㉠은 액틴 필라멘트와 마이오신 필라멘트가 겹치는 두 구간 중 한 구간, ㉡은 액틴 필라멘트만 있는 두 구간 중 한 구간이며, ⓐ~ⓒ는 각각 A대, ㉠, ㉡ 중 하나이다. $t_1$, $t_2$, $t_3$일 때 모두 H대의 길이는 0보다 크다.

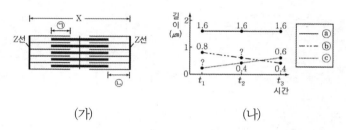

(가)                          (나)

이에 대한 설명으로 옳은 것만을 〈보기〉에서 있는 대로 고른 것은? (단, X는 좌우 대칭이다.)

〈보 기〉
ㄱ. X의 길이는 $t_1$일 때가 $t_3$일 때보다 짧다.
ㄴ. $t_1$과 $t_2$일 때 (㉠의 길이 + ㉡의 길이)는 모두 $1\mu m$이다.
ㄷ. $\dfrac{t_1 \text{일 때 H대의 길이} - t_3 \text{일 때 H대의 길이}}{t_2 \text{일 때 X의 길이}} = \dfrac{3}{7}$
이다.

① ㄱ    ② ㄴ    ③ ㄱ, ㄷ    ④ ㄴ, ㄷ    ⑤ ㄱ, ㄴ, ㄷ

**59.** 다음은 골격근의 수축 과정에 대한 자료이다.

○ 그림은 근육 원섬유 마디 X의 구조를 나타낸 것이다. X는 좌우 대칭이다.

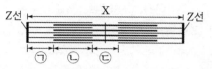

○ 구간 ㉠은 액틴 필라멘트만 있는 부분이고, ㉡은 액틴 필라멘트와 마이오신 필라멘트가 겹치는 부분이며, ㉢은 마이오신 필라멘트만 있는 부분이다.

○ 표 (가)는 ⓐ~ⓒ에서 액틴 필라멘트와 마이오신 필라멘트의 유무를, (나)는 골격근 수축 과정의 두 시점 $t_1$과 $t_2$일 때 X의 길이에서 ⓒ의 길이를 뺀 값(X−ⓒ)과 ⓑ의 길이와 ⓒ의 길이를 더한 값(ⓑ+ⓒ)을 나타낸 것이다. ⓐ~ⓒ는 ㉠~㉢을 순서 없이 나타낸 것이다.

| 구간 | 액틴 필라멘트 | 마이오신 필라멘트 |
|---|---|---|
| ⓐ | ? | ○ |
| ⓑ | ○ | × |
| ⓒ | ? | ? |

(○: 있음, ×: 없음)

| 시점 | X−ⓒ | ⓑ+ⓒ |
|---|---|---|
| $t_1$ | $2.0\mu m$ | $2.0\mu m$ |
| $t_2$ | $2.0\mu m$ | $0.8\mu m$ |

(가)                          (나)

이에 대한 설명으로 옳은 것만을 〈보기〉에서 있는 대로 고른 것은?

〈보 기〉
ㄱ. ⓒ는 H대이다.
ㄴ. ⓐ의 길이와 ⓒ의 길이를 더한 값은 $t_1$일 때와 $t_2$일 때가 같다.
ㄷ. X의 길이는 $t_1$일 때가 $t_2$일 때보다 $0.8\mu m$ 길다.

① ㄱ    ② ㄴ    ③ ㄷ    ④ ㄱ, ㄷ    ⑤ ㄴ, ㄷ

## 60.
다음은 골격근의 수축 과정에 대한 자료이다.

○ 표는 골격근 수축 과정의 세 시점 $t_1 \sim t_3$일 때 근육 원섬유 마디 X의 길이, ㉠의 길이에서 ㉡의 길이를 뺀 값(㉠－㉡), ㉢의 길이를, 그림은 $t_3$일 때 X의 구조를 나타낸 것이다. X는 좌우 대칭이다.

| 시점 | X의 길이 | ㉠-㉡ | ㉢의 길이 |
|---|---|---|---|
| $t_1$ | 3.2 | 0.4 | ? |
| $t_2$ | ? | 1.0 | 0.5 |
| $t_3$ | ? | ? | 0.3 |

(단위 : μm)

○ 구간 ㉠은 마이오신 필라멘트가 있는 부분이고, ㉡은 마이오신 필라멘트만 있는 부분이며, ㉢은 액틴 필라멘트만 있는 부분이다.

이에 대한 설명으로 옳은 것만을 〈보기〉에서 있는 대로 고른 것은?

─────── 〈보 기〉 ───────

ㄱ. $t_1$에서 $t_2$로 될 때 액틴 필라멘트의 길이는 짧아진다.

ㄴ. X의 길이는 $t_2$일 때가 $t_3$일 때보다 $0.4\mu m$ 길다.

ㄷ. $t_1$일 때 $\dfrac{㉠의 길이 + ㉢의 길이}{㉠의 길이 + ㉡의 길이}$ 는 $\dfrac{6}{7}$ 이다.

① ㄱ  ② ㄴ  ③ ㄷ  ④ ㄱ, ㄴ  ⑤ ㄴ, ㄷ

## 61.
그림은 근육 원섬유 마디 X의 구조를, 표는 두 시점 $t_1$과 $t_2$에서 X와 (가)~(다)의 길이를 나타낸 것이다. X는 좌우 대칭이며, ㉠은 액틴 필라멘트만 있는 부분, ㉡은 액틴 필라멘트와 마이오신 필라멘트가 겹치는 부분, ㉢은 마이오신 필라멘트만 있는 부분이다. (가)~(다)는 ㉠~㉢을 순서 없이 나타낸 것이다.

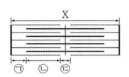

| 시점 | 길이(μm) | | | |
|---|---|---|---|---|
| | X | (가) | (나) | (다) |
| $t_1$ | 2.8 | 0.8 | 0.4 | ⓐ |
| $t_2$ | 2.2 | 0.2 | 0.7 | 0.3 |

이에 대한 옳은 설명만을 〈보기〉에서 있는 대로 고른 것은?

─────── 〈보 기〉 ───────

ㄱ. (나)는 ㉡이다.

ㄴ. ⓐ는 0.9이다.

ㄷ. $t_2$일 때 A대의 길이는 $1.6\mu m$이다.

① ㄱ  ② ㄷ  ③ ㄱ, ㄴ  ④ ㄱ, ㄷ  ⑤ ㄴ, ㄷ

## 62.
다음은 골격근의 수축 과정에 대한 자료이다.

○ 그림은 근육 원섬유 마디 X의 구조를 나타낸 것이다. X는 좌우 대칭이다.

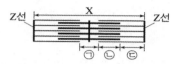

○ 구간 ㉠은 마이오신 필라멘트만 있는 부분이고, ㉡은 액틴 필라멘트와 마이오신 필라멘트가 겹치는 부분이며, ㉢은 액틴 필라멘트만 있는 부분이다.

○ 골격근 수축 과정의 세 시점 $t_1$, $t_2$, $t_3$ 중 $t_1$일 때 X의 길이는 3.0 $\mu$m이고, H대의 길이는 0.6 $\mu$m, 마이오신 필라멘트의 길이는 1.4 $\mu$m이다.

○ ㉡의 길이는 $t_2$일 때가 $t_1$일 때보다 0.2 $\mu$m 더 짧고, ㉠의 길이는 $t_3$일 때가 $t_2$일 때보다 0.3 $\mu$m 더 짧다.

이에 대한 설명으로 옳은 것만을 〈보기〉에서 있는 대로 고른 것은?

─── 〈보 기〉 ───

ㄱ. $t_2$일 때 H대의 길이는 1.0 $\mu$m이다.

ㄴ. X의 길이는 $t_3$일 때가 $t_1$일 때보다 짧다.

ㄷ. X를 전자 현미경으로 관찰했을 때 ㉡은 ㉢보다 밝게 보인다.

① ㄱ      ② ㄴ      ③ ㄷ      ④ ㄱ, ㄴ      ⑤ ㄱ, ㄷ

## 63.
다음은 근육 원섬유 마디 X에 대한 자료이다.

○ 그림은 좌우 대칭인 X의 구조를 나타낸 것이다. ㉠은 마이오신 필라멘트가 있는 부분, ㉡은 마이오신 필라멘트만 있는 부분, ㉢은 액틴 필라멘트만 있는 부분이다.

○ 표는 시점 $t_1$과 $t_2$일 때 X의 길이, X에서 ⓐ의 2배를 뺀 길이(X−2ⓐ), ⓒ에서 ⓑ를 뺀 길이(ⓒ−ⓑ)를 나타낸 것이다. ⓐ~ⓒ는 ㉠~㉢을 순서 없이 나타낸 것이다.

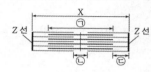

| 구분 | X의 길이 | X−2ⓐ | ⓒ−ⓑ |
|------|---------|-------|-------|
| $t_1$ | 3.0 | 1.6 | 0.6 |
| $t_2$ | ? | 1.6 | 1.2 |

(단위 : $\mu$m)

이에 대한 옳은 설명만을 〈보기〉에서 있는 대로 고른 것은?

─── 〈보 기〉 ───

ㄱ. ⓒ는 A대이다.

ㄴ. $t_2$일 때 X의 길이는 2.4 $\mu$m이다.

ㄷ. X에서 ⓑ를 뺀 길이는 $t_1$일 때와 $t_2$일 때 같다.

① ㄱ      ② ㄷ      ③ ㄱ, ㄴ      ④ ㄴ, ㄷ      ⑤ ㄱ, ㄴ, ㄷ

**64.** 다음은 골격근의 수축 과정에 대한 자료이다.

○ 그림은 근육 원섬유 마디 X의 구조를, 표는 골격근 수축 과정의 두 시점 $t_1$과 $t_2$일 때 ㉠의 길이와 ㉡의 길이를 더한 값(㉠+㉡)과 ㉢의 길이를 나타낸 것이다. X는 좌우 대칭이고, $t_1$일 때 A대의 길이는 $1.6\mu m$이다.

| 시점 | ㉠+㉡ | ㉢의 길이 |
|---|---|---|
| $t_1$ | $1.3\,\mu m$ | $0.7\,\mu m$ |
| $t_2$ | ? | $0.5\,\mu m$ |

○ 구간 ㉠은 마이오신 필라멘트만 있는 부분이고, ㉡은 액틴 필라멘트와 마이오신 필라멘트가 겹치는 부분이며, ㉢은 액틴 필라멘트만 있는 부분이다.

이에 대한 설명으로 옳은 것만을 〈보기〉에서 있는 대로 고른 것은?

───── 〈보 기〉 ─────

ㄱ. $t_1$일 때 X의 길이는 $3.0\mu m$이다.

ㄴ. X의 길이에서 ㉠의 길이를 뺀 값은 $t_1$일 때가 $t_2$일 때보다 크다.

ㄷ. $t_2$일 때 $\dfrac{\text{H대의 길이}}{\text{㉡의 길이 + ㉢의 길이}}$ 이다.

① ㄱ  ② ㄴ  ③ ㄱ, ㄷ  ④ ㄴ, ㄷ  ⑤ ㄱ, ㄴ, ㄷ

**65.** 다음은 골격근의 수축 과정에 대한 자료이다.

○ 그림은 근육 원섬유 마디 X의 구조를, 표는 골격근 수축 과정의 두 시점 $t_1$과 $t_2$일 때 X의 길이, A대의 길이, ㉡의 길이를 나타낸 것이다. X는 좌우 대칭이고, $t_2$일 때 H대의 길이는 $1.0\mu m$이다.

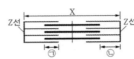

| 시점 | X의 길이 | A대의 길이 | ㉡의 길이 |
|---|---|---|---|
| $t_1$ | ? | $1.6\mu m$ | $0.2\mu m$ |
| $t_2$ | $3.0\mu m$ | ? | ? |

○ 구간 ㉠은 액틴 필라멘트와 마이오신 필라멘트가 겹치는 부분이고, ㉡은 액틴 필라멘트만 있는 부분이다.

이에 대한 설명으로 옳은 것만을 〈보기〉에서 있는 대로 고른 것은?

───── 〈보 기〉 ─────

ㄱ. $t_1$일 때 X의 길이는 $2.0\mu m$ 이다.

ㄴ. ㉡의 길이는 $t_1$일 때가 $t_2$일 때보다 짧다.

ㄷ. $t_2$일 때 $\dfrac{\text{㉠의 길이}}{\text{A대의 길이}} = \dfrac{3}{8}$이다.

① ㄱ  ② ㄷ  ③ ㄱ, ㄴ  ④ ㄴ, ㄷ  ⑤ ㄱ, ㄴ, ㄷ

**66.** 다음은 골격근의 수축 과정에 대한 자료이다.

○ 그림은 근육 원섬유 마디 X의 구조를, 표는 골격근 수축 과정의 두 시점 $t_1$과 $t_2$일 때 X의 길이와 ㉠의 길이를 나타낸 것이다. X는 좌우 대칭이다.

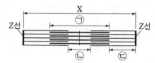

| 시점 | X의 길이 | ㉠의 길이 |
|---|---|---|
| $t_1$ | 3.0 $\mu$m | 1.6 $\mu$m |
| $t_2$ | 2.6 $\mu$m | ? |

○ 구간 ㉠은 마이오신 필라멘트가 있는 부분이고, ㉡은 마이오신 필라멘트만 있는 부분이며, ㉢은 액틴 필라멘트만 있는 부분이다.

이에 대한 설명으로 옳은 것만을 〈보기〉에서 있는 대로 고른 것은?

─── 〈보 기〉 ───
ㄱ. $t_1$에서 $t_2$로 될 때 ATP에 저장된 에너지가 사용된다.
ㄴ. ㉠의 길이에서 ㉡의 길이를 뺀 값은 $t_2$일 때가 $t_1$일 때보다 0.2$\mu$m 크다.
ㄷ. $t_2$일 때 ㉢의 길이는 0.3$\mu$m이다.

① ㄱ   ② ㄴ   ③ ㄷ   ④ ㄱ, ㄴ   ⑤ ㄱ, ㄷ

**67.** 다음은 골격근의 수축 과정에 대한 자료이다.

○ 그림은 근육 원섬유 마디 X의 구조를 나타낸 것이다. X는 좌우 대칭이며, 구간 ㉠은 액틴 필라멘트만 있는 부분, ㉡은 액틴 필라멘트와 마이오신 필라멘트가 겹치는 부분, ㉢은 마이오신 필라멘트만 있는 부분이다.

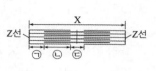

○ 표는 골격근 수축 과정의 두 시점 $t_1$과 $t_2$일 때 X의 길이, ⓐ의 길이와 ⓒ의 길이를 더한 값(ⓐ+ⓒ), ⓑ의 길이와 ⓒ의 길이를 더한 값(ⓑ+ⓒ)을 나타낸 것이다. ⓐ~ⓒ는 ㉠~㉢을 순서 없이 나타낸 것이다.

| 시점 | X의 길이 | ⓐ+ⓒ | ⓑ+ⓒ |
|---|---|---|---|
| $t_1$ | 2.4$\mu$m | 1.0$\mu$m | 0.8$\mu$m |
| $t_2$ | ? | 1.3$\mu$m | 1.7$\mu$m |

이에 대한 설명으로 옳은 것만을 〈보기〉에서 있는 대로 고른 것은?

─── 〈보 기〉 ───
ㄱ. ⓐ는 ㉡이다.
ㄴ. $t_1$일 때 $\dfrac{\text{A 대의 길이}}{\text{H 대의 길이}} = 4$이다.
ㄷ. $t_2$일 때 X의 길이는 3.2$\mu$m이다.

① ㄱ   ② ㄷ   ③ ㄱ, ㄴ   ④ ㄴ, ㄷ   ⑤ ㄱ, ㄴ, ㄷ

**68.** 다음은 골격근의 수축 과정에 대한 자료이다.

○ 그림은 골격근을 구성하는 근육 원섬유 마디 X의 구조를, 표는 두 시점 $t_1$과 $t_2$일 때 ⓐ의 길이와 ⓑ의 길이를 더한 값(ⓐ+ⓑ)과 ⓐ의 길이와 ⓒ의 길이를 더한 값(ⓐ+ⓒ)을 나타낸 것이다. ⓐ~ⓒ는 ㉠~㉢을 순서 없이 나타낸 것이며, X는 M선을 기준으로 좌우 대칭이다. ⓐ에는 액틴 필라멘트가 있다.

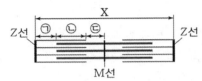

| 시점 | ⓐ+ⓑ | ⓐ+ⓒ |
|------|------|------|
| $t_1$ | 1.4μm | 1.0μm |
| $t_2$ | 1.2μm | 1.0μm |

○ 구간 ㉠은 액틴 필라멘트만 있는 부분이고, ㉡은 액틴 필라멘트와 마이오신 필라멘트가 겹치는 부분이며, ㉢은 마이오신 필라멘트만 있는 부분이다.

이에 대한 설명으로 옳은 것만을 〈보기〉에서 있는 대로 고른 것은?

――― 〈보 기〉 ―――

ㄱ. ⓑ는 ㉠이다.

ㄴ. ⓒ는 A대의 일부이다.

ㄷ. X의 길이는 $t_1$일 때가 $t_2$일 때보다 0.2μm 길다.

① ㄱ  ② ㄴ  ③ ㄷ  ④ ㄱ, ㄷ  ⑤ ㄴ, ㄷ

**69.** 다음은 동물 (가)와 (나)의 골격근 수축에 대한 자료이다.

○ 그림은 (가)의 근육 원섬유 마디 X와 (나)의 근육 원섬유 마디 Y의 구조를 나타낸 것이다. 구간 ㉠과 ㉢은 액틴 필라멘트만 있는 부분이고, ㉡은 액틴 필라멘트와 마이오신 필라멘트가 겹치는 부분이며, ㉣은 마이오신 필라멘트만 있는 부분이다. X와 Y는 모두 좌우 대칭이다.

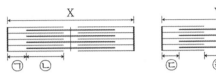

○ 표는 시점 $t_1$과 $t_2$일 때 X, ㉠, ㉡, Y, ㉢, ㉣의 길이를 나타낸 것이다.

| 구분 | X | ㉠ | ㉡ | Y | ㉢ | ㉣ |
|------|------|------|------|------|------|------|
| $t_1$ | ? | ⓐ | 0.6 | ? | 0.3 | ⓑ |
| $t_2$ | 2.6 | 0.5 | 0.5 | 2.6 | 0.6 | 1.0 |

(단위 : μm)

이에 대한 설명으로 옳은 것만을 〈보기〉에서 있는 대로 고른 것은?

――― 〈보 기〉 ―――

ㄱ. ⓐ와 ⓑ는 같다.

ㄴ. $t_1$일 때 X의 H대 길이는 0.4μm이다.

ㄷ. X의 A대 길이에서 Y의 A대 길이를 뺀 값은 0.2μm이다.

① ㄱ  ② ㄴ  ③ ㄱ, ㄷ  ④ ㄴ, ㄷ  ⑤ ㄱ, ㄴ, ㄷ

**70.** 다음은 골격근의 수축 과정에 대한 자료이다.

- 그림은 근육 원섬유 마디 X 의 구조를 나타낸 것이다. X는 좌우 대칭이다.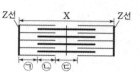
- 구간 ㉠은 액틴 필라멘트 만 있는 부분이고, ㉡은 액 틴 필라멘트와 마이오신 필라멘트가 겹치는 부분이며, ㉢은 마이오신 필라멘트만 있는 부분이다.
- 골격근 수축 과정의 시점 $t_1$일 때 ㉠~㉢의 길이는 순서 없이 ⓐ, $3d$, $10d$이고, 시점 $t_2$일 때 ㉠~㉢의 길이는 순서 없이 ⓐ, $2d$, $3d$이다. $d$는 0보다 크다.

이에 대한 설명으로 옳은 것만을 〈보기〉에서 있는 대로 고른 것은?

─ 〈보 기〉 ─
ㄱ. 근육 원섬유는 근육 섬유로 구성되어 있다.
ㄴ. H대의 길이는 $t_1$일 때가 $t_2$일 때보다 길다.
ㄷ. $t_2$일 때 ㉠의 길이는 $2d$이다.

① ㄱ  ② ㄴ  ③ ㄷ  ④ ㄱ, ㄴ  ⑤ ㄴ, ㄷ

**71.** 다음은 골격근의 수축 과정에 대한 자료이다.

- 그림은 근육 원섬유 마디 X의 구조를 나타낸 것이다. 구 간 ㉠은 액틴 필라멘트만 있는 부분이고, ㉡은 액틴 필 라멘트와 마이오신 필라멘트가 겹치는 부분이며, ㉢은 마이오신 필라멘트만 있는 부분이다. X는 좌우 대칭이 다.

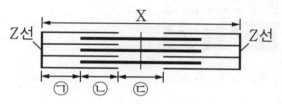

- 표는 골격근 수축 과정의 시점 $t_1$과 $t_2$일 때 X의 길이, A대의 길이, H대의 길이를 나타낸 것이다. ⓐ와 ⓑ는 $2.4\mu m$와 $2.8\mu m$를 순서 없이 나타낸 것이다.

| 시점 | X의 길이 | A대의 길이 | H대의 길이 |
|------|---------|-----------|-----------|
| $t_1$ | ⓐ | $1.6\mu m$ | ? |
| $t_2$ | ⓑ | ? | $0.4\mu m$ |

- $t_1$일 때 ㉡의 길이와 $t_2$일 때 ㉠의 길이는 같다.

이에 대한 설명으로 옳은 것만을 〈보기〉에서 있는 대로 고른 것은?

─ 〈보 기〉 ─
ㄱ. ⓐ는 $2.8\mu m$이다.
ㄴ. $t_1$일 때 ㉠의 길이는 $0.4\mu m$이다.
ㄷ. X에서 $\dfrac{㉡의 \ 길이}{액틴 \ 필라멘트의 \ 길이}$ 는 $t_1$일 때가 $t_2$일 때보다 크다.

① ㄱ  ② ㄴ  ③ ㄷ  ④ ㄱ, ㄴ  ⑤ ㄴ, ㄷ

**72.** 그림은 골격근 수축 과정의 두 시점 (가)와 (나)일 때 관찰된 근육 원섬유를, 표는 (가)와 (나)일 때 ㉠의 길이와 ㉡의 길이를 나타낸 것이다. ⓐ와 ⓑ는 근육 원섬유에서 각각 어둡게 보이는 부분(암대)과 밝게 보이는 부분(명대)이고, ㉠과 ㉡은 ⓐ와 ⓑ를 순서 없이 나타낸 것이다.

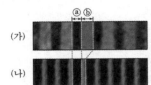

| 시점 | ㉠의 길이 | ㉡의 길이 |
|------|-----------|-----------|
| (가) | 1.6μm | 1.8μm |
| (나) | 1.6μm | 0.6μm |

이에 대한 설명으로 옳은 것만을 〈보기〉에서 있는 대로 고른 것은?

〈보 기〉

ㄱ. (가)일 때 ⓑ에 Z선이 있다.

ㄴ. (나)일 때 ㉠에 액틴 필라멘트가 있다.

ㄷ. (가)에서 (나)로 될 때 ATP에 저장된 에너지가 사용된다.

① ㄱ  ② ㄴ  ③ ㄱ, ㄷ  ④ ㄴ, ㄷ  ⑤ ㄱ, ㄴ, ㄷ

**73.** 다음은 골격근의 수축 과정에 대한 자료이다.

○ 그림은 근육 원섬유 마디 X의 구조를 나타낸 것이며, X는 좌우 대칭이다. 구간 ㉠은 액틴 필라멘트만 있는 부분이고, ㉡은 액틴 필라멘트와 마이오신 필라멘트가 겹치는 부분이며, ㉢은 마이오신 필라멘트만 있는 부분이다.

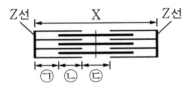

○ 표는 골격근 수축 과정의 두 시점 $t_1$과 $t_2$일 때 ㉠의 길이, ㉡의 길이, ㉢의 길이, X의 길이를 나타낸 것이고, ⓐ~ⓒ는 0.4μm, 0.6μm, 0.8μm를 순서 없이 나타낸 것이다.

| 시점 | ㉠의 길이 | ㉡의 길이 | ㉢의 길이 | X의 길이 |
|------|-----------|-----------|-----------|----------|
| $t_1$ | ⓐ | ⓑ | ⓐ | ? |
| $t_2$ | ⓒ | ? | ⓑ | 2.8μm |

이에 대한 설명으로 옳은 것만을 〈보기〉에서 있는 대로 고른 것은?

〈보 기〉

ㄱ. $t_1$일 때 H대의 길이는 0.8μm이다.

ㄴ. X의 길이는 $t_2$일 때가 $t_1$일 때보다 0.4μm 길다.

ㄷ. $t_1$에서 $t_2$로 될 때 ATP에 저장된 에너지가 사용된다.

① ㄱ  ② ㄴ  ③ ㄱ, ㄷ  ④ ㄴ, ㄷ  ⑤ ㄱ, ㄴ, ㄷ

**74.** 다음은 골격근의 수축 과정에 대한 자료이다.

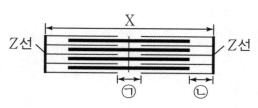

○ 그림은 근육 원섬유 마디 X의 구조를 나타낸 것이다. X
는 좌우 대칭이다.

○ 구간 ㉠은 마이오신 필라멘트만 있는 부분이고, ㉡은
액틴 필라멘트만 있는 부분이다.

○ 표는 골격근 수축 과정의 두 시점 $t_1$과 $t_2$일 때 ㉠의 길
이, ㉡의 길이, A대의 길이에서 ㉠의 길이를 뺀 값(A대
−㉠)을 나타낸 것이다.

| 구분 | ㉠의 길이 | ㉡의 길이 | A대−㉠ |
|------|-----------|-----------|---------|
| $t_1$ | ? | 0.3 | 1.2 |
| $t_2$ | 0.6 | 0.5+ⓐ | 1.2+2ⓐ |

(단위: $\mu m$)

이에 대한 설명으로 옳은 것만을 〈보기〉에서 있는 대로 고른
것은?

─────〈보 기〉─────

ㄱ. ㉠은 H대이다.

ㄴ. $t_1$일 때 A대의 길이는 1.4$\mu m$이다.

ㄷ. $t_2$일 때 ㉠의 길이는 ㉡의 길이보다 짧다.

① ㄱ  ② ㄴ  ③ ㄷ  ④ ㄱ, ㄴ  ⑤ ㄱ, ㄷ

---

**75.** 다음은 골격근의 수축 과정에 대한 자료이다.

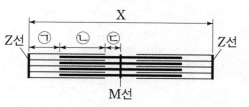

○ 그림은 근육 원섬유 마디 X의 구조를 나타낸 것이다. X
는 M선을 기준으로 좌우 대칭이다.

○ 구간 ㉠은 액틴 필라멘트만 있는 부분이고, ㉡은 액틴
필라멘트와 마이오신 필라멘트가 겹치는 부분이며, ㉢
은 마이오신 필라멘트만 있는 부분이다.

○ 골격근 수축 과정의 시점 $t_1$일 때 ⓐ의 길이는 시점 $t_2$일
때 ⓑ의 길이와 ㉢의 길이를 더한 값과 같다. ⓐ와 ⓑ는
㉠과 ㉡을 순서 없이 나타낸 것이다.

○ ⓐ의 길이와 ⓑ의 길이를 더한 값은 1.0$\mu m$이다.

○ $t_1$일 때 ⓑ의 길이는 0.2$\mu m$이고, $t_2$일 때 ⓐ의 길이는
0.7$\mu m$이다. X의 길이는 $t_1$과 $t_2$ 중 한 시점일 때 3.0$\mu m$
이고, 나머지 한 시점일 때 3.0$\mu m$보다 길다.

이에 대한 설명으로 옳은 것만을 〈보기〉에서 있는 대로 고른
것은?

─────〈보 기〉─────

ㄱ. ⓐ는 ㉠이다.

ㄴ. $t_1$일 때 H대의 길이는 1.2$\mu m$이다.

ㄷ. X의 길이는 $t_1$일 때가 $t_2$일 때보다 짧다.

① ㄱ  ② ㄴ  ③ ㄷ  ④ ㄱ, ㄴ  ⑤ ㄴ, ㄷ

## 76.

다음은 골격근의 수축과 이완 과정에 대한 자료이다.

○ 그림 (가)는 팔을 구부리는 과정의 세 시점 $t_1$, $t_2$, $t_3$일 때 팔의 위치와 이 과정에 관여하는 골격근 P와 Q를, (나)는 P와 Q 중 한 골격근의 근육 원섬유 마디 X의 구조를 나타낸 것이다. X는 좌우 대칭이다.

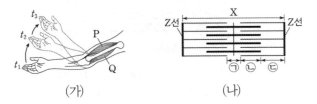

(가)　　　　(나)

○ 구간 ㉠은 마이오신 필라멘트만 있는 부분이고, ㉡은 액틴 필라멘트와 마이오신 필라멘트가 겹치는 부분이며, ㉢은 액틴 필라멘트만 있는 부분이다.

○ 표는 $t_1$~$t_3$일 때 ㉠의 길이와 ㉡의 길이를 더한 값(㉠+㉡), ㉢의 길이, X의 길이를 나타낸 것이다.

| 시점 | ㉠+㉡ | ㉢의 길이 | X의 길이 |
|------|-------|-----------|----------|
| $t_1$ | 1.2 | ⓐ | ? |
| $t_2$ | ? | 0.7 | 3.0 |
| $t_3$ | ⓐ | 0.6 | ? |

(단위: μm)

이에 대한 설명으로 옳은 것만을 〈보기〉에서 있는 대로 고른 것은?

───── 〈보 기〉 ─────

ㄱ. X는 P의 근육 원섬유 마디이다.

ㄴ. X에서 A대의 길이는 $t_1$일 때가 $t_3$일 때보다 길다.

ㄷ. $t_1$일 때 ㉡의 길이와 ㉢의 길이를 더한 값은 $1.3\mu m$이다.

① ㄱ　　② ㄴ　　③ ㄷ　　④ ㄱ, ㄴ　　⑤ ㄱ, ㄷ

## 77.

다음은 골격근의 수축 과정에 대한 자료이다.

○ 그림은 근육 원섬유 마디 X의 구조를, 표는 골격근 수축 과정의 두 시점 $t_1$과 $t_2$일 때 ㉠~㉢의 길이를 나타낸 것이다. X는 M선을 기준으로 좌우 대칭이고, A대의 길이는 $1.6\ \mu m$이다. $t_2$일 때 ㉠의 길이와 ㉡의 길이는 같다.

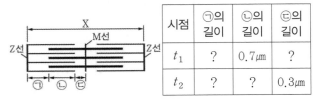

| 시점 | ㉠의 길이 | ㉡의 길이 | ㉢의 길이 |
|------|-----------|-----------|-----------|
| $t_1$ | ? | 0.7μm | ? |
| $t_2$ | ? | ? | 0.3μm |

○ 구간 ㉠은 액틴 필라멘트만 있는 부분이고, ㉡은 액틴 필라멘트와 마이오신 필라멘트가 겹치는 부분이며, ㉢은 마이오신 필라멘트만 있는 부분이다.

이 자료에 대한 설명으로 옳은 것만을 〈보기〉에서 있는 대로 고른 것은?

───── 〈보 기〉 ─────

ㄱ. X의 길이는 $t_1$일 때가 $t_2$일 때보다 길다.

ㄴ. $t_2$일 때 ㉡의 길이는 0.5 μm이다.

ㄷ. $t_1$일 때 ㉠의 길이는 $t_2$일 때 H대의 길이와 같다.

① ㄱ　　② ㄴ　　③ ㄱ, ㄷ　　④ ㄴ, ㄷ　　⑤ ㄱ, ㄴ, ㄷ

**78.** 다음은 골격근의 수축 과정에 대한 자료이다.

○ 그림은 근육 원섬유 마디 X의 구조를, 표는 골격근 수축 과정의 두 시점 $t_1$과 $t_2$일 때 ㉠의 길이에서 ㉢의 길이를 뺀 값을 ㉡의 길이로 나눈 값($\frac{㉠ - ㉢}{㉡}$)과 X의 길이를 나타낸 것이다. X는 좌우 대칭이고, $t_1$일 때 A대의 길이는 $1.6\mu m$이다.

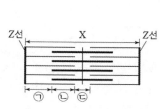

| 시점 | $\dfrac{㉠ - ㉢}{㉡}$ | X의 길이 |
|------|------|------|
| $t_1$ | $\dfrac{1}{4}$ | ? |
| $t_2$ | $\dfrac{1}{2}$ | $3.0\mu m$ |

○ 구간 ㉠은 액틴 필라멘트만 있는 부분이고, ㉡은 액틴 필라멘트와 마이오신 필라멘트가 겹치는 부분이며, ㉢은 마이오신 필라멘트만 있는 부분이다.

이에 대한 옳은 설명만을 〈보기〉에서 있는 대로 고른 것은?

─── 〈보 기〉 ───
ㄱ. 근육 원섬유는 근육 섬유로 구성되어 있다.
ㄴ. $t_2$일 때 H대의 길이는 $0.4\mu m$이다.
ㄷ. X의 길이는 $t_1$일 때가 $t_2$일 때보다 $0.2\mu m$ 길다.

① ㄱ　②ㄴ　③ ㄱ, ㄷ　④ ㄴ, ㄷ　⑤ ㄱ, ㄴ, ㄷ

**79.** 다음은 골격근의 수축 과정에 대한 자료이다.

○ 그림은 사람의 골격근을 구성하는 근육 원섬유 마디 X의 구조를 나타낸 것이다. X는 좌우 대칭이다.

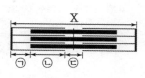

○ ㉠은 액틴 필라멘트만 있는 부분, ㉡은 액틴 필라멘트와 마이오신 필라멘트가 겹쳐진 부분, ㉢은 마이오신 필라멘트만 있는 부분이다.
○ X의 길이가 $2.0\mu m$일 때, ㉠의 길이 : ㉡의 길이 = 1 : 3이다.
○ X의 길이가 $2.4\mu m$일 때, ㉡의 길이 : ㉢의 길이 = 1 : 2이다.

이에 대한 설명으로 옳은 것만을 〈보기〉에서 있는 대로 고른 것은?

─── 〈보 기〉 ───
ㄱ. X에서 A대의 길이는 $1.6\mu m$이다.
ㄴ. X에서 ㉢은 밝게 보이는 부분(명대)이다.
ㄷ. X의 길이가 $3.0\mu m$일 때, $\dfrac{\text{H대의 길이}}{㉠의 길이}$는 2이다.

① ㄱ　② ㄴ　③ ㄷ　④ ㄱ, ㄷ　⑤ ㄴ, ㄷ

**80.** 다음은 골격근 수축 과정에 대한 자료이다.

---

○ 그림 (가)는 근육 원섬유 마디 X의 구조를, (나)는 구간 ⓒ의 길이에 따른 ⓐ X가 생성할 수 있는 힘을 나타낸 것이다. X는 좌우 대칭이고, ⓐ가 $F_1$일 때 A대의 길이는 1.6μm이다.

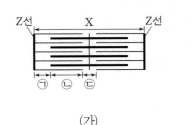 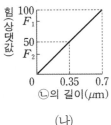

(가)                    (나)

○ 구간 ㉠은 액틴 필라멘트만 있는 부분이고, ㉡은 액틴 필라멘트와 마이오신 필라멘트가 겹치는 부분이며, ㉢은 마이오신 필라멘트만 있는 부분이다.

○ 표는 ⓐ가 $F_1$과 $F_2$일 때 ㉢의 길이를 ㉠의 길이로 나눈 값($\frac{㉢}{㉠}$)과 X의 길이를 ㉡의 길이로 나눈 값($\frac{X}{㉡}$)을 나타낸 것이다.

| 힘 | $\dfrac{㉢}{㉠}$ | $\dfrac{X}{㉡}$ |
|----|----|----|
| $F_1$ | 1 | 4 |
| $F_2$ | $\dfrac{3}{2}$ | ? |

---

이 자료에 대한 설명으로 옳은 것만을 〈보기〉에서 있는 대로 고른 것은?

─────〈보 기〉─────

ㄱ. ⓐ는 H대의 길이가 0.3μm일 때가 0.6μm일 때보다 작다.

ㄴ. $F_1$일 때 ㉠의 길이와 ㉡의 길이를 더한 값은 1.0μm이다.

ㄷ. $F_2$일 때 X의 길이는 3.2μm이다.

① ㄱ   ② ㄴ   ③ ㄷ   ④ ㄱ, ㄴ   ⑤ ㄴ, ㄷ

---

**81.** 다음은 골격근의 수축 과정에 대한 자료이다.

---

○ 그림은 근육 원섬유 마디 X의 구조를, 표는 시점 $t_1$과 $t_2$일 때 X의 길이, Ⅰ의 길이와 Ⅲ의 길이를 더한 값(Ⅰ+Ⅲ), Ⅱ의 길이에서 Ⅰ의 길이를 뺀 값(Ⅱ-Ⅰ)을 나타낸 것이다. X는 좌우 대칭이고, Ⅰ~Ⅲ은 ㉠~㉢을 순서 없이 나타낸 것이다.

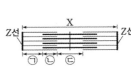

| 시점 | X의 길이 | Ⅰ+Ⅲ | Ⅱ-Ⅰ |
|----|----|----|----|
| $t_1$ | ⓐ | 0.8μm | 0.2μm |
| $t_2$ | ⓑ | ⓒ | ⓒ |

○ 구간 ㉠은 액틴 필라멘트만 있는 부분이고, ㉡은 액틴 필라멘트와 마이오신 필라멘트가 겹치는 부분이며, ㉢은 마이오신 필라멘트만 있는 부분이다.

○ ⓐ와 ⓑ는 각각 2.4μm와 2.2μm 중 하나이다.

---

이에 대한 설명으로 옳은 것만을 〈보기〉에서 있는 대로 고른 것은?

─────〈보 기〉─────

ㄱ. Ⅱ는 ㉡이다.

ㄴ. $t_1$일 때 A대의 길이는 1.4μm이다.

ㄷ. $t_2$일 때 ㉠의 길이는 ㉢의 길이보다 길다.

① ㄱ   ② ㄴ   ③ ㄱ, ㄷ   ④ ㄴ, ㄷ   ⑤ ㄱ, ㄴ, ㄷ

---

## 82.

다음은 골격근의 수축 과정에 대한 자료이다.

○ 그림은 근육 원섬유 마디 X의 구조를 나타낸 것이다. X는 좌우 대칭이다.

○ 구간 ㉠은 액틴 필라멘트만 있는 부분이고, ㉡은 액틴 필라멘트와 마이오신 필라멘트가 겹치는 부분이며, ㉢은 마이오신 필라멘트만 있는 부분이다.

○ 골격근 수축 과정의 두 시점 $t_1$과 $t_2$ 중 $t_1$일 때 ㉠의 길이와 ㉡의 길이를 더한 값은 $1.0\mu m$이고, X의 길이는 $3.2\mu m$이다.

○ $t_1$일 때 $\dfrac{\text{ⓐ의 길이}}{\text{ⓒ의 길이}} = \dfrac{2}{3}$이고, $t_2$일 때 $\dfrac{\text{ⓐ의 길이}}{\text{ⓒ의 길이}} = 1$이며, $\dfrac{t_1 \text{일 때 ⓑ의 길이}}{t_2 \text{일 때 ⓑ의 길이}} = \dfrac{1}{3}$이다. ⓐ와 ⓑ는 ㉠과 ㉡을 순서 없이 나타낸 것이다.

이에 대한 설명으로 옳은 것만을 〈보기〉에서 있는 대로 고른 것은?

─── 〈보 기〉 ───

ㄱ. ⓑ는 ㉠이다.

ㄴ. $t_1$일 때 A대의 길이는 $1.6\mu m$이다.

ㄷ. X의 길이는 $t_1$일 때가 $t_2$일 때보다 $0.8\mu m$ 길다.

① ㄱ  ② ㄷ  ③ ㄱ, ㄴ  ④ ㄴ, ㄷ  ⑤ ㄱ, ㄴ, ㄷ

---

## 83.

다음은 골격근의 수축 과정에 대한 자료이다.

○ 그림은 근육 원섬유 마디 X의 구조를, 표는 골격근 수축 과정의 시점 $t_1 \sim t_3$일 때 ㉠의 길이, ㉡의 길이, Ⅰ의 길이와 Ⅱ의 길이를 더한 값($\text{Ⅰ}+\text{Ⅱ}$), Ⅰ의 길이와 Ⅲ의 길이를 더한 값($\text{Ⅰ}+\text{Ⅲ}$)을 나타낸 것이다. X는 좌우 대칭이고, Ⅰ~Ⅲ은 ㉠~㉢을 순서 없이 나타낸 것이다.

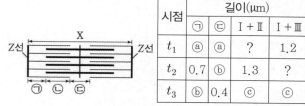

| 시점 | 길이($\mu m$) | | | |
|---|---|---|---|---|
| | ㉠ | ㉢ | Ⅰ+Ⅱ | Ⅰ+Ⅲ |
| $t_1$ | ⓐ | ⓐ | ? | 1.2 |
| $t_2$ | 0.7 | ⓑ | 1.3 | ? |
| $t_3$ | ⓑ | 0.4 | ⓒ | ⓒ |

○ 구간 ㉠은 액틴 필라멘트만 있는 부분이고, ㉡은 액틴 필라멘트와 마이오신 필라멘트가 겹치는 부분이며, ㉢은 마이오신 필라멘트만 있는 부분이다.

이에 대한 옳은 설명만을 〈보기〉에서 있는 대로 고른 것은?

─── 〈보 기〉 ───

ㄱ. $t_1$일 때 ㉡의 길이는 $0.4\mu m$이다.

ㄴ. ⓒ는 1.0이다.

ㄷ. Ⅱ는 ㉢이다.

① ㄱ  ② ㄷ  ③ ㄱ, ㄴ  ④ ㄴ, ㄷ  ⑤ ㄱ, ㄴ, ㄷ

**84.** 다음은 골격근의 수축 과정에 대한 자료이다.

○ 그림은 근육 원섬유 마디 X의 구조를 나타낸 것이다. X는 좌우 대칭이고, $Z_1$과 $Z_2$는 X의 Z선이다.

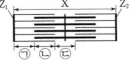

○ 구간 ㉠은 액틴 필라멘트만 있는 부분이고, ㉡은 액틴 필라멘트와 마이오신 필라멘트가 겹치는 부분이며, ㉢은 마이오신 필라멘트만 있는 부분이다.

○ 골격근 수축 과정의 두 시점 $t_1$과 $t_2$ 중, $t_1$일 때 X의 길이는 L이고, $t_2$일 때만 ㉠~㉢의 길이가 모두 같다.

○ $\dfrac{t_2\text{일 때 }ⓐ\text{의 길이}}{t_1\text{일 때 }ⓐ\text{의 길이}}$ 와 $\dfrac{t_1\text{일 때 }㉡\text{의 길이}}{t_2\text{일 때 }㉡\text{의 길이}}$ 는 서로 같다. ⓐ는 ㉠과 ㉢ 중 하나이다.

이에 대한 설명으로 옳은 것만을 〈보기〉에서 있는 대로 고른 것은?

─── 〈보 기〉 ───
ㄱ. ⓐ는 ㉢이다.

ㄴ. H대의 길이는 $t_1$일 때가 $t_2$일 때보다 짧다.

ㄷ. $t_1$일 때, X의 $Z_1$로부터 $Z_2$ 방향으로 거리가 $\dfrac{3}{10}$L인 지점은 ㉡에 해당한다.

① ㄱ  ② ㄴ  ③ ㄱ, ㄷ  ④ ㄴ, ㄷ  ⑤ ㄱ, ㄴ, ㄷ

**85.** 그림 (가)는 근육 원섬유 마디 X의 구조를, (나)는 근육 운동 시 $t_1$에서 $t_2$로 시간이 경과할 때 ㉠과 ㉡ 중 한 지점에서 관찰되는 단면 변화를 나타낸 것이다. ㉠과 ㉡은 각각 M선으로부터 거리가 일정한 지점이고, ⓐ는 마이오신 필라멘트만 있는 부분이다.

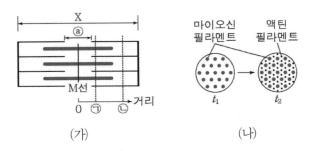

(가)          (나)

이에 대한 옳은 설명만을 〈보기〉에서 있는 대로 고른 것은?

─── 〈보 기〉 ───
ㄱ. (나)가 나타나는 지점은 ㉠이다.

ㄴ. ⓐ의 길이는 $t_2$일 때가 $t_1$일 때보다 짧다.

ㄷ. X에서 $\dfrac{\text{A대의 길이}}{\text{액틴 필라멘트의 길이}}$ 는 $t_1$일 때와 $t_2$일 때가 같다.

① ㄴ  ② ㄷ  ③ ㄱ, ㄴ  ④ ㄱ, ㄷ  ⑤ ㄱ, ㄴ, ㄷ

**86.** 다음은 골격근의 수축 과정에 대한 자료이다.

○ 그림 (가)는 근육 원섬유 마디 X의 구조를, (나)의 ㉠~
㉢은 X를 ㉮ 방향으로 잘랐을 때 관찰되는 단면의 모양
을 나타낸 것이다. X는 좌우 대칭이다.

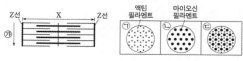

(가)　　　　　　(나)

○ 표는 골격근 수축 과정의 두 시점 $t_1$과 $t_2$일 때 각 시점
의 한 쪽 Z선으로부터의 거리가 각각 $l_1$, $l_2$, $l_3$인 세 지
점에서 관찰되는 단면의 모양을 나타낸 것이다. ⓐ~ⓒ
는 ㉠~㉢을 순서 없이 나타낸 것이며, X의 길이는 $t_2$일
때가 $t_1$일 때보다 짧다.

| 거리 | 단면의 모양 | |
|---|---|---|
| | $t_1$ | $t_2$ |
| $l_1$ | ⓐ | ⓑ |
| $l_2$ | ㉠ | ⓒ |
| $l_3$ | ⓑ | ? |

○ $l_1$~$l_3$은 모두 $\dfrac{t_2\text{일 때 X의 길이}}{2}$ 보다 작다.

이에 대한 설명으로 옳은 것만을 〈보기〉에서 있는 대로 고른 것은?

――― 〈보 기〉 ―――

ㄱ. 마이오신 필라멘트의 길이는 $t_1$일 때가 $t_2$일 때보다 길다.

ㄴ. ⓐ는 ㉠이다.

ㄷ. $l_3 < l_1$이다.

① ㄱ　　② ㄴ　　③ ㄷ　　④ ㄱ, ㄴ　　⑤ ㄴ, ㄷ

**87.** 다음은 골격근의 수축과 이완 과정에 대한 자료이다.

○ 그림 (가)는 팔을 구부리는 과정의 두 시점 $t_1$과 $t_2$일 때
팔의 위치와 이 과정에 관여하는 골격근 P와 Q를, (나)
는 P와 Q 중 한 골격근의 근육 원섬유 마디 X의 구조를
나타낸 것이다. X는 좌우 대칭이고, $Z_1$과 $Z_2$는 X의 Z
선이다.

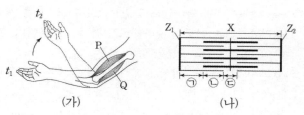

(가)　　　　　　(나)

○ 구간 ㉠은 액틴 필라멘트만 있는 부분이고, ㉡은 액틴
필라멘트와 마이오신 필라멘트가 겹치는 부분이며, ㉢
은 마이오신 필라멘트만 있는 부분이다.

○ 표는 $t_1$과 $t_2$일 때 각 시점
의 $Z_1$로부터 $Z_2$방향으로
거리가 각각 $l_1$, $l_2$, $l_3$인
세 지점이 ㉠~㉢ 중 어느
구간에 해당하는지를 나
타낸 것이다. ⓐ~ⓒ는
㉠~㉢을 순서 없이 나타낸 것이다.

| 거리 | 지점이 해당하는 구간 | |
|---|---|---|
| | $t_1$ | $t_2$ |
| $l_1$ | ⓐ | ? |
| $l_2$ | ⓑ | ⓐ |
| $l_3$ | ⓒ | ㉢ |

○ ⓒ의 길이는 $t_1$일 때가 $t_2$일 때보다 짧다.

○ $t_1$과 $t_2$일 때 각각 $l_1$~$l_3$은 모두 $\dfrac{\text{X의 길이}}{2}$ 보다 작다.

이에 대한 설명으로 옳은 것만을 〈보기〉에서 있는 대로 고른 것은?

――― 〈보 기〉 ―――

ㄱ. $l_1 > l_2$이다.

ㄴ. X는 P의 근육 원섬유 마디이다.

ㄷ. $t_2$일 때, $Z_1$로부터 $Z_2$방향으로 거리가 $l_1$인 지점은 ㉠
에 해당한다.

① ㄱ　　② ㄴ　　③ ㄷ　　④ ㄱ, ㄴ　　⑤ ㄱ, ㄷ

**88.** 다음은 골격근의 수축 과정에 대한 자료이다.

○ 그림은 근육 원섬유 마디 X의 구조를 나타낸 것이다. X는 좌우 대칭이고, $Z_1$과 $Z_2$는 X의 Z선이다.

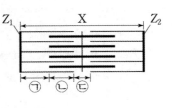

○ 구간 ㉠은 액틴 필라멘트만 있는 부분이고, ㉡은 액틴 필라멘트와 마이오신 필라멘트가 겹치는 부분이며, ㉢은 마이오신 필라멘트만 있는 부분이다.

○ 표는 골격근 수축 과정의 두 시점 $t_1$과 $t_2$일 때 각 시점의 $Z_1$로부터 $Z_2$방향으로 거리가 각각 $l_1$, $l_2$, $l_3$인 세 지점이 ㉠~㉢ 중 어느 구간에 해당하는지를 나타낸 것이다. ⓐ~ⓒ는 ㉠~㉢을 순서 없이 나타낸 것이다.

| 거리 | 지점이 해당하는 구간 | |
|---|---|---|
| | $t_1$ | $t_2$ |
| $l_1$ | ⓐ | ㉡ |
| $l_2$ | ⓑ | ? |
| $l_3$ | ? | ⓒ |

○ $t_1$일 때 ⓐ~ⓒ의 길이는 순서 없이 5d, 6d, 8d이고, $t_2$일 때 ⓐ~ⓒ의 길이는 순서 없이 2d, 6d, 7d이다. d는 0보다 크다.

○ $t_1$일 때, A대의 길이는 ⓒ의 길이의 2배이다.

○ $t_1$과 $t_2$일 때 각각 $l_1$~$l_3$은 모두 $\dfrac{\text{X의 길이}}{2}$ 보다 작다.

이에 대한 설명으로 옳은 것만을 〈보기〉에서 있는 대로 고른 것은?

─── 〈보 기〉 ───
ㄱ. $l_2 > l_1$이다.
ㄴ. $t_1$일 때, $Z_1$로부터 $Z_2$ 방향으로 거리가 $l_3$인 지점은 ㉡에 해당한다.
ㄷ. $t_2$일 때, ⓐ의 길이는 H대의 길이의 3배이다.

① ㄱ   ② ㄴ   ③ ㄷ   ④ ㄱ, ㄴ   ⑤ ㄱ, ㄷ

# PART 2

20문항

# 01.

다음은 민말이집 신경 A와 B의 흥분 전도와 전달에 대한 자료이다.

○ 그림은 시냅스를 이루고 있는 신경 A와 B의 지점 $d_1$으로부터 세 지점 $d_2 \sim d_4$까지의 거리를, 표는 ⓐ 지점 X에 역치 이상의 자극을 1회 주고 경과된 시간이 $t_1$, $t_2$일 때 $d_1 \sim d_4$에서 측정한 막전위를 나타낸 것이다. X는 $d_1 \sim d_4$ 중 하나이고, $t_1$과 $t_2$는 각각 3ms와 3.5ms 중 하나이다. I~IV는 $d_1 \sim d_4$를 순서 없이 나타낸 것이다.

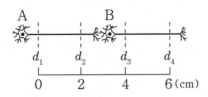

| 시간 | 막전위(mV) | | | |
|---|---|---|---|---|
| | I | II | III | IV |
| $t_1$ | ? | −80 | −80 | ? |
| $t_2$ | −80 | −70 | +30 | −80 |

○ A와 B에서 흥분 전도 속도는 같다.
○ A와 B에서 활동 전위가 발생하였을 때, 각각 (가) 또는 (나)와 같은 막전위 변화가 나타난다.

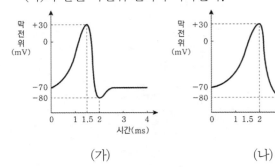

(가)                    (나)

〈보기〉에서 □에 알맞은 말을 채우시오. (단, A와 B 중 자극을 받은 신경에서 흥분의 전도는 1회 일어났고, 휴지 전위는 −70mV 이다.)

─── 〈보 기〉 ───
ㄱ. A의 막전위 그래프는 □이다. (* □는 (가)와 (나) 중 하나)
ㄴ. 자극을 준 지점은 □이다. (* □는 $d_1 \sim d_4$ 중 하나)
ㄷ. ⓐ가 $t_2$일 때, $d_1$에서 재분극이 일어나고 있다.

# 02.

다음은 민말이집 신경 A~C의 흥분 전도에 대한 자료이다.

○ 그림은 A~C의 축삭 돌기 일부를, 표는 각 신경의 $d_1$에 역치 이상의 자극을 동시에 1회 주고 경과된 시간이 I ms, II ms, III ms일 때 $d_2$에서 측정한 막전위를 나타낸 것이다. I~III은 모두 다르다.

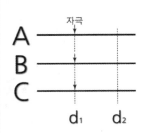

| 신경 | $d_2$에서 측정한 막전위(mV) | | |
|---|---|---|---|
| | I | II | III |
| A | +30 | −60 | ? |
| B | −60 | −80 | ? |
| C | −60 | ? | −60 |

○ B와 C의 흥분 전도 속도는 같고, A의 흥분 전도 속도는 B의 2배이다.
○ A~C의 $d_2$에서 활동 전위가 발생하였을 때, 한 신경은 그림 (가)와 같은, 나머지 두 신경은 그림 (나)와 같은 막전위 변화가 나타난다.

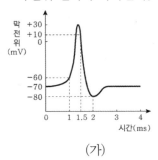    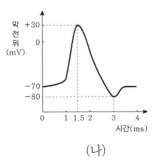

(가)                    (나)

이에 대한 설명으로 옳은 것을 〈보기〉에서 있는 대로 고르고, □에 알맞은 말을 채우시오. (단, A~C에서 흥분의 전도는 각각 1회 일어났고, 휴지 전위는 −70mV이다.)

─── 〈보 기〉 ───
ㄱ. B는 □와 같은 막전위 변화가 나타난다. (* □는 (가)와 (나) 중 하나)
ㄴ. I ms일 때, B의 $d_2$에서 재분극이 일어나고 있다.
ㄷ. III=□이다.

**03.** 다음은 민말이집 신경 A와 B의 흥분 전도에 대한 자료이다.

○ 그림은 A와 B의 지점 $d_1$으로부터 네 지점 $d_2 \sim d_5$까지의 거리를, 표는 ⓐ 각 신경의 동일한 지점 X에 역치 이상의 자극을 동시에 1회 주고 경과된 시간이 $t_1$일 때 $d_1 \sim d_5$에서 측정한 막전위를 나타낸 것이다. X는 $d_1 \sim d_5$ 중 하나이며, I ~ V는 각각 $d_1 \sim d_5$를 순서 없이 나타낸 것이다. ㉠은 ㉡보다 크다.

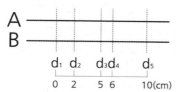

|  | 0 | 2 | 5 | 6 | 10(cm) |
| $d_1$ | $d_2$ | | $d_3$ $d_4$ | | $d_5$ |

| 신경 | $t_1$일 때 측정한 막전위(mV) | | | | |
|------|------|------|------|------|------|
|  | I | II | III | IV | V |
| A | -70 | -80 | ㉠ | ? | +10 |
| B | ㉡ | ? | -70 | -80 | ? |

○ A와 B 중 하나의 흥분 전도 속도는 3cm/ms이고 다른 하나의 흥분 전도 속도는 4cm/ms이다.

○ A와 B의 $d_1 \sim d_5$에서 활동 전위가 발생하였을 때, 각 지점에서의 막전위 변화는 그림과 같다.

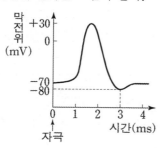

〈보기〉에서 □에 알맞은 말을 채우시오. (단, A와 B에서 흥분의 전도는 각각 1회 일어났고, 휴지 전위는 -70mV이다.)

── 〈 보 기 〉 ──

ㄱ. A의 흥분 전도 속도는 □cm/ms이다.

ㄴ. I은 □이다. (* □는 $d_1 \sim d_5$ 중 하나)

ㄷ. ⓐ가 5ms일 때, B의 V에서 측정한 막전위는 +10보다 □다. (* □는 '크' 또는 '작')

---

**04.** 다음은 민말이집 신경 A~C의 흥분 전도에 대한 자료이다.

○ 그림은 A~C의 축삭 돌기 일부를, 표는 각 신경에서 $d_1$에 역치 이상의 자극을 동시에 1회 주고 경과된 시간이 $t_1$일 때, $d_1$에서 측정한 막전위, $d_2$에서 측정한 막전위에서 $d_3$에서 측정한 막전위를 뺀 값($d_2 - d_3$), $d_4$에서 측정한 막전위를 나타낸 것이다. ⓐ는 0보다 크고, I ~ III은 A~C을 순서 없이 나타낸 것이다.

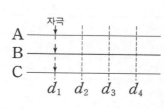

| 신경 | $t_1$일 때 측정한 막전위(mV) | | |
|------|------|------|------|
|  | $d_1$ | $d_2 - d_3$ | $d_4$ |
| I | 0 | 0 | -60 |
| II | ? | -110 | ? |
| III | 0 | ⓐ | ? |

○ 흥분의 전도 속도는 A에서가 B에서보다 빠르다.

○ 그림 (가)는 A와 B의 $d_1 \sim d_4$에서, (나)는 C의 $d_1 \sim d_4$에서 활동 전위가 발생하였을 때 각 지점에서의 막전위 변화를 나타낸 것이다.

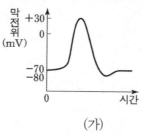

(가)

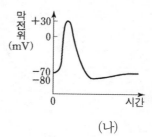

(나)

이에 대한 설명으로 옳은 것을 〈보기〉에서 있는 대로 고르고, □에 알맞은 말을 채우시오. (단, A~C에서 흥분의 전도는 각각 1회 일어났고, 휴지 전위와 과분극 전위는 각각 -70mV, -80mV이고, 활동 전위의 크기는 100mV이다.)

── 〈 보 기 〉 ──

ㄱ. $t_1$일 때, I의 $d_1$에서 탈분극이 일어나고 있다.

ㄴ. II의 $d_4$에서 재분극이 일어나고 있다.

ㄷ. III은 □이다. (* □는 A, B, C 중 하나)

**05.** 다음은 민말이집 신경 A~C의 흥분 전도에 대한 자료이다.

○ 그림은 A~C의 축삭 돌기 일부를, 표는 각 신경의 $d_1$에 역치 이상의 자극을 동시에 1회 주고 경과된 시간이 I ms, II ms, III ms, IV ms일 때 $d_2$에서 측정한 막전위를 나타낸 것이다. I ~ IV는 모두 다르다.

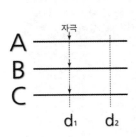

| 신경 | $d_2$에서 측정한 막전위(mV) | | | |
|---|---|---|---|---|
| | I | II | III | IV |
| A | ㉠ | -10 | -10 | ? |
| B | ? | ? | -80 | ? |
| C | -10 | ㉡ | -10 | -80 |

○ A의 흥분 전도 속도는 B의 $\frac{2}{3}$ 배이고, B의 흥분 전도 속도는 C의 2배이다.

○ A~C의 $d_2$에서 활동 전위가 발생하였을 때, 그림과 같은 막전위 변화가 나타난다.

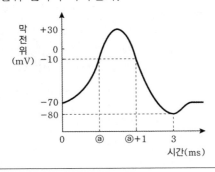

이에 대한 설명으로 옳은 것을 〈보기〉에서 있는 대로 고르고, □에 알맞은 말을 채우시오. (단, A~C에서 흥분의 전도는 각각 1회 일어났고, 휴지 전위는 -70mV이다.)

─── 〈보 기〉 ───
ㄱ. ⓐ는 □이다.
ㄴ. I + III = II + IV 이다.
ㄷ. ㉠이 ㉡보다 □다. (* □는 '크' 또는 '작')

**06.** 다음은 민말이집 신경 A~C의 흥분 전도에 대한 자료이다.

○ 그림은 A~C의 지점 $d_1$으로부터 세 지점 $d_2$~$d_4$까지의 거리를, 표는 각 신경의 $d_1$에 역치 이상의 자극을 동시에 1회 주고 경과된 시간이 5ms, ㉠ms, ㉡ms일 때 A, B, C의 $d_2$~$d_4$에서 측정한 막전위를 나타낸 것이다. I ~ III은 $d_2$~$d_4$를 순서 없이 나타낸 것이다.

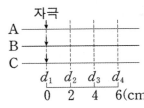

| 시간 | 신경 | 막전위(mV) | | |
|---|---|---|---|---|
| | | I | II | III |
| 5ms | A | +10 | -80 | ? |
| ㉠ms | B | +10 | +10 | ? |
| ㉡ms | C | +10 | ⓐ | +10 |

○ 흥분의 전도 속도는 B가 A의 2배이고, C가 B보다 빠르다.

○ A~C에서 활동 전위가 발생하였을 때, 각 지점에서의 막전위 변화는 그림과 같다.

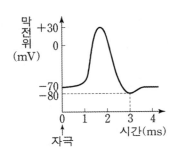

이에 대한 설명으로 옳은 것만을 〈보기〉에서 있는 대로 고른 것은? (단, A~C에서 흥분의 전도는 각각 1회 일어났고, 휴지 전위는 -70mV이다.)

─── 〈보 기〉 ───
ㄱ. I 은 □이다. (* □는 $d_2$~$d_4$ 중 하나)
ㄴ. ⓐ는 +10보다 크다.
ㄷ. ㉠+㉡=□이다.

**07.** 다음은 민말이집 신경 A~C의 흥분 전도에 대한 자료이다.

○ 그림은 A~C의 지점 $d_1$으로부터 네 지점 $d_2$~$d_5$까지의 거리를, 표는 ⓐ~ⓒ에서 각각 $d_2$, $d_3$, $d_4$ 중 서로 다른 지점에 역치 이상의 자극을 동시에 1회 주고 경과된 시간이 5ms일 때 $d_1$~$d_5$에서 측정한 막전위를 나타낸 것이다. ⓐ~ⓒ는 A~C를 순서 없이 나타낸 것이고, Ⅰ~Ⅴ는 $d_1$~$d_5$를 순서 없이 나타낸 것이다. ⓑ에서 자극을 준 지점은 Ⅳ이다.

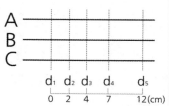

| 신경 | 5ms일 때 측정한 막전위(mV) | | | | |
|---|---|---|---|---|---|
| | Ⅰ | Ⅱ | Ⅲ | Ⅳ | Ⅴ |
| ⓐ | ? | ? | +30 | ? | ㉠ |
| ⓑ | ? | -80 | ? | -70 | -71 |
| ⓒ | -70 | ㉡ | ? | ? | ? |

○ A, B, C의 흥분 전도 속도는 각각 2cm/ms, 3cm/ms, 4cm/ms이다.

○ A~C의 $d_1$~$d_5$에서 활동 전위가 발생하였을 때, 각 지점에서의 막전위 변화는 그림과 같다.

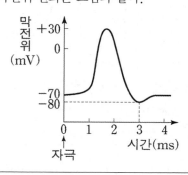

이에 대한 설명으로 옳은 것을 〈보기〉에서 있는 대로 고르고, □에 알맞은 말을 채우시오. (단, A~C에서 흥분의 전도는 각각 1회 일어났고, 휴지 전위는 -70mV이다.)

―――〈 보 기 〉―――
ㄱ. A에서 자극을 준 지점은 □이다.
ㄴ. 흥분의 전도 속도는 ⓒ에서가 ⓐ에서보다 빠르다.
ㄷ. ㉠이 ㉡보다 □다. (* □는 '크' 또는 '작')

**08.** 다음은 민말이집 신경 A~C의 흥분 전도에 대한 자료이다.

○ 그림은 A~C의 지점 $d_1$으로부터 $d_2$, $d_3$까지의 거리를, 표는 A~C의 동일한 지점 X에 역치 이상의 자극을 동시에 1회 주고 경과된 시간이 ⓣms일 때 $d_1$~$d_3$에서 각각 측정한 막전위를 나타낸 것이다. X는 $d_1$과 $d_3$ 사이의 한 지점이며, A~C에서 흥분의 전도는 각각 1회 일어났다.

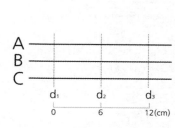

| 신경 | ⓣms일 때 측정한 막전위(mV) | | |
|---|---|---|---|
| | $d_1$ | $d_2$ | $d_3$ |
| A | -80 | ? | +30 |
| B | ? | -80 | ? |
| C | -72 | ? | ? |

○ A~C의 흥분 전도 속도는 각각 서로 다르며, 1cm/ms, 2cm/ms, 3cm/ms 중 하나이다.

○ A~C에서 활동 전위가 발생하였을 때, 각 지점에서의 막전위 변화는 그림과 같다.

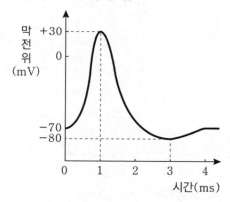

〈보기〉에서 □에 알맞은 말을 채우시오. (단, A~C에서 흥분의 전도는 각각 1회 일어났고, 휴지 전위는 -70mV이다.)

―――〈 보 기 〉―――
ㄱ. A의 흥분 전도 속도는 □cm/ms이다.
ㄴ. ⓣ는 □이다.
ㄷ. X는 $d_1$으로부터 □cm 떨어진 지점이다.

## 09.

다음은 민말이집 신경 A의 흥분 전도에 대한 자료이다.

○ ㉠ A의 $d_1$에 역치 이상의 자극을 1회 주고 경과된 시간이 $t_1$일 때 $d_1$, $d_2$, $d_3$에서 측정한 막전위는 순서 없이 +30mV, -20mV, -80mV이고, ⓐms 이후 $d_1$, $d_2$, $d_3$에서 측정한 막전위는 순서 없이 -20mV, -70mV, -80mV이다.

○ $\dfrac{d_1 \text{에서 } d_3 \text{까지의 거리}}{d_1 \text{에서 } d_2 \text{까지의 거리}} = \dfrac{3}{2}$이고,

$\dfrac{d_2 \text{에서 } d_1 \text{까지의 거리}}{d_2 \text{에서 } d_3 \text{까지의 거리}} < 1$이다.

○ A의 $d_1$, $d_2$, $d_3$에서 활동 전위가 발생하였을 때 각 지점에서의 막전위 변화는 그림과 같다.

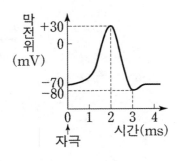

〈보기〉에서 □에 알맞은 말을 채우시오. (단, 흥분의 전도는 1회 일어났고, 휴지 전위는 -70mV이다.)

―――― 〈보 기〉 ――――

ㄱ. ㉠이 $t_1$일 때 $d_2$에서의 막전위는 □mV이다.

ㄴ. ⓐ는 □이다.

ㄷ. $d_2$에 역치 이상의 자극을 1회 주고 경과된 시간이 5ms일 때 $d_3$에서 측정한 막전위는 □mV이다.

## 10.

다음은 민말이집 신경 A의 흥분 전도에 대한 자료이다.

○ 그림은 A의 일부를, 표는 ㉮ A의 지점 $d_1$, $d_2$, $d_3$ 중 한 지점에 역치 이상의 자극을 1회 주고 경과된 시간이 $t_1$, $t_2$, $t_3$일 때 $d_1$, $d_2$, $d_3$에서의 막전위를 나타낸 것이다. $d_1$, $d_2$, $d_3$ 각 지점 사이의 거리는 같고, $t_1 < t_2 < t_3$이다. ⓐ와 ⓑ 중 하나는 +10이고 다른 하나는 -60이다.

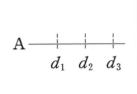

| 경과된 시간 | 막전위(mV) | | |
|---|---|---|---|
| | $d_1$ | $d_2$ | $d_3$ |
| $t_1$ | ? | +10 | ⓐ |
| $t_2$ | ? | ? | -60 |
| $t_3$ | +10 | ⓑ | ? |

○ A의 $d_1$, $d_2$, $d_3$에서 활동 전위가 발생하였을 때 각 지점에서의 막전위 변화는 그림과 같다.

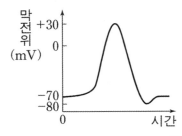

〈보기〉에서 □에 알맞은 말을 채우시오. (단, 흥분의 전도는 1회 일어났고, 휴지 전위는 -70mV이다.)

―――― 〈보 기〉 ――――

ㄱ. 자극을 준 지점은 □이다. (* □는 $d_1 \sim d_3$ 중 하나)

ㄴ. $\dfrac{t_2 - t_1}{t_3 - t_2} = $□이다.

ㄷ. ㉮가 $t_2$일 때, A의 $d_1$에서 측정한 막전위는 □mV이다.

**11.** 다음은 민말이집 신경 A와 B의 흥분 전도에 대한 자료이다.

○ 그림은 A와 B의 일부를 나타낸 것이며, 표는 A와 B의 지점 $d_1$에 역치 이상의 자극을 동시에 1회 주고 경과된 시간이 ㉠ms일 때와 ㉡ms일 때, 지점 Ⅰ~Ⅳ에서 측정한 막전위를 나타낸 것이다. Ⅰ~Ⅳ는 $d_2 \sim d_5$를 순서 없이 나타낸 것이며, ⓐ는 -70보다 작다.

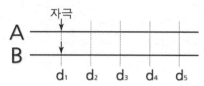

| 구분 | | 막전위(mV) | | | |
|---|---|---|---|---|---|
| | | Ⅰ | Ⅱ | Ⅲ | Ⅳ |
| ㉠ms | A | -80 | +20 | ? | -40 |
| | B | ? | +20 | ⓐ | +20 |
| ㉡ms | A | -70 | ? | -60 | ⓑ |
| | B | ? | -65 | ⓒ | -60 |

○ A와 B에서 활동 전위가 발생하였을 때, 각 지점에서의 막전위 변화는 그림과 같다.

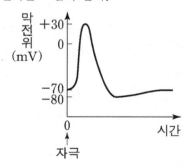

이에 대한 설명으로 옳은 것만을 〈보기〉에서 있는 대로 고르고, □에 알맞은 말을 채우시오. (단, A와 B에서 흥분의 전도는 각각 1회 일어났고, 휴지 전위는 -70mV이다.)

─〈보 기〉─

ㄱ. ㉠이 ㉡보다 □다. (* □는 '크' 또는 '작)

ㄴ. Ⅱ는 □이다. (* □는 $d_2 \sim d_5$ 중 하나)

ㄷ. ⓑ와 ⓒ 모두 -60보다 크다.

---

**12.** 다음은 골격근의 수축 과정에 대한 자료이다.

○ 표는 골격근 수축 과정의 두 시점 $t_1$, $t_2$일 때 근육 원섬유 마디 X의 길이, ⓐ의 길이, ⓑ의 길이를, 그림은 $t_2$일 때 X의 구조를 나타낸 것이다. ⓐ와 ⓑ는 ㉠의 길이에 ㉡의 길이를 더한 값과 ㉡의 길이를 순서 없이 나타낸 것이다. X는 좌우 대칭이다.

| 시점 | X의 길이 | ⓐ | ⓑ |
|---|---|---|---|
| $t_1$ | $5k$ | $k$ | 1.0 |
| $t_2$ | $6k$ | ? | 1.3 |

(단위 : μm)

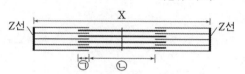

○ 구간 ㉠은 액틴 필라멘트와 마이오신 필라멘트가 겹치는 두 구간 중 하나이며, ㉡은 마이오신 필라멘트만 있는 부분이다.

이에 대한 설명으로 옳은 것을 〈보기〉에서 있는 대로 고르고, □에 알맞은 말을 채우시오.

─〈보 기〉─

ㄱ. ⓑ는 ㉡의 길이이다.

ㄴ. $k=$□이다.

ㄷ. $t_2$일 때 ⓐ의 길이는 □μm이다.

## 13. 다음은 골격근의 수축 과정에 대한 자료이다.

○ 표는 골격근 수축 과정의 세 시점 $t_1$~$t_3$일 때 ⓐ의 길이에서 ⓑ의 길이를 더한 값(ⓐ+ⓑ), ⓑ의 길이에서 ⓒ의 길이를 더한 값(ⓑ+ⓒ), 근육 원섬유 마디 X의 길이를, 그림은 $t_3$일 때 X의 구조를 나타낸 것이다. ⓐ, ⓑ, ⓒ는 ㉠, ㉡, ㉢을 순서 없이 나타낸 것이며, X는 좌우 대칭이다.

| 시점 | ⓐ+ⓑ | ⓑ+ⓒ | X의 길이 |
|------|------|------|----------|
| $t_1$ | 1.2 | ? | ? |
| $t_2$ | ? | 1.1 | 2.3 |
| $t_3$ | 0.8 | ? | 1.5 |

(단위 : μm)

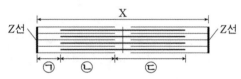

○ 구간 ㉠은 액틴 필라멘트만 있는 부분이고, ㉡은 액틴 필라멘트와 마이오신 필라멘트가 겹치는 두 구간 중 하나이며, ㉢은 H대와 ㉡이 포함된 부분이다.

〈보기〉에서 □에 알맞은 말을 채우시오.

―――― 〈보 기〉 ――――

ㄱ. ⓑ는 □이다. (* □는 ㉠~㉢ 중 하나)

ㄴ. $t_1$일 때 X의 길이는 □μm이다.

ㄷ. $\dfrac{t_1일\ 때\ ㉠의\ 길이}{t_2일\ 때\ ㉢의\ 길이}$ = □이다.

## 14. 다음은 골격근의 수축 과정에 대한 자료이다.

○ 표는 골격근 수축 과정의 세 시점 $t_1$~$t_3$일 때 근육 원섬유 마디 X의 길이, ㉠의 길이, ㉡의 길이를, 그림은 $t_1$일 때 X의 구조를 나타낸 것이다. X는 좌우 대칭이다.

| 시점 | X의 길이 | ㉠의 길이 | ㉡의 길이 |
|------|----------|-----------|-----------|
| $t_1$ | 2.2 | ? | ? |
| $t_2$ | ? | ? | 0.3 |
| $t_3$ | ? | 0.4 | ? |

(단위 : μm)

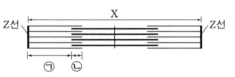

○ 구간 ㉠은 액틴 필라멘트만 있는 부분이고, ㉡은 액틴 필라멘트와 마이오신 필라멘트가 겹치는 부분이다.

○ $t_2$일 때 H대의 길이는 ㉠의 길이의 2배이며, $t_3$일 때 X의 길이는 $t_1$일 때 H대의 길이의 2배이다.

〈보기〉에서 □에 알맞은 말을 채우시오.

―――― 〈보 기〉 ――――

ㄱ. $t_3$일 때 액틴 필라멘트의 길이는 □μm이다.

ㄴ. $t_1$일 때 ㉡의 길이는 $t_3$일 때 ㉡의 길이의 □배이다.

ㄷ. $t_2$일 때 X의 길이는 □μm이다.

## 15.
다음은 골격근의 수축 과정에 대한 자료이다.

○ 그림 (가)는 근육 원섬유 마디 X의 구조를, (나)의 ㉠~㉢은 X를 ㉮ 방향으로 잘랐을 때 관찰되는 단면의 모양을 나타낸 것이다. X는 좌우 대칭이다.

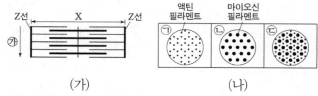

(가)　　　　　　　　(나)

○ 시점 $t_1$일 때 Z선으로부터의 거리가 $l_1$, $l_2$, $l_3$인 세 지점에서 관찰되는 단면의 모양은 순서 없이 ⓧ, ⓨ, ⓩ이고, 시점 $t_2$일 때 Z선으로부터의 거리가 $l_1$, $l_2$, $l_3$인 세 지점에서 관찰되는 단면의 모양은 순서 없이 ⓧ, ⓩ, ⓩ이다. ⓧ, ⓨ, ⓩ는 ㉠, ㉡, ㉢을 순서 없이 나타낸 것이다. X의 길이는 $t_2$일 때보다 $t_1$일 때 더 길다.

○ $l_1 < l_2 < l_3$이고, $l_3$은 $\dfrac{t_2 \text{일 때 X의 길이}}{2}$보다 작다.

이에 대한 설명으로 옳은 것만을 〈보기〉에서 있는 대로 고르고, □에 알맞은 말을 채우시오.

―――― 〈보 기〉 ――――
ㄱ. 근육 원섬유는 근육 섬유로 구성되어 있다.
ㄴ. ⓨ는 □이다. (* □는 ㉠~㉢ 중 하나)
ㄷ. $t_1$일 때 Z선으로부터의 거리가 $l_2$인 지점에서 관찰되는 단면의 모양은 □이다. (* □는 ㉠~㉢ 중 하나)

## 16.
다음은 골격근의 수축 과정에 대한 자료이다.

○ 그림 (가)는 근육 원섬유 마디 X의 구조를, (나)의 ㉠~㉢은 X를 ㉮ 방향으로 잘랐을 때 관찰되는 단면의 모양을 나타낸 것이다. X는 좌우 대칭이다.

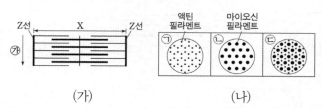

(가)　　　　　　　　(나)

○ 표는 골격근 수축 과정의 두 시점 $t_1$과 $t_2$일 때 각 시점의 ⓧ와 ⓨ로부터의 거리가 각각 $l_1$, $l_2$인 두 지점에서 관찰되는 단면의 모양을 나타낸 것이다. ⓐ~ⓒ는 ㉠~㉢을, ⓧ와 ⓨ는 Z선과 M선을 순서 없이 나타낸 것이다.

| 거리 | ⓧ로부터의 거리에 따른 단면의 모양 | | ⓨ로부터의 거리에 따른 단면의 모양 | |
|---|---|---|---|---|
| | $t_1$ | $t_2$ | $t_1$ | $t_2$ |
| $l_1$ | ⓑ | ㉡ | ⓐ | ㉠ |
| $l_2$ | ⓐ | ㉡ | ? | ? |

○ $l_1$과 $l_2$는 $t_1$과 $t_2$ 각각에서 $\dfrac{\text{X의 길이}}{2}$보다 작다.

이에 대한 설명으로 옳은 것을 〈보기〉에서 있는 대로 고르고, □에 알맞은 말을 채우시오.

―――― 〈보 기〉 ――――
ㄱ. ⓐ는 □이다.
ㄴ. $t_2$가 $t_1$보다 먼저이다.
ㄷ. $l_2 < l_1$이다.

## 17.

다음은 골격근의 수축 과정에 대한 자료이다.

○ 그림은 근육 원섬유 마디 X의 구조를 나타낸 것이다. X는 좌우 대칭이다.

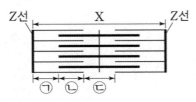

○ 구간 ㉠은 액틴 필라멘트만 있는 부분이고, ㉡은 액틴 필라멘트와 마이오신 필라멘트가 겹치는 부분이며, ㉢은 마이오신 필라멘트만 있는 부분이다.

○ 골격근 수축 과정의 시점 $t_1$일 때 ㉠~㉢의 길이는 순서 없이 ⓐ, ⓐ+6$d$, 12$d$이고, 시점 $t_2$일 때 ㉠~㉢의 길이는 순서 없이 2ⓐ+2$d$, ⓐ+6$d$, 2$d$-ⓐ이다. $d$는 0보다 크다.

이에 대한 설명으로 옳은 것을 〈보기〉에서 있는 대로 고르고, □에 알맞은 말을 채우시오.

─────── 〈보 기〉 ───────

ㄱ. 근육 원섬유는 근육 섬유로 구성되어 있다.

ㄴ. H대의 길이는 $t_1$일 때가 $t_2$일 때보다 길다.

ㄷ. $t_2$일 때 ㉠의 길이는 □이다.

## 18.

다음은 골격근의 수축 과정에 대한 자료이다.

○ 표는 골격근 수축 과정의 세 시점 $t_1$~$t_3$일 때 ⓐ, ⓑ, ⓒ의 길이를, 그림은 근육 원섬유 마디 X의 구조를 나타낸 것이다. ⓐ, ⓑ, ⓒ는 ㉠의 길이에서 ㉡의 길이를 더한 값, ㉠의 길이에서 ㉢의 길이를 뺀 값, X의 길이에서 ㉠의 길이를 뺀 값을 순서 없이 나타낸 것이며, X는 좌우 대칭이다.

| 시점 | ⓐ | ⓑ | ⓒ |
|------|-----|-----|-----|
| $t_1$ | ? | 1.2 | 2.6 |
| $t_2$ | 0.3 | ? | 2.1 |
| $t_3$ | ? | ? | 2.8 |

(단위 : μm)

○ 구간 ㉠은 액틴 필라멘트만 있는 부분이고, ㉡은 액틴 필라멘트와 마이오신 필라멘트가 겹치는 부분이며, ㉢은 마이오신 필라멘트만 있는 부분이다.

○ ㉮ $t_1$~$t_3$ 중 한 시점에서 X의 길이는 3.9μm이다.

〈보기〉에서 □에 알맞은 말을 채우시오.

─────── 〈보 기〉 ───────

ㄱ. ㉠의 길이에서 ㉡의 길이를 더한 값은 □이다.
  (* □는 ⓐ~ⓒ 중 하나)

ㄴ. ㉮는 □이다. (* □는 $t_1$~$t_3$ 중 하나)

ㄷ. $\dfrac{t_1\text{일 때 X의 길이}}{t_2\text{일 때 ㉠의 길이} + t_2\text{일 때 ㉢의 길이}} = □$이다.

# 19.
다음은 골격근의 수축 과정에 대한 자료이다.

○ 그림은 근육 원섬유 마디 X의 구조를, 표는 골격근 수축 과정의 두 시점 $t_1$과 $t_2$일 때 ⓑ의 길이를 ⓐ의 길이로 나눈 값($\frac{ⓑ}{ⓐ}$), ⓑ의 길이를 ⓒ의 길이로 나눈 값($\frac{ⓒ}{ⓑ}$), ⓓ의 길이를 ⓒ의 길이로 나눈 값($\frac{ⓓ}{ⓒ}$)을 나타낸 것이다. ⓐ~ⓓ는 X, ㉠, ㉡, ㉢을 순서 없이 나타낸 것이고, X는 좌우 대칭이다.

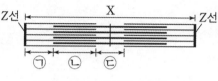

| 시점 | $\frac{ⓑ}{ⓐ}$ | $\frac{ⓒ}{ⓑ}$ | $\frac{ⓓ}{ⓒ}$ |
|------|------|------|------|
| $t_1$ | ? | 7 | 3 |
| $t_2$ | 1 | 1 | ? |

○ $t_1$과 $t_2$ 중 한 시점일 때 X의 길이는 다른 시점일 때 X의 길이보다 0.8μm 길다.

□에 알맞은 말을 채우시오.

─── 〈보 기〉 ───

ㄱ. ⓓ는 □이다. (* □는 X, ㉠, ㉡, ㉢ 중 하나)

ㄴ. $t_1$일 때 X의 길이가 $t_2$일 때 X의 길이보다 □다. (* □는 '길' 또는 '짧')

ㄷ. $t_1$일 때 ⓐ의 길이는 □μm이다.

# 20.
다음은 골격근의 수축 과정에 대한 자료이다.

○ 그림 (가)는 근육 원섬유 마디 X의 구조를, (나)의 ㉠~㉢은 X를 ㉮ 방향으로 잘랐을 때 관찰되는 단면의 모양을 나타낸 것이다. X는 좌우 대칭이다.

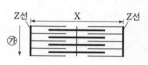

(가)                    (나)

○ 표는 골격근 수축 과정의 시점 $t_1$~$t_3$일 때 각 시점의 한 쪽 Z선으로부터의 거리가 각각 0.2μm, 1.4μm, 2.2μm인 세 지점에서 관찰되는 단면의 모양을 나타낸 것이다. ⓐ~ⓒ는 ㉠~㉢을 순서 없이 나타낸 것이다.

| 거리 | 단면의 모양 | | |
|------|------|------|------|
|       | $t_1$ | $t_2$ | $t_3$ |
| 0.2μm | ⓐ | ? | ? |
| 1.4μm | ⓑ | ⓒ | ? |
| 2.2μm | ⓐ | ⓔ | ⓒ |

○ $t_1$일 때 X의 길이는 $l_1$과 $l_2$를 더한 값과 같고, $t_2$일 때 X의 길이는 $l_3$의 2배와 같고, $t_3$일 때 X의 길이는 $l_1$과 $t_3$일 때 H대의 길이를 더한 값과 같다. $l_1$~$l_3$은 0.2μm, 1.4μm, 2.2μm를 순서 없이 나타낸 것이다.

□에 알맞은 말을 채우시오.

─── 〈보 기〉 ───

ㄱ. ⓑ는 □이다. (* □는 ㉠~㉢ 중 하나)

ㄴ. $l_1$은 □이다.

ㄷ. $\dfrac{t_3\text{일 때 H 대의 길이}}{\text{A 대의 길이}}$ 는 $\dfrac{t_2\text{일 때 H 대의 길이}}{l_3}$ 보다 □다. (* □는 '크' 또는 '작')

## Ⅳ. 사람의 유전 (2) – 가계도

### 1) Part 1

| | | | | | | | | | |
|---|---|---|---|---|---|---|---|---|---|
| 01 | ⑤ | 13 | ④ | 25 | ⑤ | 37 | ② | 49 | ② |
| 02 | $\frac{3}{4}$ | 14 | ⑤ | 26 | ④ | 38 | ① | 50 | ⑤ |
| 03 | ② | 15 | ① | 27 | ⑤ | 39 | ④ | 51 | ⑤ |
| 04 | ① | 16 | ③ | 28 | ② | 40 | ① | 52 | ① |
| 05 | ① | 17 | ① | 29 | ⑤ | 41 | ⑤ | 53 | ③ |
| 06 | ③ | 18 | ⑤ | 30 | ④ | 42 | ③ | 54 | ④ |
| 07 | ② | 19 | ② | 31 | ⑤ | 43 | ⑤ | 55 | ② |
| 08 | ⑤ | 20 | ① | 32 | ② | 44 | ④ | 56 | ① |
| 09 | $\frac{1}{4}$ | 21 | ② | 33 | ⑤ | 45 | ① | 57 | ① |
| 10 | ⑤ | 22 | ② | 34 | ③ | 46 | ② | 58 | ① |
| 11 | ① | 23 | ① | 35 | ④ | 47 | ⑤ | 59 | ③ |
| 12 | ③ | 24 | ⑤ | 36 | ③ | 48 | ⑤ | | |

### 2) Part 2

| | | | |
|---|---|---|---|
| 01 × / ⓑ / $\frac{1}{2}$ | 05 a / 여자 / $\frac{21}{128}$ | 09 DD / 2 / $\frac{3}{4}$ | 13 × / 2 / 0 |
| 02 ○ / 0 / $\frac{1}{2}$ | 06 상 / ○ / ○ | 10 × / ○ / $\frac{1}{8}$ | 14 ㉣ / 자녀 1 / h |
| 03 0 / 2 / 0 | 07 ○ / × / $\frac{3}{16}$ | 11 × / 2 / $\frac{7}{16}$ | 15 d / × / 0 |
| 04 A* / 1 / $\frac{1}{8}$ | 08 × / A / 0 | 12 × / ○ / B | 16 ㉡ / 1 / $\frac{1}{4}$ |

## V. 돌연변이

### 1) Part 1

| | | | | | | | | | |
|---|---|---|---|---|---|---|---|---|---|
| 01 | ③ | 16 | ③ | 31 | ④ | 46 | ③ | 61 | ② |
| 02 | ② | 17 | ④ | 32 | ④ | 47 | ② | 62 | ② |
| 03 | ① | 18 | ⑤ | 33 | ⑤ | 48 | ② | 63 | ④ |
| 04 | ③ | 19 | ① | 34 | ① | 49 | ④ | 64 | ② |
| 05 | ② | 20 | ⑤ | 35 | ⑤ | 50 | ② | 65 | ① |
| 06 | ④ | 21 | ⑤ | 36 | ④ | 51 | ① | 66 | ① |
| 07 | ① | 22 | ③ | 37 | ② | 52 | ③ | 67 | ① |
| 08 | ② | 23 | ③ | 38 | ④ | 53 | ② | 68 | ③ |
| 09 | ③ | 24 | ⑤ | 39 | ③ | 54 | ② | 69 | ⑤ |
| 10 | ② | 25 | ① | 40 | ④ | 55 | ③ | 70 | ③ |
| 11 | ① | 26 | ⑤ | 41 | ⑤ | 56 | ① | 71 | ① |
| 12 | ② | 27 | ⑤ | 42 | ① | 57 | ⑤ | 72 | ⑤ |
| 13 | ④ | 28 | ③ | 43 | ③ | 58 | ② | | |
| 14 | ④ | 29 | ④ | 44 | ② | 59 | ⑤ | | |
| 15 | ④ | 30 | ① | 45 | ④ | 60 | ⑤ | | |

### 2) Part 2

01 ㉢ / T, t / ×

02 남자 / 2 / ○

03 × / ○ / 자녀 3

04 2 / 3 / ○

05 × / 1 / T, t

06 BD / BB / D

07 ⓓ / ○ / ×

08 × / 2, 3, 1, 0 / AaBB

09 Ⅰ / 2 / ○

10 아버지 / H* / ×

11 2 / V / ×

12 Ⅱ, Ⅲ / b, B / 2

13 4 / T / $\frac{1}{4}$

14 × / h / $\frac{1}{4}$

15 2n / ㉡, ㉢ / ×

16 × / AaBBDdEe / 18

17 ㉤ / Ⅱ / 2

18 × / 2 / $\frac{1}{4}$

19 남자 / ㉣ / ○

20 × / 2 / 0

21 H / 불가능 / HHHH TTT RR

## Ⅵ. 전도&근수축

1) Part 1

| | | | | | | | | | |
|---|---|---|---|---|---|---|---|---|---|
| 01 | ② | 19 | ⑤ | 37 | ⑤ | 55 | ② | 73 | ③ |
| 02 | ① | 20 | ⑤ | 38 | ⑤ | 56 | ① | 74 | ① |
| 03 | ④ | 21 | ④ | 39 | ⑤ | 57 | ③ | 75 | ④ |
| 04 | ① | 22 | ① | 40 | ② | 58 | ② | 76 | ⑤ |
| 05 | ⑤ | 23 | ② | 41 | ⑤ | 59 | ④ | 77 | ② |
| 06 | ⑤ | 24 | ① | 42 | ① | 60 | ⑤ | 78 | ② |
| 07 | ① | 25 | ④ | 43 | ① | 61 | ④ | 79 | ④ |
| 08 | ① | 26 | ⑤ | 44 | ④ | 62 | ① | 80 | ⑤ |
| 09 | ② | 27 | ① | 45 | ① | 63 | ⑤ | 81 | ③ |
| 10 | ⑤ | 28 | ① | 46 | ③ | 64 | ③ | 82 | ④ |
| 11 | ④ | 29 | ① | 47 | ② | 65 | ③ | 83 | ③ |
| 12 | ① | 30 | ④ | 48 | ② | 66 | ① | 84 | ③ |
| 13 | ① | 31 | ③ | 49 | ③ | 67 | ③ | 85 | ⑤ |
| 14 | ⑤ | 32 | ② | 50 | ① | 68 | ⑤ | 86 | ② |
| 15 | ② | 33 | ⑤ | 51 | ① | 69 | ⑤ | 87 | ③ |
| 16 | ③ | 34 | ① | 52 | ① | 70 | ② | 88 | ① |
| 17 | ② | 35 | ② | 53 | ⑤ | 71 | ① | | |
| 18 | ⑤ | 36 | ② | 54 | ⑤ | 72 | ⑤ | | |

2) Part 2

| | | | | | | | |
|---|---|---|---|---|---|---|---|
| 01 | (나) / $d_2$ / ○ | 06 | $d_4$ / ○ / 5.25 | 11 | 크 / $d_5$ / ○ | 16 | ⓒ / ○ / × |
| 02 | (가) / × / 3.5 | 07 | $d_3$ / ○ / 크 | 12 | × / 0.6 / 1.2 | 17 | × / ○ / $8d$ |
| 03 | 4 / $d_1$ / 작 | 08 | 2 / 5 / 4 | 13 | ⓒ / 1.9 / $\frac{2}{5}$ | 18 | ⓑ / $t_3$ / 7 |
| 04 | × / × / B | 09 | +30 / 1 / −20 | 14 | 1.2 / $\frac{1}{2}$ / 1.8 | 19 | X / 짧 / 0.6 |
| 05 | 1 / ○ / 작 | 10 | $d_3$ / 1 / +10 | 15 | × / ⊙ / ⓒ | 20 | ⓒ / 2.2μm / 크 |